Töchter im Familienunternehmen

Lizenz zum Wissen.

Sichern Sie sich umfassendes Wirtschaftswissen mit Sofortzugriff auf tausende Fachbücher und Fachzeitschriften aus den Bereichen: Management, Finance & Controlling, Business IT, Marketing, Public Relations, Vertrieb und Banking.

Exklusiv für Leser von Springer-Fachbüchern: Testen Sie Springer für Professionals 30 Tage unverbindlich. Nutzen Sie dazu im Bestellverlauf Ihren persönlichen Aktionscode C0005407 auf *www.springerprofessional.de/buchkunden/*

Jetzt 30 Tage testen!

Springer für Professionals.
Digitale Fachbibliothek. Themen-Scout. Knowledge-Manager.

- 🔍 Zugriff auf tausende von Fachbüchern und Fachzeitschriften
- 🕐 Selektion, Komprimierung und Verknüpfung relevanter Themen durch Fachredaktionen
- 🔗 Tools zur persönlichen Wissensorganisation und Vernetzung

www.entschieden-intelligenter.de

Springer für Professionals

Daniela Jäkel-Wurzer · Kerstin Ott

Töchter im Familienunternehmen

Wie weibliche Nachfolge gelingt
und Familienunternehmen erfolgreich
verändert

Dr. Daniela Jäkel-Wurzer
generation töchter
Nürnberg
Deutschland

Kerstin Ott
generation töchter
Fürth
Deutschland

ISBN 978-3-662-44332-3   ISBN 978-3-662-44333-0 (eBook)
DOI 10.1007/978-3-662-44333-0

Springer Gabler
© Springer-Verlag Berlin Heidelberg 2014
Die Deutsche Nationalbibliothek verzeichnet diese Publikation in der Deutschen Nationalbibliografie; detaillierte bibliografische Daten sind im Internet über http://dnb.d-nb.de abrufbar.

Das Werk einschließlich aller seiner Teile ist urheberrechtlich geschützt. Jede Verwertung, die nicht ausdrücklich vom Urheberrechtsgesetz zugelassen ist, bedarf der vorherigen Zustimmung des Verlags. Das gilt insbesondere für Vervielfältigungen, Bearbeitungen, Übersetzungen, Mikroverfilmungen und die Einspeicherung und Verarbeitung in elektronischen Systemen.

Die Wiedergabe von Gebrauchsnamen, Handelsnamen, Warenbezeichnungen usw. in diesem Werk berechtigt auch ohne besondere Kennzeichnung nicht zu der Annahme, dass solche Namen im Sinne der Warenzeichen- und Markenschutz-Gesetzgebung als frei zu betrachten wären und daher von jedermann benutzt werden dürften.

Lektorat: Stefanie A. Winter

Gedruckt auf säurefreiem und chlorfrei gebleichtem Papier

Springer Gabler ist eine Marke von Springer DE. Springer DE ist Teil der Fachverlagsgruppe Springer Science+Business Media
www.springer-gabler.de

Geleitwort

Viele Jahre meines Lebens durfte ich bei meiner Großmutter verbringen. Sie war mein Vorbild und meine Mentorin. Sie hat mir Mut gemacht und mir das Selbstvertrauen geschenkt, das mich ein Leben lang begleitet hat. Vertrauen in die eigenen Möglichkeiten und Kräfte. „Wenn du etwas wirklich willst, dann schaffst du es auch", hat sie mir gesagt.

Meine Großmutter war Käte Ahlmann. Mit 41 Jahren verlor sie ihren Mann und beschloss, sein Werk weiterzuführen. Sie leitete eine Eisengießerei in Schleswig-Holstein mit 3000 Mitarbeitern. Sie gründete 1954 den Verband deutscher Unternehmerinnen (VdU).

Bei ihr im Wohnzimmer fanden die ersten Treffen dieser Unternehmerinnen statt. Ich holte für sie den Kaffee und blieb dann bei den Damen sitzen. Ich glaube, nicht eine dieser Frauen war darauf vorbereitet, Unternehmerin zu werden. Die Ehemänner und Brüder waren im Krieg gefallen oder jahrelang in Gefangenschaft, und so „musste" man auf die Töchter als „Notlösung" zurückgreifen. Was diese Frauen geleistet haben, ist unglaublich.

Konrad Adenauer telegrafierte 1957 zu einer Jahreshauptversammlung des VdU: „Jeder fünfte Betrieb in der Bundesrepublik wird heute von einer Frau geleitet. Die Zahl zeugt von dem Anteil der Frauen am Wiederaufbau unserer Wirtschaft. Ohne ihren Einsatz und ihre Arbeit wären zahlreiche Familienbetriebe nicht wieder aufgebaut worden. Für diese Leistung gebührt ihnen der Dank des ganzen Volkes."

Und trotz dieser Leistung wurden sie in der Presse als „millionenschweres Damenkränzchen" bezeichnet, das sich wohl bald wieder aus der Wirtschaft verabschieden würde. So kann man sich täuschen.

Vieles hat sich bis heute verändert und dennoch geht gerade in der Wirtschaft dieser Veränderungsprozess viel zu langsam. Männer und Frauen, Jung und Alt, verschiedene Nationalitäten und Religionen, das ergibt die Vielfalt, die wir in der Wirtschaft in einer globalen Welt brauchen.

Wir müssen die Arbeitswelt viel einfallsreicher mit der Familienwelt verbinden. Wir haben nur diese eine Welt, für die wir gemeinsam verantwortlich sind. Männer und Frauen, Väter und Mütter, im Team werden wir immer erfolgreicher sein. Was wir Frauen uns aber nicht selbst zutrauen, das wird uns auch sonst keiner zutrauen. Ich weiß, was ich kann – ich muss es aber auch deutlich sagen. Meine Großmutter meinte dazu: „Wer sein Licht immer unter den Scheffel stellt, wie soll man den finden?" Qualifizierte Frauen müssen ihren Fähigkeiten vertrauen und ihre Ansprüche klar zum Ausdruck bringen. Wir können es uns in Deutschland wirklich nicht leisten, so viel Ausbildung, Energie und Kreativität brachliegen zu lassen.

Die Initiative „generation töchter" setzt an diesem Punkt an und will durch Erfolgsgeschichten und Forschungsergebnisse Mut machen, neue Wege zu gehen.

Ich wünsche dem Projekt viel Erfolg.

Rosely Schweizer

Wie dieses Buch entstand

Die Initiative „generation töchter"

Die Initiative „generation töchter" wurde 2012 in Nürnberg ins Leben gerufen. Die beiden Autorinnen dieses Buches verbindet damals wie heute ein Ziel: die Förderung der weiblichen Nachfolge in Familienunternehmen. Aus ihrer jeweiligen Praxisperspektive, der externen und internen Beratung von Nachfolgeprozessen, stellten sie fest, dass es kaum Frauen gibt, die die Übernahme von familiengeführten Unternehmen anstreben.

So standen am Anfang der Gründung zunächst viele Fragen im Raum: Wie viele Nachfolgen sind tatsächlich weiblich? Übernehmen Töchter anders als Söhne? Müssen Töchter auch heute noch männliche Konkurrenz fürchten? Wie können weibliche Nachfolger bestmöglich unterstützt werden? Und wie vereinbaren Unternehmerinnen Familie und Beruf?

Es war schnell klar, dass das erste Projekt der Initiative eine groß angelegte Studie sein würde, eine Art Bestandsaufnahme der Töchterrollen in mittelständischen Unternehmen. Die Studie „Weibliche Unternehmensnachfolge – gestern – heute – morgen" stieß auf große Resonanz. Zahlreiche Unternehmerinnen meldeten sich aufgrund des Fragebogens und luden die beiden Autorinnen ein, um ihnen persönlich ihre Geschichte zu erzählen. Vier Monate reisten sie durch Deutschland, Österreich und der Schweiz und sprachen mit Nachfolgerinnen aller Unternehmensgrößen und Branchen.

In den spannenden, informativen, kritischen und emotionalen Gesprächen wuchs der Entschluss, die gewonnenen Erkenntnisse und Erfahrungen zu teilen. Best-Practice-Beispiele sollen anderen Nachfolgerinnen Mut machen und die individuellen Geschichten unterhalten und inspirieren.

Dieses Buch ist das Ergebnis einer spannenden Reise auf der Suche nach Nachfolgerinnen. Nach dem, was sie ausmacht, nach dem, was sie beschäftigt, und nach ihren Erfolgsstrategien.

Mittlerweile ist „generation töchter" zu einem beachtlichen Netzwerk herangewachsen, dem sich immer mehr Nachfolgerinnen anschließen. Neben Studien und Veröffentlichungen stellen die Beteiligten als Experten ihr Wissen und ihre Erfahrungen im Netzwerkaustausch, in Vorträgen, Seminaren, Workshops und in der Beratung zur Verfügung.

Die Studie hat eines ganz deutlich gezeigt: Die Leistungen der Unternehmerinnen sichtbar zu machen und sie zum Austausch zusammenzubringen, ist einer der besten Wege, um weibliche Nachfolge zu fördern.

Die Initiative „generation töchter" wird auch zukünftig ihren Beitrag dazu leisten.

Die Studie

In vielen Bereichen der Wirtschaft, Politik und Gesellschaft werden die Themen Frauen in Führungspositionen, Gleichstellung, Beruf und Familie sowie Diversität diskutiert. Vieles hat sich in den vergangenen Jahren verändert.

So hat auch die weibliche Nachfolge in Familienunternehmen in den letzten Jahren spannende Entwicklungen vorzuweisen. Dennoch werden diese in der Forschung nur als Randgebiet betrachtet und abgebildet.

Genau hier setzt die Studie „Weibliche Nachfolge – gestern – heute – morgen" an. Sie dokumentiert Veränderungen und beschreibt wichtige Schritte für die Zukunft. Was ist eigentlich das Besondere an weiblicher Nachfolge? Mit dieser Frage lassen sich am ehesten die zahlreichen Themen zusammenfassen, die in der Studie betrachtet wurden.

Einen Teil der Studie bildet ein Fragebogen mit 72 Fragen, der an über 200 Unternehmerinnen in Deutschland und Österreich versendet wurde. Die Daten aus der Schweiz kamen über spätere Netzwerkkontakte hinzu. Mit fast 30 % Rücklaufquote im ersten Durchlauf war die Resonanz sehr positiv.

Fast 50 Unternehmerinnen erklärten sich in einem zweiten Schritt dazu bereit, ein persönliches Interview zu geben und ihre Nachfolgegeschichte zu erzählen. Diese Interviews bilden als qualitative Datenquelle eine weitere Basis für die vorliegenden Ergebnisse und sind gleichzeitig die Grundlage, für die nachfolgend veröffentlichten Portraits und Zitate.

Die Studienteilnehmerinnen führen Unternehmen aller Größen und Branchen. Mehr als ein Viertel beschäftigen über 500 Mitarbeiter. 38 % der Firmen haben einen Jahresumsatz von mehr als 50 Mio. €.

Ausgehend vom Forschungsdesign basieren die Studienergebnisse auf einer Stichprobe von erfolgreichen und größtenteils bereits vollzogenen Übergabeprozessen. Der Vergleich von männlichen und weiblichen Nachfolgen sowie Rückschlüsse über gescheiterte Übergaben sind nur teilweise und überwiegend auf der Grundlage von weiterführender Literatur möglich.

Wissenschaftlich begleitet wurde die Studie durch die Hochschule für angewandte Wissenschaften Würzburg-Schweinfurt. Die damalige Absolventin Sandra Fischer unterstützte im Rahmen ihrer Abschlussarbeit die Entwicklung und Auswertung des Fragebogens sowie die Durchführung der Interviews.

Bereits sechs Jahre zuvor führte Daniela Jäkel-Wurzer im Rahmen ihrer Promotion eine qualitative Studie zum Thema weibliche Nachfolge durch. Ob und wie hatten sich die Dinge verändert? Wie lässt sich das Thema angesichts mehrerer Generationen und Altersstufen untersuchen? Aus diesen Überlegungen heraus entstand der Arbeitstitel: „Weibliche Nachfolge – gestern – heute – morgen".

Und soviel sei an dieser Stelle bereits vorweggenommen: Allein in den vergangenen zehn Jahren haben sich sowohl die Vereinbarkeit von Führungsposition und Familie sowie das Selbstverständnis, mit dem die Frauen übernehmen, wesentlich positiv verändert.

Die regelmäßige wissenschaftliche Betrachtung weiblicher Übernahmeprozesse kann und sollte für die Förderung Wesentliches leisten. Denn weibliche Nachfolge ist Zukunft!

Das vorneweg ...

 Immer wieder werden wir gefragt: Ist die Gleichstellung von Söhnen und Töchtern in der Nachfolge überhaupt noch ein Thema? Eine Frage, die wir aus unserer Erfahrung als Beraterinnen stets mit einem klaren „Ja!" beantworten konnten. Doch ist unser Eindruck repräsentativ?

Immerhin: In einem Viertel aller Familienbetriebe stehen heute Frauen an der Spitze der Geschäftsführung, so die Statistik. Das Gros der weiblichen Führungskräfte trat jedoch erst nach 1995 in die Geschäftsführung ein. Und je größer das Familienunternehmen, umso geringer die Zahl der Frauen in Leitungsfunktion. Auch wenn nach Einschätzung von Experten heute immer mehr Töchter Interesse an einer Nachfolge anmelden: In vielen Unternehmerfamilien stehen nach wie vor die Söhne im Vordergrund.

Wir wollten es genau wissen und stellten in der Studie fest: Nur 35% der von uns befragten Nachfolgerinnen haben männliche Geschwister. Und 70% dieser Brüder sind jünger als die Nachfolgerinnen. Das bedeutet auch, dass viele der Nachfolgerinnen sich in der Nachfolge nicht gegen männliche „Konkurrenten" durchsetzen mussten.

Warum fanden wir so wenige Unternehmerinnen, die sich gegen brüderliche Konkurrenz durchgesetzt hatten?

Wer sich mit dem Thema Töchternachfolge beschäftigt, der muss tief eintauchen in die Geschichte von Unternehmerfamilien. Und der muss sich fragen, was junge Frauen noch immer davon abhält, ein Familienunternehmen zu leiten. Wird es ihnen nicht zugetraut? Trauen sie es sich selbst nicht zu? Oder stimmen die Rahmenbedingungen nicht? Frauen sind heute qualifizierter denn je. Warum sollten sie keine guten Nachfolgerinnen sein?

Ziel unseres Projektes und dieses Buches ist es, jungen Frauen aus Unternehmerfamilien Mut zu machen, sich der Herausforderung Nachfolge zu stellen. Aus der wissenschaftlichen Untersuchung und aus den zahlreichen Interviews haben wir einige Charakteristika der Töchternachfolge herausgefiltert. Und wir haben dabei eine Vielzahl von Erfolgsbeispielen gesammelt und wichtige Erfolgsfaktoren herausgestellt. Unsere Unternehmerinneninterviews haben wir in diesem Buch nicht nur in den einzelnen Kapiteln verarbeitet, sondern auch in Porträts „gegossen", die nicht nur die individuelle Geschichte, sondern auch persönliche Tipps und Ratschläge von Nachfolgerinnen für Nachfolgerinnen beinhalten.

Ziel unseres Projektes ist es – neben dem „Mutmachen" und „Lernen am guten Beispiel" – auch, erfolgreiche Nachfolgerinnen und potenzielle Nachfolgerinnen besser als bislang zu vernetzen. Und das online und offline gleichermaßen. Die Initiative „generation töchter" hat erst begonnen.

Dr. Daniela Jäkel-Wurzer
Kerstin Ott

Inhaltsverzeichnis

1 **Dauerdoppel?** 1
   1.1   Die langsame Übergabe als Erfolgsstrategie 1
   1.2   Wissen, Erfahrung und Netzwerke nutzen 2
   1.3   Vorteile für beide Seiten 3
   1.4   Wieso jede gute Übergabe ein verbindliches Ende braucht 4
   1.5   Eigener Führungsstil, eigene Ziele 5
   1.6   Die Phasen des Tandems 5
   1.7   Wenn Väter nicht loslassen können 7
   1.8   Unterschiedliche Beziehungsebenen 7
   1.9   Rollen definieren, Grenzen festlegen 8
   1.10 So darf Nachfolge auch eingefordert werden 9
   1.11 Zukunftstrend Tandemführung 11
   Literatur 12

2 **Quer einsteigen und zielsicher durchziehen?** 13
   2.1   Die große Freiheit 13
   2.2   Die süße Qual der Wahl 14
   2.3   Warum eigentlich nicht …? 14
   2.4   Die Chancen stecken in der zweiten Generation 16
   2.5   Loud & Clear: Sprich es aus! 16
   2.6   Die ersten Wochen im Unternehmen 17
   2.7   Und wenn alles anders kommt 18
   2.8   Gut verteilt ist halb gewonnen: Optionen der Nachfolge 19
   2.9   Erfolgsfaktoren im Überblick 22
   Literatur 25

3 Voller Einsatz für die Firma? 27
   3.1 Die Macht der Gestaltung 28
   3.2 Das Plus an Zufriedenheit 29
   3.3 Netzwerke – gemeinsam geht's besser 30
   3.4 Hilfe durch die Großeltern 30
   3.5 Eine starke Partnerschaft 31
   3.6 Von Rollen und Rabenmüttern 34
   3.7 Meine drei wichtigsten Ressourcen: Ich, Grenzen und Hilfe 35
   3.8 Vorbild sein 36
   3.9 Kompetenz statt Geschlecht 37
   Literatur 39

4 Frauen führen anders! 41
   4.1 Der Einstieg: Viele Wege führen nach Rom 42
   4.2 Mit einem Projekt starten 43
   4.3 Anderer Führungsstil 45
   4.4 Innovationsimpulse für das Unternehmen 46
   4.5 Bewährtes und Neues ausbalancieren 47
   4.6 Den Übergang als Chance nutzen 49
   4.7 Wie das Familienunternehmen Nachfolgerinnen verändert 50
   4.8 Ziele mit Freude verfolgen 52
   4.9 Mut und Durchhaltevermögen 52
   4.10 „Sie verbinden hier im Haus" 53
   4.11 Unterstützer gesucht 53
   4.12 Frauennetzwerke? Nein, danke! 54
   4.13 Je größer das Unternehmen, desto seltener die Töchternachfolge 56
   Literatur 58

5 Töchternachfolge reloaded! 59
   5.1 Von der hohen Kunst loszulassen 59
   5.2 Es sind die Neugierde und die Träume, die uns weiterziehen lassen 60
   5.3 Losgehen ist leichter, wenn am Wegesende der Eiswagen wartet 61
   5.4 Vieles anders um halb sechs 62
   5.5 Hand in Hand 62
   5.6 Mach doch, was du willst! 63
   5.7 Zukünftig lieber gerade statt quer 64
   5.8 Wenn Wurzeln Flügel verleihen 66
   5.9 Weibliche Nachfolge ist und bleibt ein Erfolgsmodell 67
   5.10 Nachfolgerinnen dringend gesucht 67
   Literatur 68

6 „Liebe Väter, …" 69
6.1 „Schön, dass wir darüber gesprochen haben!" 69
6.2 Früher war alles anders 70
6.3 „Solange du deine Füße unter meinen Tisch stellst …" 70
6.4 Tabula rasa 71
6.5 Welche Wege führen eigentlich nach Rom? 71
6.6 Bitte adoptieren Sie nicht Prinz Charles! 72
6.7 Der Übergeber hat das Wort 72
6.8 Wenn der Vorhang fällt 73
6.9 Mädchen machen so etwas nicht 73
6.10 Seien Sie Vater 74

7 Porträts 75
7.1 „Mit Kompetenz und Durchsetzungskraft gegen die Männerdomäne" 75
7.2 „Love it or leave it!" 79
7.3 „Geh deinen Weg weiter!" 83
7.4 „Brücke zwischen Vergangenheit und Zukunft" 86
7.5 „Gefordert und daran gewachsen" 90
7.6 „Kämpfen und durchhalten" 95
7.7 „Kommunikation ist das Zauberwort!" 98
7.8 „Mein Vater hat an mich geglaubt und mir das zugetraut" 102
7.9 „Mit den Aufgaben wachsen" 106
7.10 „Liebe auf den zweiten Blick" 110
7.11 „Im Nachhinein war es die beste Entscheidung meines Lebens" 114
7.12 „Gemeinsam etwas bewegen" 117
7.13 „Von der Pike auf lernen" 121
7.14 „Mut und Selbstvertrauen auch in Krisenzeiten" 124
7.15 „Langsam, aber stetig ans Ziel kommen" 127
7.16 „Harmonisch und gemeinsam zum Erfolg" 131
7.17 „Das Gute bewahren und weiterentwickeln" 134
7.18 „Sich niemals klein fühlen" 138
7.19 „Glaub an dich!" 142
7.20 „Wir gehen den Weg gemeinsam" 145
7.21 „Dankbarkeit, Demut und Disziplin" 149
7.22 „Jetzt oder nie!" 153
7.23 „Sich Zeit nehmen, um im Unternehmen anzukommen" 158
7.24 „Sei spontan! Nicht alles lässt sich planen" 161
7.25 „Unternehmensnachfolge mit Mut, Vertrauen und Familien-Power" 165
7.26 „Den eigenen Weg finden" 168
7.27 „Mit Überzeugung und festem Willen ist alles zu schaffen" ... 172
7.28 „Mit den Schwestern Hand in Hand" 175

Ein Wort zum Schluss 179

Dauerdoppel? 1

Eine Mehrzahl der Nachfolgerinnen in Familienunternehmen wählen das sogenannte Tandem als Übernahme- und Führungsstrategie. So führt die große Mehrheit der Nachfolgerinnen in der Übergabephase das Unternehmen gemeinsam mit dem Vater. Nachdem dieser ausgestiegen ist, setzen die Unternehmerinnen weiterhin auf die Tandemführung. Gemeinsam mit einem Familienmitglied oder Fremdmanager stehen sie dann an der Doppelspitze.

Laut unserer Studie führten über 60 % der befragten Töchter das Unternehmen zwei Jahre oder gar länger gemeinsam mit ihrem Vater. In vielen Fällen stiegen die Töchter über ein Referenzprojekt in den Betrieb ein. Sie verdienten sich so erste Sporen und erarbeiteten sich die Anerkennung bei den Mitarbeitern, um dann – Stück für Stück – die Aufgaben des Vaters zu übernehmen.

Warum ist die Tandemführung gerade in der Töchternachfolge ein so beliebtes Modell? Wo liegen die Vorteile des Tandems für Töchter und Eltern? Welche Risiken bestehen? Und wann ist es Zeit, ein Tandem zu beenden? Diese und weitere Fragen werden Thema des folgenden Kapitels sein. Die Abb. 1.1 zeigt die Dauer der Tandemführung

1.1 Die langsame Übergabe als Erfolgsstrategie

> Für mich war es wichtig, dass mein Vater unsere Produktion noch mitbetreut und unseren Ledereinkauf. Das waren zwei so komplexe Einzelthemen, in denen ich noch nicht so tief drin war.

Annette Roeckl, in sechster Generation Geschäftsführerin des gleichnamigen renommierten Münchner Modeunternehmens, war dankbar für die Unterstützung des Vaters in der

---

Warum Töchternachfolge oft Tandemnachfolge ist

Abb. 1.1 Dauer der Tandemführung

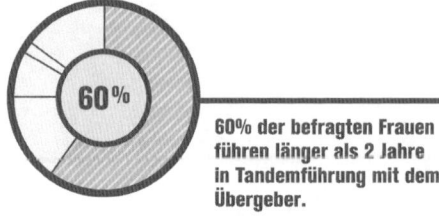

60% der befragten Frauen führen länger als 2 Jahre in Tandemführung mit dem Übergeber.

Übergabephase. Mit 26 Jahren entschied sie sich, in den Familienbetrieb einzusteigen – zunächst als Mitarbeiterin, doch bereits mit der Nachfolge im Blick. Weil auch einer der Brüder, Stefan Roeckl, Interesse anmeldete, wurde das Unternehmen schließlich aufgeteilt. Seit 2003 ist die heute 47-Jährige nun alleinige Geschäftsführerin der Roeckl Handschuhe & Accessoires GmbH Co. KG.

Zwei Jahre lang behielt ihr Vater noch sein Büro im Unternehmen, betreute die Bereiche Produktion und Ledereinkauf. „Das hat mir sehr gut getan, dass er mir diesen komplexen Teil noch führt und dass er da ist und ich in diesem Bereich einfach noch entlastet bin", beurteilt sie rückblickend die Zeit des Tandems: „Ich glaube, ihm hat das auch Spaß gemacht und gut getan."

„Das Gute bewahren und weiterentwickeln", diese Maxime hat sich die Familienunternehmerin als Leitspruch ihrer Arbeit auf die Fahnen geschrieben. Dazu gehört für sie ganz selbstverständlich auch, als Nachfolgerin in einer langen Reihe von Nachfolgern Bewusstsein für die Anstrengungen der Vorgänger aufzubringen. Ihr ist es wichtig, die Leistungen der Vorgänger zu achten und sie fände es in jedem Fall „gnadenlos", einem Übergeber zu sagen, seine Meinung sei von heute auf morgen im Unternehmen nicht mehr gefragt. Irgendwann aber sei jede Übergabephase vorbei: „Dann, nach Jahren, ist mein Vater einfach rausgewachsen. Und ich bin reingewachsen in demselben Maße", zieht die Unternehmerin Bilanz.

1.2 Wissen, Erfahrung und Netzwerke nutzen

Auch wenn sie nicht immer direkt mit ihm arbeiten, so nutzen doch die meisten Nachfolgerinnen aktiv Wissen, Netzwerke und Erfahrungen des Seniors. Die überwiegende Zahl schätzt dies als Vorteil. Innerhalb des Tandemmodells übernehmen Nachfolgerinnen Aufgabenpakete schrittweise. Sie entwickeln ihren eigenen Führungsstil, verändern Strukturen und schaffen Innovationen. Viele der Unternehmerinnen gründen eine eigene Familie in dieser Phase und nutzen den Vater als verlässliche Vertretung während ihrer Abwesenheit. Doch auch eine vollzogene Nachfolge, so die Erfahrungen aus vielen Gesprächen, ist für viele Töchter noch kein Grund, die Väter vor die Tür zu setzen. Viele von ihnen binden die Väter auch später noch in Rat gebender Funktion ein.

Töchter scheinen es – oft im Gegensatz zu den Söhnen – nicht eilig zu haben, die alleinige Verantwortung für einen Familienbetrieb zu übernehmen. Die Hintergründe sind vielfältig: Für Nachfolgerinnen, die aus anderen Branchen quer in das Familienunternehmen einsteigen, kann so ein Führungsdoppel eine gute Strategie sein. Häufig haben die Väter die Bereiche Produktion und Technik selbst geführt, das Unternehmen von der Pike aufgebaut. Scheiden sie aus, fehlt auch ihr Wissen. Über eine gut besetzte Doppelspitze, zunächst mit dem Vater, dann später mit einem Führungsteam, sichern Töchter Innovation und Wachstum, auch ohne in allen Themen selbst tief drin stecken zu müssen. Häufig sind die jungen Nachfolgerinnen es auch gewohnt, durch ein Mehr an Leistung auf sich aufmerksam machen zu müssen. Viele haben einen sehr hohen Anspruch an sich selbst und vor der Nachfolgeaufgabe großen Respekt. So wollen sie sich bestmöglich auf die Übergabe vorbereiten und sehen den Übergeber dabei als optimalen Lehrmeister.

Die Erfahrung zeigt: Die längere Anlaufphase muss kein Nachteil sein. Während ihre männlichen Mitstreiter eher in Konkurrenz zu den Vätern treten und bestrebt sind, das Ruder schnellstmöglich selbst in die Hand zu nehmen, nutzen Töchter das Tandem ganz bewusst. Zu Recht, wie viele Beispiele gelungener Tandemübergaben beweisen.

1.3 Vorteile für beide Seiten

Unabhängig von seiner Dauer bringt das Tandem als Nachfolgestrategie Vorteile für beide Seiten. Die Töchter profitieren von den Erfahrungen und dem Wissen der Väter. Oft finden sie einen schnelleren und besseren Zugang zu wichtigen Netzwerken, übernehmen manchmal gleich die Position des Vaters.

„Bei mir setzt man da schon einen gewissen Horizont und Erfahrungswerte bei vielen Themen voraus. Ich glaube, ohne den Vater im Hintergrund hätte ich diese Chancen nicht bekommen", betont Kathrin Wickenhäuser. Dass es Türen öffnet, wenn man in den wichtigen Netzwerken und Verbänden schon den Vater kennt und schätzt, diese Erfahrung hat auch die Münchner Hotelchefin gemacht. „Mein Vater war lange Zeit Präsident im Bund der Selbständigen gewesen, in der IHK und so. Und er ist auch aus der Vollversammlung der IHK rausgegangen und hat gesagt, stell du dich bitte für die Wahl zu Verfügung. Also er hat schon viel abgegeben, um mir den Weg frei zu machen." Um in den Gremien aber wirklich ernst genommen zu werden, musste sie als junge Frau dennoch „Kante zeigen". Den Vater als Berater, seine Netzwerke strategisch zu nutzen, das rät die Vorständin der Wickenhäuser & Egger AG allen potenziellen Nachfolgerinnen.

Ein befristetes Vater-Tochter-Tandem verschafft Töchtern in der Regel mehr Zeit. Mehr Zeit, sich in die neue Aufgabe als verantwortliche Unternehmerin einzufinden. Und mehr Zeit für die eigene Familie. Einstieg ins Unternehmen und Familiengründung? Frauen, die sich für das familieneigene Unternehmen und eine eigene Familie entscheiden, schätzen es, den Vater an der Seite zu haben, um flexibler agieren, eventuell auch für eine Weile in Teilzeit arbeiten zu können.

Birgit Werner-Walz, geschäftsführende Gesellschafterin der BENSELER Firmengruppe in Markgröningen, hat die Zeit der Tandemführung nie bereut. Gerade in der Anfangszeit mit drei Kindern. Learning by Doing war die Devise der Quereinsteigerin – vom Vater bekommt sie den notwendigen Rückhalt: „Ich habe in all den Jahren meinen Vater wenig gefragt. Aber ich wusste, dass ich immer die Möglichkeit dazu gehabt hätte, auch als er die Leitung schon an mich abgegeben hatte."

Nicht nur für die Töchter birgt die Tandemstrategie Vorteile. Auch Väter profitieren davon, nicht von heute auf morgen loslassen zu müssen und auch nach dem Ausstieg noch als Berater im Unternehmen willkommen zu sein. Gerade für Gründer, die ihr Leben lang viel Zeit in das Unternehmen investiert haben, gestaltet sich das Loslassen oft schwierig. Viele hatten in ihrer aktiven Phase wenig Zeit, sich außerhalb des Unternehmens zu engagieren. Sich nach dem Ausstieg alternative Beschäftigungen zu suchen, die genau so erfüllend sind wie es das Unternehmerleben war, ist nicht einfach. Auch sind Netzwerke häufig stark auf das Geschäftliche bezogen. Da ist ein Übergang kaum von heute auf morgen möglich.

Töchter erweisen sich hier oft als empathischer, können sich in die Situation ihrer Väter besser einfühlen und bringen ihnen größere Wertschätzung entgegen als manch ein Sohn. Nicht selten räumten sie im Interview ein, Positionen und Aufgaben extra für den Vater geschaffen zu haben, damit dieser weiterhin einen Platz in der Firma habe. Auch Büros und Parkplätze werden erhalten, selbst wenn der Senior nur noch sporadisch vorbeischaut. Die neue Chefin will damit auch den Respekt gegenüber den Leistungen des Vorgängers zum Ausdruck bringen.

Der Vater von Birgit Werner-Walz hat das Unternehmen erst mit 74 wirklich verlassen: „Er hat es immer wieder aufgeschoben, und ich glaube, wenn er gesünder gewesen wäre, hätte er sogar noch ein Weilchen länger gemacht." Loszulassen sei ihm nicht leicht gefallen, doch er habe irgendwann gespürt, dass nun eine neue Zeit angebrochen sei.

1.4 Wieso jede gute Übergabe ein verbindliches Ende braucht

Bei allen Vorteilen birgt die Tandemstrategie auch Risiken. Ist der Übergeber auf lange Sicht zu aktiv und gibt seiner Nachfolgerin nicht genug Raum, fällt es dieser schwer, sich zu emanzipieren. Das Tandem birgt dann die Gefahr der Alibifunktion für Chefs, die nicht gehen wollen. Unter dem Deckmantel der Übergabe machen sie weiter wie bisher und die Nachfolge kommt zu keinem Abschluss. Auch Töchter können sich im Tandem „verstecken", wenn sie sich die Aufgabe langfristig alleine nicht zutrauen. Wirklichen Nutzen aus der Zeit zu zweit können nur die Nachfolgerinnen wirklich ziehen, die ein verbindliches Ende bei ihren Vätern einfordern.

Bereits zu Beginn der Nachfolge sollten Väter und Töchter darum über den Ausstieg reden: Was muss bis dahin erledigt werden? Wie können wir uns gegenseitig unterstützen? Um sicherzugehen, dass die Übergabe auch wirklich vollzogen wird, entwerfen Nachfolgerinnen zusammen mit dem Übergeber am besten einen Übergabefahrplan und halten die wichtigsten Meilensteine schriftlich fest. Ein genaues Datum für den Ausstieg des Seniors gehört unbedingt dazu. Dieses gilt es im Zweifel durchzusetzen. Um Konflikte zu vermeiden, hat es sich in vielen Fällen bewährt, ein unabhängiges Gremium, etwa einen Beirat, in den Nachfolgeprozess einzubinden. Diese neutrale Instanz kann zum Beispiel Gespräche moderieren und die verschiedenen Phasen der Nachfolge unabhängig begleiten.

Es ist nicht ungewöhnlich, dass jede Tochter ihren Vater zu Beginn der Zusammenarbeit bewundert und seine Leistungen mitunter eher unkritischer betrachtet. Sie kannte den Vater bis dahin als Mann, der viel erreicht hat und dem alle mit viel Respekt begegnen. Umso jünger die Nachfolgerinnen bei ihrem Amtsantritt sind, umso deutlicher ist oft das Gefälle in der Machtbeziehung. Die Literatur spricht hier von Schatten, aus denen es rauszutreten gilt, oder auch vom Thron, von dem der Vater gehoben werden muss. Letztendlich geht es immer um die gleiche Herausforderung: Vater und Tochter müssen eine Beziehung auf Augenhöhe gestalten, damit die Übergabe gelingt. So angenehm und sinnvoll die Fahrt auf dem Beifahrersitz am Anfang ist, endet sie doch am Ende der Nachfolge für die neue Chefin mit der Position am Steuer.

1.5 Eigener Führungsstil, eigene Ziele

Töchter stehen nichtsdestotrotz vor der Aufgabe, auch angesichts des präsenten, manchmal fast übermächtigen Vaters ihren eigenen Führungsstil zu entwickeln, ihre eigenen Entscheidungen durchzusetzen und sich Akzeptanz zu verschaffen. „Man bekommt ein handfestes Rezept mit und dann merkt man, dass man alles doch erst mal selber backen muss", zieht Birgit Werner-Walz Bilanz und gibt zu, sie habe Zeit gebraucht, um den eigenen Weg zu finden.

Antje von Dewitz, Geschäftsführerin der Outdoormarke VAUDE, war sich früh bewusst, dass sie das Unternehmen anders leiten möchte als der Vater: „Ich hatte bereits Kinder und mir war klar, wenn ich das Unternehmen übernehme, dann kann ich nicht so lange Arbeitszeiten haben wie mein Vater. Und auch vom Führungsstil. Der hat gut auf meinen Vater gepasst, der ist Gründer, seit 30 Jahren Leiter des Unternehmens, aber der passt nicht auf mich." Dennoch dauerte der Abnabelungsprozess.

Die zahlreichen Gespräche mit Nachfolgerinnen haben gezeigt: Ganz egal, wie erfolgreich ein Tandem auch ist, es sollte stets verbindlich begrenzt sein. Nach einer Zeit müssen Töchter alleine das Ruder übernehmen. Irgendwann müssen sie ihre eigenen Vorstellungen von Unternehmensführung umsetzen können, soll es nicht zu tiefgreifenden Konflikten kommen.

Wie lange ein Tandem trägt, bestimmen letztlich die Akteure selbst. Je nach Unternehmen und je nach Vater-Tochter-Beziehung können Übergabetandems mal länger, mal kürzer funktionieren. Fast immer aber durchlaufen sie verschiedene Phasen.

1.6 Die Phasen des Tandems

Die untersuchten Tandems zeigen ähnliche Abläufe und ähnliche Strukturen. Anhand der Interviews sowie der Studienergebnisse konnten fünf unterschiedliche Phasen herausgearbeitet werden.

Tandemphasen
1. Die WIR-Phase
   – Die WIR-Phase ist durch eine integrative Haltung geprägt. Der Vater führt nach wie vor das Unternehmen und lässt seine Tochter mehr oder weniger Anteil nehmen. Oft gibt er ihr über ein eigenes Projekt die Möglichkeit, sich zu bewähren. In dieser Phase nehmen Väter nicht selten eine wichtige Mentorenfunktion ein. Die Grundhaltung der Tochter ist es, dem Vorbild des Vaters nachzueifern.
2. Phase des Findens und Ausprobierens
   – In der zweiten Phase beginnen Töchter, ihren eigenen Führungsstil zu entdecken und weiterzuentwickeln. Dabei setzen sie erste Veränderungen durch. Im Unterschied zur ersten Phase stellen sich Töchter nun stärker die Frage nach den eigenen Zielen, Werten und Wünschen.
3. Konflikt- und Abgrenzungsphase
   – Die dritte Phase ist von einer „konstruktiv-aggressiven" Haltung geprägt. Jetzt werden offen Konflikte ausgetragen und eigene Grenzen ausgelotet. Der Vater wird zunehmend entidealisiert. Im Idealfall ist eine Beziehung auf Augenhöhe das Ergebnis dieser „Emanzipation". Die Tochter übernimmt schrittweise die Verantwortung und etabliert sich in ihrer Rolle als neue Chefin. Gleichzeitig gewinnt der Ausstieg des Vaters an Gestalt. Grenzen werden verhandelt und Rollen neu definiert.
4. Verhandlungs- und Gestaltungsphase
   – Die Grundstimmung der vierten Phase ist konstruktiv. Berater werden hinzugezogen. Die Übergabe wird im Detail besprochen und umgesetzt. Noch ausstehende Anteile werden übertragen. Neue Strukturen und Regeln werden etabliert. Der Vater verabschiedet sich und besetzt seine neue Rolle. Die Veränderungen werden nun auch nach außen kommuniziert. Diese Phase der Neuorientierung ist eine zentrale Phase im Nachfolgeprozess.
5. Zustimmungs- und Integrationsphase
   – Nachdem der eigentliche Prozess der Nachfolge abgeschlossen ist, folgt die (lange) Phase der Integration aller Veränderungen sowohl im Unternehmen als auch nach außen. Die neuen Strukturen, die mit dem Übergang einhergehen, etablieren sich und die neue Führungsgeneration ist in ihrer Aufgabe angekommen.

Nicht alle der beschriebenen Phasen müssen zwangsläufig vollständig durchlaufen werden. Auch die Reihenfolge kann sich mitunter ändern. Haben z. B. Nachfolgerinnen vor der Übernahme bereits erfolgreich Karriere in einem anderen Unternehmen gemacht und/ oder werden als „Retterin in der Not" geholt, verkürzen sich Phase 1 und 2 stark. Ebenso Krisenereignisse wie Tod oder Krankheit können dazu führen, dass sich der Prozess verkürzt und Phasen ausgelassen oder improvisiert werden.

1.7 Wenn Väter nicht loslassen können

Was aber passiert, wenn die Übergabe nicht gelingt? In den vielen Gesprächen, die wir mit erfolgreichen Familienunternehmerinnen geführt haben, begegnete uns immer wieder eine spezielle Situation. Die Tochter führt seit einiger Zeit erfolgreich das Unternehmen. Sie ist nach außen und innen als Chefin anerkannt. Die Nachfolge ist formell längst vollzogen, doch der Vater sorgt immer wieder für Verwirrung. Er kommt unangemeldet ins Unternehmen, fordert hinter dem Rücken seiner Tochter Informationen ein, verhandelt ohne Befugnis mit Geschäftspartnern, platzt unangekündigt in wichtige Besprechungen und mahnt Mitarbeiter ab.

„Ich will Euch doch nur helfen. Einen besseren habt Ihr doch nicht", zitiert eine Nachfolgerin, die lieber anonym bleiben möchte, den Vater und stellt fest: „Dieses Helfen, das ist einfach in der Praxis nicht so stimmig, weil es keine Hilfe ist, sondern eher eine wahnsinnige Belastung. Eine psychische Belastung, aber auch eine zeitliche. Mein Vater legt es richtig drauf an, sodass meine Schwester vielleicht irgendwann die Reißleine ziehen und ihm Hausverbot geben muss. Es kann sein, dass sie das machen muss – zum Schutz aller."

Ein klärendes Gespräch zu führen ist laut der betroffenen Töchter in dieser Phase oft nicht mehr möglich. So bleiben den verzweifelten Nachfolgerinnen manchmal nur zwei gleichermaßen unerfreuliche Möglichkeiten: Die Situation zu dulden. Oder den eigenen Vater konsequent unfreundlich vor die Tür zu setzen. Beide Varianten belasten das Vater-Tochter-Verhältnis stark. Weil sie keinen Ausweg sehen, brechen manche Töchter die Beziehung zum Vater sogar zeitweise ab.

1.8 Unterschiedliche Beziehungsebenen

Was steckt hinter diesen Konflikten? An welchem Punkt schlägt ein zunächst funktionierendes System ins Gegenteil um?

Eine wichtige Aufgabe, die Vater und Tochter im Prozess der Übergabe bewältigen müssen, ist der Übergang von der Beziehung im Unternehmen (Beziehung Übergeber und Nachfolgerin) zu einer Beziehung, die sich auf die familiäre Ebene beschränkt (Beziehung Vater und Tochter). Was auf den ersten Blick einfach erscheinen mag, entpuppt sich in der Umsetzung als anspruchsvolle Aufgabe.

Töchter haben ihre Väter in ihrer Kindheit oft ausschließlich als (Familien-)Unternehmer erlebt. Gerade in der Gründungsphase eines Unternehmens traten die Bedürfnisse der Familie zurück. Den Vater anders, neu auf seine Vaterrolle konzentriert wahrzunehmen, ist schwierig. Auch den Vätern fällt es schwer, einen neuen Lebensabschnitt ohne Unternehmen zu gestalten. Was passiert, wenn der Übergeber aus dem Unternehmen ausscheidet und sich damit automatisch die Rolle des Unternehmers und des Chefs auflöst? Als „wer" handelt der „Nicht-mehr-Chef" gegenüber seiner Tochter und dem Unternehmen? „Es wäre schön, wenn er einfach Vater wäre. Ich sagte zu ihm, Papa, ich hab'nen Vater verloren. Warum füllst du deine Vaterrolle nicht aus? Weil diese Seniorchefrolle, die ist nicht mehr existent nach acht Jahren Ruhestand", schildert eine Nachfolgerin die Schwierigkeiten ihres Vaters, die veränderte Rolle zu akzeptieren.

Oft können sich die Übergeber nicht damit abfinden, im Unternehmen nicht mehr gebraucht zu werden, keine Rolle mehr zu spielen, keine Macht mehr ausüben zu können. Trauen sie ihrer Tochter die Führung nicht zu, kommt die ständige Sorge um den Erhalt des Unternehmens dazu. Dass der Vater sein Büro behält, ist für die meisten Töchter noch kein Problem, auch nicht der Respekt vor dem „Seniorchef". Problematisch wird es erst dann, wenn der Senior anfängt, sich wieder ins operative Tagesgeschäft einzumischen. „Am Anfang war es auch so, dass er sich von Mitarbeitern hinter meinem Rücken irgendwelche Sachen hat zeigen lassen. Dann hab ich zu ihm gesagt: Papa, frag mich doch, ich sag dir doch alles", gibt eine der betroffenen Töchter einen typischen Dialog wieder. Um den Respekt bei den Mitarbeitern nicht zu verlieren, habe sie in dieser Situation drastisch reagieren müssen: „Ich hab dann auch der Mitarbeiterin deutlich gemacht, dass mein Vater hier keine Funktion mehr hat und dass ich die Geschäftsführerin bin. Und ich musste ihr sagen, dass sie mich fragen muss, wenn sie meinem Vater irgendetwas aushändigt, sonst würde das zu einer fristlosen Kündigung führen."

Gerade wenn Rollen und Zuständigkeiten nach der Übergabe nicht geklärt sind, kann es zu Konflikten kommen. Familie und Unternehmen sind zu eng verbunden und Spielregeln müssen aktiv besprochen werden. Gerade im Unternehmen braucht es diese Klarheit: „Weil das das ist, was mein Vater ja auch immer macht. Dem fällt nachts was ein, dann platzt er am nächsten Tag rein und dann konfrontiert der mich. Er tut sich wahnsinnig schwer, auch irgendwelche Reglements zu akzeptieren. Ich sag ihm dann immer: Ne Papa, Geschäft ist Geschäft und Schnaps ist Schnaps. In der Familie ja, aber hier gibt's Funktionen und das Unternehmen ist keine Spielwiese für irgendwelche Menschen, sondern da gibt's Regeln", schildert uns eine Nachfolgerin die schwierige Situation.

1.9 Rollen definieren, Grenzen festlegen

In einer derart verfahrenen Situation ist es wichtig für alle Beteiligten, klare Rollen zu definieren und Grenzen festzulegen. Väter müssen über kurz oder lang einsehen, dass sie im Unternehmen nicht wie gewohnt schalten und walten können. Auch wenn diese Einschränkung nach vielen Jahren als Unternehmer schwer fällt. Gegenteiliges Verhalten schadet jedoch letztendlich der Firma: Abläufe geraten durcheinander und die Autorität der Tochter wird beschädigt. Nicht zuletzt geraten Mitarbeiter zwischen die Fronten und damit in unangenehme Loyalitätskonflikte. Ein Chef, der keiner mehr ist, sich aber immer noch so verhält, stiftet Verwirrung.

Sind Gespräche nicht mehr möglich, sehen Töchter dann oft keinen anderen Ausweg als eine Trennung. Sie verweisen den Vater aus dem Unternehmen. Unter dieser drastischen Entscheidung leidet zwangsläufig auch die Familienbeziehung: „Der Druck, der dann da ausgeübt wird, da darfst du kein Weichei sein, das musst du dann auch verarbeiten und verkraften – das ist wie eine Trennung."

Aus der Beratungspraxis wissen wir, dass der Erfolg des Tandems und damit auch der Nachfolge nicht unwesentlich davon abhängt, ob es Vater und Tochter gelingt, gemeinsam eine angemessene Form der Beziehung zu gestalten und individuelle Regeln dafür zu verhandeln. Gerade wenn Familie und Unternehmen so eng verbunden sind wie im Familienunternehmen, ist es wichtig, sich über die neuen Rollen frühzeitig auszutauschen.

1.10 So darf Nachfolge auch eingefordert werden

Wollen Töchter das Familienunternehmen übernehmen, braucht es zunächst zwei Voraussetzungen: Der Vater muss bereit sein, das Unternehmen an die Tochter zu übergeben. Und natürlich muss die Tochter auch die Rolle der Nachfolgerin bewusst einnehmen wollen.

Bei der Begleitung von Nachfolgeprozessen kommt immer wieder auch die Frage auf, wann oder ob sich Kinder das Unternehmen auch „nehmen" dürfen. Wir sagen „Ja, wenn einige Bedingungen erfüllt sind".

Zunächst sollten Vater und Tochter gemeinsam einen Nachfolgeplan aufsetzen. Wichtige Punkte dabei sind der zeitliche Ablauf und zwei Schlüsselfragen, die über den Erfolg des Prozesses mitentscheiden: Der Übergeber sollte erstens an der Gestaltung der Lebensphase „danach" arbeiten. Für diese eine sinnhafte Tätigkeit zu finden, braucht viel Zeit. Daher muss dieser Prozess am besten parallel zum Nachfolgeprozess stattfinden. Zweitens fragt sich die Nachfolgerin, welche Themen für sie bis zum Ende der Tandemphase noch anstehen. Beispiele hierfür sind Wissenstransfer, Familiengründung und Ausarbeitung einer neuen Führungsstruktur. Diesen Nachfolgeplan im Vorfeld detailliert auszuarbeiten und zu verabschieden hat den Vorteil, dass die „Ernsthaftigkeit", mit der beide Parteien in den Übergabeprozess gehen, geprüft wird. Verzögerungen und Zweifel zeigen sich meist schon vor oder während der Diskussion über Meilensteine und Inhalte.

Der Übergabeplan ist das zentrale Instrument, auf dessen Grundlage die Nachfolgerin später auch die Übergabe einfordern kann und darf, sollte der Vater nicht loslassen können. Immer wieder kommt es vor, dass Übergeber den Prozess in der Mitte abbrechen oder verzögern, weil sie sich nicht in die neue Rolle einfinden können bzw. wollen. Es fällt ihnen schwer, sich ein Leben ohne das Unternehmen vorzustellen.

Liegen keine wichtigen Gründe vor, warum die Übergabe nicht wie geplant vollzogen werden kann, sollte die Nachfolgerin sich auf die gemeinsam vereinbarten Punkte beziehen und evtl. auch Konsequenzen geltend machen. Anstatt sich in eine Dauerschleife aus unerfüllten Absprachen und Enttäuschungen zu begeben, ist es oft besser, einen Plan B zu entwickeln und diesen auch umzusetzen.

In der Regel gibt es hier zwei Optionen. Die Tochter kann im System bleiben und dafür kämpfen, dass der Vater sich an den festgelegten Prozess hält und am Ende das Unternehmen verlässt. Entscheidet sie sich gegen diesen Kampf, bleibt noch der Rückzug. So ist eine familieninterne Nachfolge zwar der Königsweg, aber nicht um jeden Preis.

Es gibt letztendlich viele Gründe, die einen Nachfolgeprozess verzögern können, und diese liegen nicht selten in der persönlichen Lebenslage oder auch in der Familiendynamik verborgen. Diese Prozesse brauchen ausreichend Zeit, um aufgelöst zu werden. Bevor Familienbeziehungen ernsten Schaden nehmen oder Töchter in einer Warteschleife verharren und vielleicht für die Position der Nachfolgerin „verbraucht" sind, ist es besser, für eine gewisse Zeit aus der schwierigen Situation auszusteigen. Planen sie, die Nachfolge zu einem späteren Zeitpunkt dennoch anzutreten, können Töchter die Auszeit sinnvoll nutzen, indem sie sich z. B. der Familienplanung widmen oder auch sich eine Karriere außerhalb aufbauen und so wichtige Erfahrungen sammeln (oder beides).

Entscheidend bei einer solchen Pausierung des Übergabeprozesses ist es, dass man das Unternehmen nicht aus dem Blick verliert. Oftmals stehen wichtige Veränderungen im Unternehmen trotz der Unterbrechung des Nachfolgeprozesses bereits an, um die wirtschaftliche Stabilität erhalten zu können. Diese müssen umgesetzt werden. Der Übergeber sollte in jedem Fall einen tragfähigen Notfallplan aufsetzen, um das Unternehmen abzusichern.

▶ **Expertentipp Übergänge richtig gestalten**
Übergänge kennzeichnen den Lebensweg von Menschen – persönliches Wachstum entsteht durch die erfolgreiche Bewältigung unzähliger allgemeiner, aber auch individueller Lebensübergänge. Auch eine Nachfolge ist so ein Übergang. Etwas Bestehendes endet und etwas Neues beginnt.
So bringen Übergänge für alle Beteiligten immer auch Unsicherheit und „Unordnung" mit sich. Alte Rollen und Regeln verlieren angesichts der Veränderung ihre verlässliche Gültigkeit und müssen neu verhandelt werden. Menschen verlassen ihre Komfortzonen und bewegen sich zunächst in der Unsicherheit.
Kennzeichen von Übergängen:
- Übergänge sind bedeutsame Schlüsselstellen des Lebens, wo Leben gelingen oder auch misslingen kann.
- Jeder neue Lebensübergang kann korrigieren, was bei einem früheren Übergang nicht möglich war.
- Etwas Bestehendes endet und etwas Neues entsteht.
- Durch Altes, das nicht mehr, und Neues, das noch nicht trägt, entsteht eine Instabilität, Unordnung, Unsicherheit und Sensibilität, die zunächst auszuhalten ist.
- Übergänge haben eine feste Zeitdauer, die nicht zu verkürzen ist.
- Komfortzonen müssen verlassen und neue unsichere Bereiche erschlossen werden.

Im optimalen Fall können Vater und Tochter sich vor und während des Nachfolgeprozesses im Gespräch über ihre Vorstellungen, Wünsche sowie Grenzen austauschen und gemeinsam an neuen Spielregeln arbeiten. Auch mit einem offenen Dialog braucht der Übergabeprozess immer seine Zeit und geht nicht von heute auf morgen. Rechtzeitig mit der Planung zu beginnen, ist daher ein Erfolgskriterium.
Fällt es den Beteiligten schwer, die Veränderung gemeinsam zu gestalten, oder wird die Unsicherheit als übermächtig empfunden, ist es für die Nachfolgerin gut, sich Unterstützung zu suchen. Mit einem professionellen Experten sollten

die zentralen Aufgaben schrittweise bearbeitet werden: Wer agiert in welchen Rollen? Was muss unbedingt mitgenommen werden – was gilt es zu verabschieden? Wie sieht der erste Schritt aus? Wie genau soll das Neue gestaltet sein? Kann/will ich das Unternehmen allein führen? Wann und woran merke ich, dass der Übergang gelungen und abgeschlossen ist? Wie kann ich in der Übergangszeit gut für mich sorgen, mich stärken und für mich eintreten? Gehe ich den Weg allein oder nehme ich andere Personen mit? Wer werde ich sein, wenn der Übergang erfolgreich vollzogen ist? Wie werden mein Umfeld und meine Familie reagieren?

Schwierig ist für die Töchter häufig der Schritt aus der Anerkennungsfalle. Seit ihrer Kindheit ist ihnen die Anerkennung und Liebe von Vater und Mutter ein Bedürfnis. Riskieren sie den Bruch mit ihnen, könnte der Weg zur Anerkennung dauerhaft abgeschnitten sein. Die Arbeit am Übergang ist somit auch und gerade eine Auseinandersetzung mit sich selbst und der eigenen Familiengeschichte.

Ist ein Dialog mit dem Vater nicht möglich, müssen Töchter diesen Prozess des Übergangs allein bestreiten. Dauerhaft in der Konfliktsituation zu verharren, verbaut die Möglichkeit des Gelingens dieses individuellen Lebensübergangs und damit der Entwicklung. Auch schwierige Themen sollten konsequent angegangen werden, schmerzhafte Krisen als Chance umgedeutet werden, um eigene Ressourcen zu erschließen. Auch wenn die Gefahr besteht, dass die Beziehung zunächst bricht – in sehr verfahrenen Situationen ist ein klarer Schnitt nicht selten die Bedingung für einen späteren Neuanfang.

1.11 Zukunftstrend Tandemführung

Übrigens: Auch unabhängig vom Nachfolgeprozess setzen viele Unternehmerinnen erfolgreich auf eine Tandemstrategie. Fast die Hälfte der Frauen teilt sich die Führung mit einem Geschwisterteil. Insgesamt führen 70 % der befragten Frauen gemeinsam mit Familienmitgliedern. Bezieht man externe Manager mit ein, führt sogar die überwiegende Mehrheit der Befragten im Duett. Mit dieser Strategie liegen die Damen voll im Zukunftstrend: Wie aktuelle Studien belegen, führen 80 % der jüngeren Unternehmer (bis 30 Jahre) heute in einem Team (Commerzbank AG 2011).

Bei Alexandra Seger ist es sogar der Vater, der den entscheidenden Impuls gibt, einen zweiten, externen Geschäftsführer ins Unternehmen zu holen: „Als mein zweiter Sohn im Jahr 2007 zur Welt kam, hatte sich mein Vater schon mehr aus der Firma zurückgezogen", erläutert Alexandra Seger, Gesellschafterin und Geschäftsführerin der Schreinerei Seger in Nürnberg: „Gleichzeitig ist die Firma gewachsen. Im Hinblick auf die Kinder fand es mein Vater richtig, dass noch ein zweiter Geschäftsführer zur Unterstützung eingestellt werden sollte." Er habe ihr die Führung auch alleine zugetraut, ihr aber auch klar gemacht, dass Familie und Geschäftsführung zusammen eine zu hohe Belastung für sie alleine wäre.

Viele Töchter nutzen nicht nur die zeitliche Entlastung, die das Tandemmodell mit sich bringt, sondern auch andere Vorteile solcher (gemischter) Führungsteams. Kathrin Wickenhäuser zum Beispiel fühlt sich im Führungsdoppel mit ihrem Mann Alexander Egger perfekt ergänzt. Seine Talente und Kompetenzen vervollständigen ihr Profil. „Er ist der Controller und er liebt es, mit dem Steuerberater zu telefonieren", erläutert die Münchner Hotelerbin: „Er macht Dinge, die ich zwar auch kann, aber eben nicht so gerne mache." Dass es mit ihrem Mann noch einen weiteren Geschäftsführer gibt, sieht sie aber auch in Sachen Arbeitsaufwand als klaren Vorteil: „Wir sind mittlerweile 85 Leute, da brauchst du eigentlich zwei Leute, die das führen."

Nachfolgerinnen scheinen sehr genau zu analysieren, wo ihre Stärken und wo ihre Schwächen liegen. Viele von ihnen setzen sich spätestens im Zuge der Nachfolge intensiv mit ihrer Persönlichkeit und ihren Fähigkeiten auseinander. Für das Führungstandem suchen sie sich dann gezielt Personen aus, mit denen sie sich gut ergänzen. So stellen sie sicher, dass sie ihre Zeit und Kraft in Themen stecken können, die sie für wichtig erachten oder deren Bearbeitung ihnen Spaß macht.

Für Nachfolgerinnen ist das Führungstandem ein effizientes Modell, um Wissen ins Unternehmen zu holen, sich auf eigene Stärken zu konzentrieren und sich zeitliche Ressourcen zu schaffen, um zum Beispiel Familie und Beruf zu vereinbaren und/oder neben der Führungsaufgabe in verschiedenen Ehrenämtern tätig zu sein.

Kurz und bündig

- Fast 70 % der befragten Unternehmerinnen führen das Unternehmen im Tandem.
- Während der Nachfolgephase führen Töchter im Tandem mit dem Vater. 60 % der Tandems dauern zwei Jahre und länger. Im Schnitt dauert die Doppelführung mit dem Übergeber zwei bis fünf Jahre (nicht selten auch länger).
- Die Mehrheit der Unternehmerinnen schätzt die Nachfolge zwischen Vater und Tochter als leichter ein als zwischen Vater und Sohn, da hier weniger Konkurrenz und mehr Wertschätzung besteht.
- Auch nach erfolgter Übergabe führen Nachfolgrinnen häufig in einer Doppelspitze. Beliebtester Partner im Führungstandem ist der Bruder.
- Tandem als Zukunftstrend: Aktuell führen 80 % aller jüngeren Unternehmer (bis 30 Jahre) im Team.
- Die Erfolgswahrscheinlichkeit der Übergabe vom Vater auf die Tochter nimmt mit der Dauer des Tandems ab. Erfolgreiche Übergaben haben ein definiertes Ende.
- Der Rollenwechsel ist eine der größten Herausforderungen der Übergabe des Unternehmens von Vater auf Tochter.

Literatur

Commerzbank AG. (Hrsg.). (2011). Frauen und Männer an der Spitze: So führt der deutsche Mittelstand. Eine Studie der Initiative „UnternehmerPerspektiven".

Quer einsteigen und zielsicher durchziehen? 2

2.1 Die große Freiheit

Warum sind Töchter nicht die erste Wahl? So oder ähnlich lauteten häufig die Überschriften der Artikel, die sich mit dem Thema weibliche Nachfolge in den letzten Jahren beschäftigten. Sie alle machten den Versuch, eine Ungleichheit zu erklären, die es in politischer, logischer, wirtschaftlicher und familiärer Hinsicht eigentlich nicht geben sollte. Die sich aber dank eingeprägter Geschlechterrollenbilder und Stereotype hartnäckig hält – auch heute noch. Gleichzeitig zeigen sich die Töchter, die es geschafft haben, selbstbewusst, zielstrebig, unkonventionell und erfolgreich – so gar nicht zweite Wahl eben. Unsere Studie macht eines ganz deutlich: Es ist zu kurz gesprungen, beschränkt man die Töchter auf das Image „Notlösung".

Im Windschatten zu fahren, spart wertvolle Kraft, die einem auf der Zielgeraden zum Sieg verhelfen kann. Es ist das Geschenk der Freiheit, das Töchter durch ihre Position in der zweiten Reihe erhalten. Im Gegensatz zu Söhnen, die oft schon von klein auf mit der unausgesprochenen oder offen geäußerten Zuschreibung „Papas Nachfolger" aufwachsen, lässt man Töchter zunächst damit in Ruhe. Manchmal sind sie unsichtbar, weil es einen anderen Wunschkandidaten gibt, manchmal beobachten Eltern erst einmal vorsichtig die Entwicklung der Töchter, schätzen Potenziale und Interessen ab. Angesichts männlich geprägter Traditionen sind die Spuren im Nachfolgepfad fast nie so tief eingetreten wie bei Söhnen – und damit ist auch der Druck geringer.

Freier in ihren Entscheidungen, können Töchter sich ausprobieren und machen gerade dadurch vieles ganz automatisch im Sinne der Nachfolge richtig. Sie suchen nach eigenen Stärken und Interessen, sie wählen Studienfächer nach diesen aus, sie arbeiten in fremden Unternehmen und bauen sich eigene Karrieren auf, sie gründen eine Familie, sie gehen ins Ausland, sie lösen sich vom Elternhaus und sie entwickeln ihre eigene Persönlichkeit. Steigen sie dann viel später ins Unternehmen ein, haben sie die Entscheidung gut durchdacht und oft unabhängig getroffen.

2.2 Die süße Qual der Wahl

Sich außerhalb des eigenen Unternehmens zu bewähren, ist eine der häufigsten Empfehlungen an Unternehmerkinder. Schauen sich potenzielle Nachfolger woanders um, kommt dennoch automatisch die Entscheidung für oder gegen die Nachfolge auf sie zu. So ist die Karriere in Fremdunternehmen nicht nur ein Erfolgsfaktor für die Übernahme der Verantwortung im elterlichen Betrieb, sondern macht so manche Unternehmereltern auch nervös. Denn hat sich der Nachwuchs erst einmal sein eigenes Leben aufgebaut und attraktive berufliche Alternativen zum Familienunternehmen geschaffen, besteht die Gefahr, dass er/sie die Übernahme ablehnt. Aber genau hier liegen auch Chancen.

Ein wichtiger Best-Practice-Tipp, den unsere Gesprächspartnerinnen anderen Nachfolgerinnen mit auf den Weg geben: Sie sollten sich ein vergleichbares Angebot für den nächsten Karriereschritt vom aktuellen Arbeitgeber geben lassen, um auf dieser Basis mit dem Vater über die Einstiegskonditionen der Nachfolge zu verhandeln. Haben sie mehr als eine Option, sichern sich Töchter nicht nur eine gewisse Unabhängigkeit, sie gehen auch selbstbewusster an die neue Aufgabe heran und bringen ihre Potenziale optimal ins Spiel.

Auch wenn es das eigene Unternehmen ist, im Arbeitsvertrag sollte unbedingt eine beiderseitige Kündigungsklausel mit Probezeit festgelegt werden, damit sowohl dem Übergeber als auch der Nachfolgerin die Möglichkeit bleibt, den Übergabeprozess zu beenden, sollten die Bedingungen nicht passen. Genau wie im Nachfolgeprozess ist es auch hier die Freiheit, in allen Richtungen entscheiden zu können, die den positiven Verlauf unterstützt und alle Beteiligten motiviert, aktiv am Erfolg mitzuarbeiten.

2.3 Warum eigentlich nicht …?

Aus welchen Gründen entscheiden sich Töchter, ihre eigens aufgebaute Karriere aufzugeben und im Familienunternehmen einen Neuanfang zu wagen? Eines der Hauptargumente ist die Vereinbarkeit von Beruf und Familie bzw. die Flexibilität, die einem das eigene Unternehmen ermöglicht. Auch die Möglichkeit, an der Spitze zu stehen, ohne Gefahr zu laufen, an unüberwindbaren Hürden wie einer „gläsernen Decke" zu scheitern, ist ein wichtiger Grund für den Wechsel.

Unternehmerinnen, die vorher für ihren Job sehr mobil sein mussten, schätzen es, in die Heimat zurückkehren zu können. Ebenso spielt die Verantwortung gegenüber dem Lebenswerk der Eltern und den Mitarbeitern eine sehr große Rolle. Eine Unternehmerin nennt als ihre wichtigsten Beweggründe dafür, das väterliche Unternehmen weiterzuführen, zwei Dinge: „Es war natürlich ohne jeden Zweifel eine riesige persönliche Herausforderung. Und es ging um Verantwortung für die Mitarbeiter. Immerhin boten wir einige hundert Arbeitsplätze. Unser Betrieb war damals schon der größte Arbeitgeber im Ort." Viele der Töchter sind zum Zeitpunkt der Entscheidung an einem Punkt in ihrer „ersten Karriere" angekommen, an dem ihnen eine neue Herausforderung willkommen ist. Fast alle Frauen reizt die unternehmerische Freiheit – auch oder gerade wenn sie aus Top-Positionen zurückkehren in den heimischen Betrieb. So beschreibt es auch Christine Bruchmann (Fürst Gruppe), die ihre erfolgreiche Karriere in einem Konzern beendete, um in das familieneigene Unternehmen im fränkischen Nürnberg zu wechseln: „Ich habe abgewogen. Als Managerin war ich 20 Jahre lang niemandem über meine finanzielle Situation Rechenschaft schuldig. Ich war relativ abgesichert und hatte eine Kündigungsfrist. Ich wusste, was ich tue, und für welche Dinge ich zuständig war. Aber: Ober sticht Unter." So war es letztendlich die Unabhängigkeit, die die erfahrene Managerin von der Übernahme der Führung des Familienbetriebs überzeugte.

Wer die Entscheidung für das eigene Unternehmen trifft, sollte sich immer auch des Risikos bewusst sein. Als Unternehmerin hat man nicht nur die Verantwortung für die eigene wirtschaftliche Existenz, sondern auch für die von Mitarbeitern. Auch gegenüber einer Führungsposition im Angestelltenverhältnis gibt es deutliche Unterschiede. Das stellt eine Unternehmerin heraus, die auf die erste Zeit nach ihrem Wechsel ins Familienunternehmen zurückblickt: „Es war doch schwierig, plötzlich auf sich allein gestellt zu sein. Manchmal hatte ich das Gefühl, im freien Raum zu schweben. Ohne Netz und doppelten Boden. Ich wusste nicht, ob ich es überhaupt schaffe, wie es mit den Mitarbeitern laufen und ob ich den Betrieb finanziell auf gesunde Füße stellen würde."

Zwei Dinge sind für die Entscheidung grundlegend: Zum einen sollten sich Töchter ihre eigenen Lebensziele bewusst machen. Wo stehe ich gerade? Was möchte ich noch erreichen? Welche Dinge sind mir wirklich wichtig? Woran habe ich immer wieder Spaß? Was mache ich bei meiner Arbeit am liebsten? Was passt zu mir? In zehn Jahren bin ich …! Zum anderen sollten sie sicher gehen, dass sie ihre Wahl „nur für sich" treffen. In der Nachfolge schwingen besonders viele, teils unbewusste Aspekte mit wie Loyalität, unerfüllte Wünsche nach Anerkennung und elterlichen Delegationen[1] mit (vgl. Stierlin 1980), (vgl. Boszormenyi-Nagy und Sparkt 2006). Darüber muss man sich als Sohn oder Tochter bewusst sein, um solche Motive nicht zu mächtig werden zu lassen. Dazu eine Unternehmerin: „Diese Phase ist sehr wichtig, um sich selbst ganz sicher zu werden. Man sollte sich überlegen, von was man eigentlich geprägt wurde, von welchen Überlegungen und welchen Klischees. Es geht im Grunde darum, so ein bisschen Tabula rasa zu machen. Hilfreich ist es, sich möglichst viele Lebensentwürfe anzuschauen: mit Kind, ohne Kind, Karriere, keine Karriere. Und wenn es das Unternehmen sein soll, dann sollte das „Ja" dazu mit voller Leidenschaft ausgesprochen werden. In jeder Firma gibt es raue Zeiten. Um die durchzustehen, muss man schon gefestigt sein und sich klar zur Übernahme positioniert haben."

---

[1] Als elterliche Delegationen werden Aufträge bezeichnet, die Eltern (oft unbewusst und unausgesprochen) ihren Kindern mitgeben. Auch in der Unternehmensnachfolge spielen diese Delegationen häufig eine Rolle

Abb. 2.1 Prozentzahl der Frauen, die in der zweiten Generation übernehmen

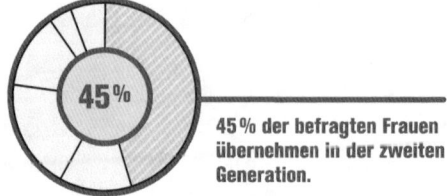

2.4 Die Chancen stecken in der zweiten Generation

Insgesamt 45 % der Unternehmerinnen, die an unserer Studie teilgenommen haben, führen das Familienunternehmen in der zweiten Generation. Ein Grund für diese auffällige Häufung könnte die Nachfolge im Tandem sein. So benennen die Befragten Wertschätzung und Empathie gegenüber dem Vater als zwei besondere Erfolgsfaktoren der weiblichen Nachfolge. Töchter setzen auf kooperative Führung und können ein Duo mit dem Vater in der Übergabephase als Ressource sehen. Davon ausgehend, dass es gerade Gründern, schwerer fällt Unternehmen loszulassen, sind Gründerväter und ihre Töchter bei der Übergabe also ein gutes Team. Der Übergeber bekommt Zeit, um Abschied zu nehmen, und die Nachfolgerin profitiert vom Wissen des Vaters (Abb. 2.1).

Ebenso scheint das Tandem ein Sprungbrett für Töchter in die Gleichberechtigung zu sein. Neuere Studien weisen darauf hin, dass der Trend in Familienunternehmen zur Tandemführung geht (vgl. u. a. Lehmann-Tolkmitt et al. 2013). Die aktuelle Nachfolgergeneration führt gemeinsam mit Familie und/oder Fremdmanagern. Töchter, die in diesem Arrangement auf Rivalität mit dem Vater verzichten können, haben Vorteile von der Teamführung auf Zeit.

Auch scheinen gerade jüngere Unternehmen, ohne die über Jahrzehnte entstandenen Muster und Traditionen, für Töchter gute Chancen bei der Übernahme zu bieten. Nachfolgerinnen müssen sich dann keiner langen Ahnenreihe männlicher Unternehmenschefs stellen, sondern orientieren sich am Vater. Da dessen Führungsstil sich häufig von dem der jungen Unternehmerin unterscheidet, prägt diese ihre eigenen Strukturen.

Kleine Unternehmen, weibliche Chefs? Ein Zusammenhang zwischen der Unternehmensgröße und der weiblichen Nachfolge konnte in unserer Studie nicht festgestellt werden. Ein Viertel der Unternehmerinnen führen Firmen mit mehr als 500 Mitarbeitern.

2.5 Loud & Clear: Sprich es aus!

Sobald Töchter für sich entschieden haben, dass die Unternehmensübernahme eine Option für sie ist, sollten sie ihre Ziele und Ideen sortieren – und dann offen kommunizieren.

„Sprich es aus!" Ob für die Nachfolge von Beginn an vorgesehen oder erst spät entdeckt, für die meisten Töchter beginnt mit dem ersten Gedanken an eine mögliche Übernahme eine spannende Reise. Sie stellen sich vor, auf einem Führungssessel Platz zu nehmen, der bisher männlich besetzt war. Sie fragen sich, wie sie eigene Bedürfnisse und

Lebenspläne mit der neuen Aufgabe arrangieren können. Steigen sie quer ein, müssen die Frauen zunächst einen Abgleich machen zwischen den Fähigkeiten, die sie mitbringen, und den Anforderungen, die die neue Rolle zusätzlich an eine Chefin stellt. Einer der ersten und wichtigsten Schritte für Nachfolgerinnen ist es, Spielregeln der Nachfolge in Familie und Unternehmen aufzustellen und diese mit den Beteiligten abzustimmen.

Es kann nicht oft genug betont werden: Frauen verstecken sich mitunter gerne hinter ihren Zweifeln und warten eher, bis sie gefragt werden. Das Gewollte unverblümt einzufordern, zumindest die Aufstellung als Kandidatin durchzusetzen, ist ein zentraler Moment in der Nachfolge. Die eigenen Wünsche und Vorstellungen müssen deutlich kommuniziert werden. Es sind nämlich nicht nur die Väter, die ihren Töchtern die neue Aufgabe oft nicht zutrauen. Es sind auch die Töchter, die nicht entschieden genug darauf bestehen, als potenzielle Nachfolgerinnen ins Rennen zu gehen.

2.6 Die ersten Wochen im Unternehmen

Viele der Unternehmerinnen, die vorher in fremden Branchen tätig waren, hatten anfangs Bedenken, ob ihre Fähigkeiten für die Führung des eigenen Unternehmens ausreichen würden. Eine bewährte Bewältigungsstrategie ist die exakte Bilanzierung des eigenen Wissens und die Planung der eigenen Qualifizierung. So hat es eine der Gesprächspartnerinnen bei ihrem Einstieg gehalten: „Ich habe mir einen Coach gesucht, der mir klar machte, welche Anforderungen und welche Verantwortung auf mich zukommen würden. Außerdem bekam ich Instrumente für die Führung an die Hand, was wichtig war für mich, weil so etwas in der Ausbildung nur am Rande vorkommt."

Coaching, Seminare, Führungstandem mit dem Vater, Trainee-Phasen in Partnerunternehmen, Abend- oder Intensivstudiengänge sind nur einige von vielen Strategien, die Nachfolgerinnen zur Qualifizierung nach dem Einstieg nutzen. Da diese in der Regel neben der Führungstätigkeit bewältigt werden, erfordert die erste Zeit im Unternehmen viel Kraft, Organisation und einen starken Willen. „Von Tuten und Blasen keine Ahnung. Und dann steht man da am Freitagabend und denkt sich: Um Gottes Willen, du hast den Fehler deines Lebens gemacht", erinnert sich die Quereinsteigerin Christiane Heunisch-Grotz (Gießerei Heunisch GmbH) an ihre erste Woche im Unternehmen. Kurz zuvor hatte sie ihre gut laufende Arztpraxis aufgegeben, um in der familieneigenen Gießerei die Nachfolge anzutreten. Sie hätte vermutlich hingeworfen, wäre da nicht ihr Vater gewesen, der fest an sie geglaubt hat und ihr Ehrgeiz, einmal angefangene Aufgaben auch durchzuziehen. „Der Einzige, der immer, wirklich immer an mich geglaubt hat, das war mein Vater. Der hat zum Dank meine Tränen abbekommen, wenn ich dachte, jetzt geht es nicht mehr. Aber er hat niemals daran gezweifelt, dass ich das schaffen würde", erzählt die studierte Medizinerin.

Vertraute im Unternehmen zu haben, die bedingungslos an einen glauben, ist wichtig. Denn gerade die Anfangszeit einer Nachfolge ist geprägt von neuen Herausforderungen und auch dem ein oder anderen Stolperstein. Da ist es gut, Unterstützer zu haben, die einem Mut zusprechen, auch wenn es mal nicht so gut läuft. Nachfolgerinnen sollten aber auch selbst von sich überzeugt sein. Um wirklich Erfolg zu haben, muss man lernen, sich für die eigenen Talente zu begeistern. Sei dein größter Bewunderer!

Verläuft die Nachfolge geplant, absolvieren die Nachfolgerinnen also gezielt Ausbildungen, die der Unternehmensbranche entsprechen, führt der erfolgreiche Weg ins Unternehmen zumeist über ein eigenes Projekt. So war es auch bei Nicole Kobjoll (Schindlerhof Klaus Kobjoll GmbH), die von ihren Eltern das renommierte Tagungshotel Schindlerhof in Nürnberg übernahm. Für ihre gelungene Übernahme wurde die leidenschaftliche Gastronomin mehrfach ausgezeichnet. „Eingestiegen bin ich über das Projekt Ryokan. Innerhalb von einem Jahr wurden 24 Hotelzimmer im minimalistischen Bauhausstil, alle am japanischen Garten, unter meiner alleinigen Verantwortung gebaut. Da konnte ich mich austoben und war nicht vergleichbar. Das hat den Einstieg spannend gemacht und sehr erleichtert."

Wie auch immer der Weg ins Unternehmen gestaltet wird: „Learning by Doing" ist die beste Art, ihn zu gehen. Da sind sich alle Unternehmerinnen einig. So konnte sich zu Beginn der Reise kaum eine von ihnen vorstellen, die vielen Herausforderungen zu meistern und eines Tages routiniert und voller Freude im Chefsessel zu sitzen. Vielleicht wären einige von ihnen auch gar nicht erst losgelaufen, hätten sie im Detail gewusst, welche Aufgaben noch vor ihnen liegen. Heute sind sie froh, den Weg gegangen zu sein und erzählen nicht ohne Stolz von den Turbulenzen des Anfangs.

2.7 Und wenn alles anders kommt

Im Falle eines plötzlichen Ausscheidens des Seniors durch Tod oder Krankheit sind oft schnelle Entscheidungen gefragt, um die Stabilität des Unternehmens zu sichern. So erlebte es auch die Unternehmerin Kirsten Hirschmann (Hirschmann Laborgeräte GmbH & Co. KG) nach dem Tod ihres Vaters: „Da wurde nicht mehr groß die Frage der Nachfolge diskutiert. Es stellten sich eigentlich nur drei Fragen: Fremdgeschäftsführung? Verkaufen? Selbst weitermachen?" Selbst noch in Ausbildung, entschied sich die junge Frau damals mutig für die Nachfolge – trotz aller Schwierigkeiten, die damit auf sie zukamen.

Dafür, dass die Geschäfte auch in einer Notfallsituation weitergeführt werden können, sorgt zunächst ein Notfallplan. Dieser gibt einen Überblick über wichtige Informationen wie z. B. Passwörter, benennt Vertretungspersonen sowie Entscheidungsgremien und enthält wichtige Handlungsschritte. Auch die kurzfristige Unternehmensstrategie kann hinterlegt werden. Zudem gehört neben der Patientenverfügung ein Testament in einen Notfallkoffer, welches bestimmt, was mit den Geschäftsanteilen passieren soll, und das Nachfolgern schnell Handlungsbefugnis sichert. So können Unternehmen vor dem Zugriff unerwünschter Dritter geschützt werden. Entscheidend für eine klare Ausrichtung ist darüber hinaus, dass die Regelungen in den Geschäftsverträgen mit denen im Testament in Gleichklang gebracht werden.

Sich mit dem Notfall auseinanderzusetzen, heißt auch, sich mit dem eigenen Ableben zu beschäftigen. Verständlicherweise nicht die beliebteste Aufgabe bei Unternehmern.

Viele schieben diesen Punkt auf der To-do-Liste weit nach unten. Deshalb sollten Töchter in ihrem eigenen Interesse darauf bestehen, dass ein Notfallplan angefertigt und dessen Inhalt offen kommuniziert wird. Ebenso sollte ein erbschaftsrechtliches und - steuerliches Grundkonzept vorliegen, um ungewollte Überraschungen zu vermeiden. Bei Notfallplänen gilt grundsätzlich, dass sie spätestens alle fünf Jahre überarbeitet werden müssen, um ihren optimalen Nutzen zu erhalten.

Ein Notfall erfordert oft ungewöhnliche Maßnahmen von Nachfolgern und nicht selten auch die Anpassung bisheriger Pläne und Ziele. So musste auch Kirsten Hirschmann damals schnell handeln und entschied sich, statt des Vollzeitstudiums einen Abschluss neben der Geschäftsführertätigkeit zu machen. Um sich Branchenkenntnisse zu erwerben, ging sie nicht wie geplant ins Ausland, sondern absolvierte ein Intensiv-Trainee-Jahr in der Führungsetage eines großen Branchenpartners. Zudem stand ihr ein guter Beirat – bestehend aus Vertrauten und Geschäftspartnern des Vaters – zur Seite, der sie in der Neuausrichtung unterstützte.

Neben allen unternehmerischen Herausforderungen, die in einer Notfallsituation auf die Familie zukommen, sind es auch emotionale Aspekte, durch die Verantwortung in Überforderung mündet. Auch wenn das Unternehmen eine schnelle Krisenintervention erforderlich macht und Stärke von den Beteiligten fordert, sollten diese sich Zeit nehmen, um mit dem Verlust umzugehen. „Wir hatten ein sehr schweres halbes Jahr. Ich musste ja auch persönlich mit diesem unerwarteten Tod zurechtkommen. Ich war völlig handlungsunfähig. Alles hier war natürlich Erinnerung an meinen Vater. Ich fuhr nach zwei Stunden unverrichteter Dinge nach Hause und so ging das wirklich fast sechs Monate." So beschreibt Kirsten Hirschmann die schwierige Zeit direkt nach dem Verlust, in der es ihr kaum möglich war, ihre neue Rolle auszufüllen.

2.8 Gut verteilt ist halb gewonnen: Optionen der Nachfolge

Eigentlich können sich Übergeber freuen, wenn mehrere ihrer Kinder sich für die Nachfolge interessieren. Schließlich ist es doch der Wunsch vieler Familienunternehmer, dass die Firma auch in der nächsten Generation von einem Familienmitglied geführt wird. Dennoch wirft jede Nachfolge die Frage nach der Verteilung von Besitz auf. Wer darf erben? Wer darf führen? Wer bekommt wie viel und was ist gerecht?

Immer vorausgesetzt, dass die Kandidaten für die Führung auch kompetent sind, gibt es verschiedene Möglichkeiten der Verteilung. In der Studie waren sämtliche Formen der hier aufgeführten Nachfolgemodelle vertreten. Das zeigt auch, wie individuell die Planung und Regelung einer Übergabe ist. Und wie wichtig es ist, dass jede Familie diese gemäß ihren eigenen Anforderungen, Vorstellungen, Möglichkeiten, Traditionen etc. plant.

Bei der operativen Nachfolge gibt es grundsätzlich drei Formen: Ein Familienmitglied oder mehrere Familienmitglieder führen, ein oder mehrere Fremdmanager führen, Familienmitglieder und Fremdmanager teilen sich die operativen Aufgaben. Die Studie zeigt, dass die meisten Nachfolgerinnen das Modell Doppelspitze mit einem Familienmitglied

(Geschwister, Ehepartner etc.) wählen. Anders als in vergangenen Generationen die Ehefrau, zählt der Ehemann der Nachfolgerin heute in Bezug auf das Unternehmen als „Familienmitglied". Er darf somit operativ tätig sein und Anteile am Unternehmen halten. So firmiert die erfolgreiche Hotelerbin Kathrin Wickenhäuser ihr Unternehmen ganz bewusst in Wickenhäuser & Egger AG um, nachdem ihr Ehemann Alexander Egger mit in die Geschäftsführung einsteigt.

Auch die Tandemführung mit einem Fremdmanager ist eine häufig praktizierte Strategie. Beide Modelle tragen dazu bei, Kompetenzen zu stärken und das Unternehmen nicht in die Abhängigkeit von Einzelnen zu bringen.

Auch wenn mehrere Familienangehörige im Unternehmen tätig sind, entscheiden sich viele Übergeber dafür, dass nur eine Person das Sagen haben soll. So hat die Tochter, die die größte operative Verantwortung übernimmt, zumeist die Mehrheit der Anteile. Damit entscheidet im Wesentlichen sie über das Wohl des Unternehmens. Sind weitere Geschwister im Unternehmen tätig, dann halten diese oft weniger Anteile. Übergeber vertreten hier oft auch die Ansicht, dass mehrere Kinder im Gesellschafterkreis als Regulativ wirken können.

In vielen Fällen gilt jedoch die klare Regel „Nur eine(r) macht's und kriegt's!" (sogenannte Thronfolger-Lösung). Nicht tätige Kinder werden dann abgefunden und unterschreiben Pflichtanteilsverzichte, um Abstimmungsaufwand, Konflikte und die Zersplitterung der Anteile zu vermeiden. Denn eine einmal angelegte Stammesstruktur erreicht mit den Generationen eine nicht zu unterschätzende Komplexität, die wiederum eines aktiven und aufwendigen Familienmanagements bedarf. Gesellschafter zu einem späteren Zeitpunkt aus einem stark gewachsenen Unternehmen rauszukaufen, ist eine erhebliche finanzielle Belastung und damit ein Risiko. Dazu eine Interviewpartnerin: „Schon beim Übernahmevertrag wurde eine Testamentsvereinbarung gemacht. Danach bekommen alle betriebsführenden Kinder die Firma. Die anderen Kinder haben keine Möglichkeit, auf den Betrieb zuzugreifen. Sie mussten bestätigen, dass sie es gar nicht versuchen werden. Denn wenn es in diesem Punkt zu Streitereien kommt, hat man fast keine Chance, eine Firma gut zu führen."

Gibt es trotz des Grundsatzes, nur einem Kind die Geschäftsleitung zu übergeben, doch mehrere Kinder, die Interesse an der Nachfolge haben, besteht die Möglichkeit der Realteilung. Je nach Struktur wird das Unternehmen in zwei Geschäftsbereiche geteilt, welche dann von je einem Kind unabhängig geführt werden. Ein bekanntes Beispiel dafür ist das Traditionsunternehmen Roeckl, in dem man die Sparten Mode und Sport schuf. Bei dieser Strategie kommt es jedoch sehr auf den Aufbau des Unternehmens an. Schließlich darf eine Teilung nicht wichtige Synergien zerstören und damit wirtschaftlichen Risiko werden. Ist eine Realteilung nicht möglich, entschließen sich laut unserer Studie Unternehmer auch dazu, verschiedene Tochterunternehmen zu gründen oder Verantwortungsbereiche abzugrenzen. So geben sie jedem Kind eigene Aufgabenbereiche. Hier ist jedoch eine positive Beziehung zwischen den nachfolgenden Geschwistern wichtig, da dauerhaft eine enge Abstimmung nötig ist. Bei sehr großen Unternehmen, die aus mehreren Bereichen bestehen, bietet sich auch die Etablierung einer Holding-Struktur an.

Je nach z. B. finanzieller Situation und Regelung der Altersversorgung des Übergebers kaufen Töchter sich in die Unternehmen ein oder bekommen das Unternehmen unentgeltlich übertragen. Auch sind Kombinationen denkbar. Der Kauf von Anteilen und das bewusste Auszahlen des Seniors setzt zum einen Signale gegenüber dem restlichen Familienkreis und fördert positiv das Loslassen des Seniors. Gerade Väter, deren Altersversorgung mit dem Unternehmen verknüpft ist, tun sich mit dem Abschied schwerer. Dies erzeugt oftmals Streitigkeiten, die durch eine Ausbezahlung vermieden werden können. Zur Finanzierung solcher Schritte stehen beispielsweise Mezzanine-Darlehen sowie stille Beteiligungen fremder Investoren für einen vereinbarten Zeitraum zur Verfügung. Oft wird die direkte Ausbezahlung mit einem sicheren Beratervertrag für den Senior gekoppelt, der nach seinem Ausscheiden dann ein gewisses Einkommen aus dem Unternehmen erhält. Die optimale Lösung ist jedoch der rechtzeitige Aufbau einer Altersversorgung in Form von nicht haftbarem Privatvermögen. Das macht Übergeber und Nachfolgerin unabhängig voneinander bzw. vom unternehmerischen Risiko und der daraus resultierenden Verantwortung.

▶ **Expertentipp Stabile Familienbeziehungen brauchen faire Verteilungslösungen**
Gibt es mehrere Kinder, stellt sich innerhalb der Nachfolge zumeist auch die Frage nach der gerechten Verteilung. Bekommt nur das operativ tätige Kind alle Unternehmensanteile? In welchem Umfang findet man weitere Kinder ab? Wie bezieht man zukünftige unternehmerische Risiken und Chancen in die Entscheidung ein? Entscheidet man sich zugunsten des Familienfriedens für eine Gleichverteilung? Müssen Kinder für die Unternehmensanteile bezahlen?
Weit über messbare Aspekte wie steuerliche, rechtliche und finanzielle Überlegungen hinaus, hat das Thema Gerechtigkeit eine immens subjektive Komponente. Was gerecht ist, wird abseits jeder Zahlenlogik von jedem Familienmitglied anders empfunden. Dabei kommt es oft nicht nur auf den materiellen Wert, sondern in erster Linie auf die ideelle Bedeutung von Besitz an. Das Unternehmen ist nicht nur rational eine Firma, sondern emotional eine bedeutende Erinnerungsstätte für mehrere Generationen Familiengeschichte.
Jede Familie entwickelt so über Generationen ihren eigenen Gerechtigkeitsbegriff. So beschwerte sich z. B. noch vor drei Generationen kaum eine Tochter offen darüber, dass der älteste Bruder allein Haus und Hof erbte. Genauso wird in einer Familiendynastie, in der seit Jahrzehnten immer nur eine Person erbt, die Thronfolger-Lösung als selbstverständlicher empfunden als bei einer Übergabe in die zweite Generation, bei der derartige Traditionsmuster noch nicht vertieft sind.
Frauen haben in Familienunternehmen eine spezielle Geschichte der Verteilungsgerechtigkeit. Nicht selten waren es die Ehefrauen, die keine Anteile am Unternehmen halten durften, und die Töchter, die wie selbstverständlich abgefunden wurden, damit der Bruder das Unternehmen führt. Ausnahmen wurden

zumeist nur in Notsituationen gemacht. Dieses Vorgehen wird heute zumindest zum Diskussionspunkt.

Die zentrale Herausforderung beim Versuch, Besitz gerecht unter allen Kindern zu verteilen, steckt in der unterschiedlichen Logik der zwei Systeme Familie und Firma. Entscheidet man die Verteilung allein nach der Familienlogik, zählt das Prinzip der Egalität: Alle Kinder bekommen das Gleiche. Hält man sich jedoch an die Unternehmenslogik, zählt das Prinzip der Verteilung nach Leistung. Nur wer dem Unternehmen Gewinn bringt, bekommt eine Rolle und Anteile.

Gerechtigkeit in der Verteilung muss immer verhandelt werden. Eine pauschale Regelung kann es nie geben. Die Balance der beiden Systeme hat einen großen Einfluss auf den Familienfrieden. Nicht selten nehmen Kinder die Besitzverteilung als Maßeinheit der Beziehungsqualität wahr: „Ich bin so viel wert wie ich bekomme."

Dass alle Beteiligten am Ende der gefundenen Lösung zustimmen, ist entscheidend. Fühlen sich einzelne Geschwister benachteiligt, kann sich das über Generationen hinweg negativ auf die Beziehungen auswirken. Menschen führen innerlich Buch über Beziehungskonten (vgl. Stierlin 2007).

Besonders bei nahestehenden Personen rechnen wir genau auf, was wir an Gutem und Schlechtem bekommen. Entsteht hier langfristig ein Ungleichgewicht – ein „Verrechnungsnotstand" (Stierlin 2007, S. 14, – wächst das Gefühl der Frustration und Konflikte entstehen.

Übergeber und Nachfolgerin stehen also vor der Herausforderung, Lösungen zu finden, die das Gerechtigkeitsbedürfnis von Unternehmen und Familie gleichermaßen erfüllen bzw. für Schieflagen das Einverständnis aller Beteiligten einzuholen.

Töchter sollten sich trotz allem die Anteilsmehrheit sichern, um als operative Führungsperson Entscheidungen frei treffen zu können. Aufgrund der hohen Emotionalität des Themas empfiehlt es sich, die Gespräche von einem unabhängigen Dritten moderieren zu lassen. In keinem Fall sollte der Übergeber jedoch die Verteilung ungeregelt lassen und das Problem der folgenden Generation aufbürden. Auch wenn der Dialog kein leichter ist – es ist primär die Aufgabe der übergebenden Generation, dafür zu sorgen, dass diese Diskussion geführt wird.

2.9 Erfolgsfaktoren im Überblick

Als größtes Risiko und gleichzeitig zentraler Faktor in der Übergabe bewerten die Teilnehmerinnen der Studie die Emotionen, die bei familieninternen Nachfolgen immer im Spiel sind. Konflikte gehören im Übergang dazu und sollen auf keinen Fall verleugnet oder vermieden werden. Es ist vielmehr entscheidend, konstruktiv mit ihnen umzugehen (Abb. 2.2).

2.9 Erfolgsfaktoren im Überblick

Abb. 2.2 Herausforderungen und Stärken der Nachfolge

53 % der befragten Frauen denken, dass Emotionen die größte Herausforderung sind und Selbstvertrauen die wichtigste Stärke.

Weitere Erfolgsfaktoren sind die Freiwilligkeit und Bereitschaft von Übergeber und Nachfolgerin, konstruktiv zum Gelingen des Übergabeprozesses beizutragen (vgl. dazu auch Spelsberg 2011, sowie Lehmann-Tolkmitt et al. 2013). Gerade Vätern fällt das Loslassen mitunter schwer. Töchter sollten daher von Beginn an feste Ausstiegsfristen mit dem Vater vereinbaren und diese schriftlich fixieren. Ein detaillierter Übergabezeitplan sorgt zusätzlich für Überblick und mehr Verständnis. Damit Väter überhaupt gehen können, muss für die finanzielle Absicherung im Alter gesorgt sein. Ein Aspekt, der oft unterschätzt wird, der aber nicht selten ein Grund für das Festhalten des Seniors am Unternehmen ist.

Statt über Art und Veränderung der Abläufe im Alleingang zu entscheiden, sollten wichtige Punkte im (familieninternen) Dialog mit allen Beteiligten festgelegt werden. Kommunikation ist das A und O. Dazu gehören Punkte wie der Übergabezeitplan, die Anteilsverteilung, die mittelfristige Strategie und die neue Rollen- und Aufgabenverteilung von Übergeber und Nachfolgerin.

Neben der wirtschaftlichen Situation des Unternehmens beeinflusst auch die Kompetenz der Übernehmerin den positiven Verlauf der Nachfolge. Vor allem die Quereinsteigerinnen unserer Studie beweisen: Viel mehr als das Ausbildungsfach sind es die in anderen Unternehmen gesammelten praktischen Erfahrungen, die die Kompetenz ausmachen. Das glaubt zum Beispiel Marie-Christine Ostermann: „Die extern verbrachte Zeit war eigentlich die hilfreichste. Auch profitiere ich davon, woanders eine Ausbildung gemacht zu haben. Und ich war zum Studium ein paar Jahre in der Schweiz sowie zu vielen Praktika im Ausland. Mein Tipp: Vor der Übernahme woanders gucken! Es sollte auch möglichst nicht die gleiche Branche sein."

Last but not least kommt es auch auf die Akzeptanz der Mitarbeiter an, die sich die neu etablierten Chefinnen erwerben müssen. Und das ist für Nachfolger generell keine leichte Aufgabe. Auf Augenhöhe zu agieren und mit anzupacken wenn es darauf ankommt, empfehlen die Gesprächspartnerinnen als eine gute Strategie: „Das Entscheidende war, dass ich mich nicht in das Büro meines Vaters gesetzt und gesagt habe, ‚Ich bin die Chefin'. Vielmehr war ich hier wirklich an der Basis. Man sprach ja zeitweise von ‚unserer publikumsnahen Chefin' und von der ‚Chefin zum Anfassen'", erinnert sich Kirsten Hirschmann (Hirschmann Laborgeräte GmbH & Co. KG) an ihre ersten Jahre als Unternehmerin. Mal abgesehen vom Einstieg ins Unternehmen durch die Übernahme eines Projektes, durch welches die Nachfolgerinnen oft zunächst unabhängig von der etablierten Verantwortungsstruktur agieren, sollten sie möglichst von Beginn an eine Spitzenposition besetzen. Das sichert Akzeptanz und Klarheit. Die Lehrjahre außerhalb des eigenen Unternehmens zu verbringen, ist Bedingung für diesen Direkteinstieg an der Spitze. „Ich habe als geschäftsführende Gesellschafterin im Unternehmen angefangen. Das war auch wirklich das Signal, sie ist die Nachfolgerin, sie ist die zukünftige Chefin. Und ich war auch wirklich Chefin und nicht irgendwie Kollegin oder Mitarbeiterin", beschreibt Marie-Christine Ostermann, was die Nachfolge aus ihrer Sicht so erfolgreich gemacht hat.

Für Übergeber, Nachfolgerin und Mitarbeiter ist es gleichermaßen wichtig, die Rollen und Aufgaben festzulegen und die neue Verantwortungsstruktur auch nach außen zu kommunizieren. Das unterstützt nicht nur den Senior dabei, sich schrittweise vom Unternehmen zu lösen, sondern gibt Außenstehenden auch Sicherheit und Orientierung. Nichts ist schlimmer als zwei vermeintliche Chefs im Unternehmen. Die Mitarbeiter wissen dann nie genau, an wen sie sich wenden sollen. „Naja, hier bin ich dann ab 1. Januar und ich freue mich auf Euch und viel Spaß miteinander." Nach diesen Worten habe ich in sehr lange Gesichter geblickt, die immer größere Augen bekommen haben. So wurde mir schnell klar: „Es wusste niemand irgendetwas!", erinnert sich eine Unternehmerin an ihren sehr schwierigen Start im Unternehmen. Die Ursache war, dass niemand die Mitarbeiter über die Veränderungen in der Führungsebene informiert hatte.

Ein wichtiger Erfolgsfaktor der Nachfolge ist es, den Übergang zu nutzen, um die Unternehmensstruktur auf die neuen Bedingungen auszurichten und gleichzeitig auch von einzelnen Personen unabhängig zu machen. Allein aufgrund des Wunsches nach Vereinbarkeit von Familie und Beruf setzen Töchter diese Veränderung oft sehr zeitnah um. Aus den gleichen Gründen zählt auch die Führung im Tandem zu den positiven Einflussfaktoren einer Nachfolge.

Unabhängig von der Verteilungsgerechtigkeit sollten Unternehmerinnen darauf bestehen, möglichst in einem frühen Stadium der Nachfolge Anteile übertragen zu bekommen und sich in deren Verlauf die Mehrheit der Anteile zu sichern. Insbesondere die Person, die die operative Verantwortung im Unternehmen trägt, sollte qua Stimmverteilung in der Lage sein, Entscheidungen durchzusetzen. Je früher diese Themen geregelt werden, desto besser. Werden Anteile zu Lebzeiten übertragen, erhöht das die Erfolgswahrscheinlichkeit der Nachfolge deutlich. Zudem setzt auch der bewusste Kauf von Anteilen des Seniors positive Zeichen ihm gegenüber und gegenüber der restlichen Familie. Die Bezahlung der Anteile, ähnlich wie bei einem Unternehmensverkauf an einen Dritten, dokumentiert die Ernsthaftigkeit der Nachfolgerin („… ich nehme das persönliche Risiko auf mich …") (Abb. 2.3).

Abb. 2.3 Die wichtigste Maßnahme zur Veränderung der Firmenkommunikation

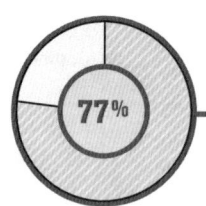

77 % der befragten Frauen nennen Mitarbeitergespräche als wichtigste Maßnahme zur Veränderung der Firmenkommunikation.

Kurz und bündig

- Nicht die erste Wahl bei der Nachfolge zu sein, kann den Töchtern auch den „Vorsprung der Freiheit" bringen.
- Den Einstieg ins Familienunternehmen sollte man nicht ohne Alternativangebot in der Tasche verhandeln.
- Nachfolgerinnen wechseln aus der Karriere außerhalb ins Familienunternehmen, weil sie die Unabhängigkeit schätzen und sich den Mitarbeitern gegenüber verpflichtet fühlen.
- 45 % der Nachfolgerinnen übernehmen in der zweiten Generation.
- Loud & Clear: Warte nicht bis man dich fragt, sprich aus, was du willst.
- Häufig steigen Töchter quer ins Unternehmen ein oder/und über ein eigenes Projekt.
- Eine als ungerecht empfundene Verteilung von Positionen und Anteilen kann die familiären Beziehungen über mehrere Generationen belasten.
- Trennung von Altersversorgung und Unternehmen, ggf. bewusster Kauf von Anteilen vom Senior, befördert das Loslassen und gibt deutliche Signale an den restlichen Familienkreis.
- Gesellschaftsrechtliches Übernahmemodell (Kauf, Vererbung, Realteilung, Holdingstruktur etc.) gezielt wählen.
- Emotionen sind die größte Herausforderung bei der Übergabe, Kommunikation ist das wirksamste Instrument bei deren Bewältigung.

Literatur

Boszormenyi-Nagy, G., & Sparkt, M. (2006). *Unsichtbare Bindungen. Die Dynamik familiärer Systeme*. Stuttgart-Cotta.

Lehmann-Tolkmitt, A., Schween, K., & Rupprecht, S. (2013). Nachfolge[2]. Lerneffekte und Erfahrungen aus zwei Generationen. Studie der INTES Akademie für Familienunternehmen. Bonn-Bad Godesberg.

Spelsberg, H. (2011). *Die Erfolgsfaktoren familieninterner Unternehmensnachfolge. Eine empirische Untersuchung anhand deutscher Familienunternehmen*. Wiesbaden: Gabler/Springer.

Stierlin, H. (1980). *Eltern und Kinder. Das Drama von Trennung und Versöhnung im Jugendalter*. Frankfurt a. M.: Suhrkamp.

Stierlin, H. (2007). *Gerechtigkeit in nahen Beziehungen. Systemisch-therapeutische Perspektiven*. Heidelberg: Carl Auer.

3 Voller Einsatz für die Firma?

Kinder trotz Karriere? Was die Vereinbarkeit von Familie und Beruf angeht, so gab es in den vergangenen 15 Jahren gesamtgesellschaftlich positive Entwicklungen. Davon haben auch Nachfolgerinnen profitiert.

70 % der im Rahmen der Studie befragten Unternehmerinnen gaben an, eigene Kinder zu haben. Mehr als 80 % sind davon überzeugt, dass die Führung eines Familienunternehmens die Vereinbarkeit sogar positiv beeinflusst. Die Berufsrolle nimmt zwar bei allen Befragten mindestens doppelt soviel Zeit in Anspruch wie die Mutterrolle. Im Ernstfall haben die Kinder jedoch immer Priorität, sind sich die Befragten einig.

Nur eine Generation zuvor war dies für übernehmende Töchter kaum denkbar (vgl. auch Jäkel-Wurzer 2010). Viele von ihnen wuchsen mit dem Unternehmervorbild des Vaters auf: 100 % Einsatz. Rund um die Uhr im Dienst des Unternehmens. Alle Entscheidungen liefen über seinen Tisch. Die Mütter hingegen hielten ihren Unternehmerehemännern den Rücken frei, kümmerten sich um die Kinder und übernahmen nebenher vielleicht die Buchhaltung oder ähnliche Aufgaben.

Sowohl unternehmerisch als auch privat standen Nachfolgerinnen mit den Rollenvorbildern ihrer Eltern in einer Sackgasse: Es schien unmöglich zu sein, trotz Familie und Kindern hundertprozentig für das Unternehmen da zu sein. Einen Mann zu finden, der bereit war, sich in die zweite Reihe zu stellen und sich um Kinder und Haushalt zu kümmern, erschien ebenso aussichtslos. Die meisten Töchter zogen es erst gar nicht in Erwägung, die Nachfolge anzutreten. Diejenigen, die es dennoch wagten, verzichteten zumeist auf Kinder und widmeten sich ganz dem Geschäft.

Warum Töchternachfolge nicht den Verzicht auf Familie bedeutet

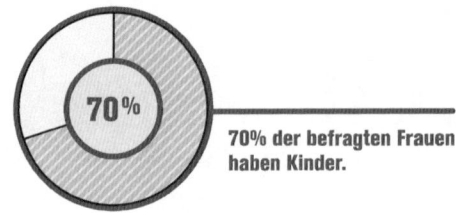

Abb. 3.1 Prozentzahl der Frauen, die Kinder haben

70 % der befragten Frauen haben Kinder.

3.1 Die Macht der Gestaltung

Ganz klar: Unternehmensführung und Familie unter einen Hut zu bekommen, ist auch heute keine leichte Aufgabe für Nachfolgerinnen. Aber eben auch nicht unmöglich, wenn Frauen sich trauen, ihre eigenen Spielregeln aufzustellen. Denn auch wenn Nachfolgerinnen oft immensen Arbeitseinsatz bringen müssen, so haben sie doch den Vorteil, Rahmenbedingungen selbst gestalten zu können. Und das am besten schon bevor sie den Posten antreten.

Nicole Loeb-Furrer hatte bereits zwei kleine Kinder, als sie die Nachfolge der Loeb AG antrat: „Ich stellte gewisse Bedingungen. Es kam für mich nicht infrage, Vollzeit zu arbeiten und meine Kinder fünf Tage die Woche nur in fremde Obhut zu geben. Ich denke, dass solche Bedingungen in einem familiengeführten Unternehmen eher umgesetzt werden können", ist sie überzeugt.

Nun wird in Deutschland bereits einiges für die Förderung der Vereinbarkeit von Beruf und Familie getan. Zumindest im ersten Jahr sind Mütter dank Elterngeld und Mutterschutz finanziell mehr oder weniger abgesichert und können sich ihrem Nachwuchs widmen. Unternehmerinnen können das Privileg der Jobpause jedoch nur selten oder nur stark verkürzt in Anspruch nehmen. Die finanzielle Absicherung ist dabei meist das kleinere Problem, mehr geht es ihnen um die Entscheidungslücke, die entsteht, wenn sie für mehrere Wochen den Chefsessel verlassen müssen. Mithilfe von Vätern und/oder Geschwistern oder auch gut aufgestellten Managementstrukturen lässt sich zwar eine gewisse Zeit überbrücken – dennoch sitzen die meisten Nachfolgerinnen bereits nach wenigen Wochen wieder im Büro.

Dann ist Einfallsreichtum gefragt: Laufställe und Kindermädchen im Büro, Reduzierung von Auslandsreisen und Abendterminen, konsequent geteilte Verantwortung in Firma und Privatleben und unternehmenseigene Kindertagesstätten sind nur einige von vielen Neuerungen im Unternehmen, die die von uns befragten Nachfolgerinnen einführten, um beides zu verwirklichen: Karriere und Familie.

Abb. 3.2 Meinung zur Vereinbarkeit von Familie und Beruf im Familienunternehmen.

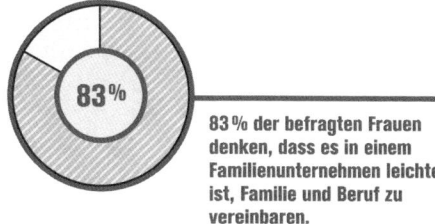

83 % der befragten Frauen denken, dass es in einem Familienunternehmen leichter ist, Familie und Beruf zu vereinbaren.

3.2 Das Plus an Zufriedenheit

Dies trägt entscheidend zur Zufriedenheit der Nachfolgerinnen bei. Sie müssen nicht mehr versuchen, die „besseren Chefs" zu sein, indem sie auf Familie und ein Leben außerhalb des Unternehmens verzichten oder eigene Lebensträume zurückstellen. Als Chefinnen entscheiden sie nicht nur über ihr Unternehmen, sondern auch über ihr ganz persönliches Lebensmodell. Nicht zuletzt ist ja eine Weitergabe des Unternehmens in der Familie auch nur dann möglich, wenn es auch Nachkommen gibt.

Dr. Antje von Dewitz (VAUDE) erlebt auch im eigenen Unternehmen, dass weibliche Zielsetzungen über die Karriere hinausgehen: „Was ich als Arbeitgeberin bei Frauen erlebe ist, dass Frauen nicht so monofixiert auf Karriere sind, sondern eher einen ganzheitlichen Blick haben. Karriere ist für Frauen kein Selbstzweck, sondern nur ein Baustein in einem erfüllten Leben", glaubt die Unternehmerin.

Sich beides zuzutrauen, erfordert dennoch Mut. Umso mehr, da die Familiengründung für Frauen ein Abenteuer ist, bei dem sie vorher kaum kalkulieren können, was genau auf sie zukommt. Und Bedenkenträger, die die eigenen Zweifel schüren, gibt es immer: „Die viele Arbeit und dann noch Kinder? Wie willst du das denn schaffen?" Da tut es gut, wenn man Unterstützer in den eigenen Reihen hat.

Die Beispiele in diesem Buch zeigen: Auch wenn nicht alles im Voraus planbar ist, Wege finden sich fast immer. Vor allem angesichts Flexibilität, Aufgabenteilung und dem Willen, Probleme zu lösen – Eigenschaften, die bei Unternehmerinnen quasi zur Grundausstattung gehören.

Wann ist schon der richtige Zeitpunkt für ein Kind? Viele der Unternehmerinnen erzählten von den dennoch großen Zweifeln, die sie hatten, als sie erfuhren, dass sie ihr zweites oder drittes Kind erwarten. Einige waren gerade ins Unternehmen eingestiegen, hatten große Projekte übernommen oder hatten mit der Familienplanung bereits abgeschlossen. Jede von ihnen war in so einer Situation hin- und hergerissen zwischen Freude und Zweifeln. Im Nachhinein sind sie froh, den Spagat zwischen Beruf und Kindern doch gewagt zu haben und geben diese Erfahrung auch angehenden Nachfolgerinnen weiter. „Also vom Reißbrett weg kann man das nicht planen. Da gehört Lebensmut dazu und Überzeugung. Da wird einfach links und rechts geschaut, dass es Frauen und Familien gibt, bei denen auch einfach alle zusammen helfen. Ich glaub', da kann man nur im Wasser schwimmen lernen. Und Vertrauen haben, dass man die Kraft hat, zu schwimmen", so Annette Roeckl (Roeckl Handschuhe & Accessoires GmbH Co. KG).

3.3 Netzwerke – gemeinsam geht's besser

Vor allem Flexibilität ist eine wichtige Voraussetzung, wenn Kind und Chefsessel gleichermaßen zum eigenen Lebensplan gehören. So können sich Bedingungen von Tag zu Tag verändern. Nicht nur weil Kinder ebenso wie Babysitter krank werden können oder sich Termine verschieben. Auch weil die heranwachsenden Kinder in jeder Lebensphase immer wieder neue Anforderungen an die Eltern stellen.

Wie auch im Unternehmen bewähren sich Lösungen meist nur für eine gewisse Zeit, sie müssen regelmäßig überdacht und angepasst werden. Antje von Dewitz hat mit ihrem Mann bereits viele Modelle ausprobiert, um vier Kinder und zwei Karrieren zu verbinden. Nicht alles ging auf einmal: Mal stand ihre, mal seine Karriere im Vordergrund. „Also wir haben, glaube ich, alle Modelle schon durchgelebt. Mit Fernbeziehung und Au-pair, mit halbtags er und ich ganz morgens früh nur und dann abends."

Auch Birgit Werner-Walz (BENSELER Firmengruppe), ist es wichtig, jede Lebensphase ihrer Kinder flexibel begleiten zu können. Mittlerweile schon Teenager, brauchen sie gerade jetzt den Austausch mit der Mutter: „Man kann nicht mehr ‚Gute Nacht' sagen und ein Buch vorlesen, dann ist die Seele in Frieden. Es geht mehr um die Auseinandersetzung, und ich überlege, ob ich wirklich jeden Tag im Büro sitzen muss", denkt die Chefin von 900 Mitarbeitern laut. Sie will sich mehr Zeit für die Kinder nehmen.

Angesichts ständiger Veränderungen braucht es gute und zuverlässige Netzwerke, um die Doppelrolle zu tragen. Ganz oben auf der Liste steht der eigene Partner. Aber auch Betreuungseinrichtungen wie Kindergarten, Schule und Hort sowie die eigenen Eltern sind wichtige Teile des Großprojekts Vereinbarkeit. Internate gehören jedoch nicht mehr dazu – zumindest bei den meisten Nachfolgerinnen. Gaben viele Unternehmer den Nachwuchs noch vor 15 Jahren häufig in ein Internat, kommt diese Betreuungsform heute seltener vor. Anders als ihre Väter bauen sich Nachfolgerinnen auch im Unternehmen gezielt Strukturen auf, die ihnen den Rücken freihalten. Sie setzen auf einen kooperativen Führungsstil, leiten das Unternehmen im Tandem und fördern Selbstverantwortung bei Mitarbeitern.

Ein verlässliches Netzwerk und die Pflege desselben hält auch Christine Seger, Geschäftsführerin von Seger Transporte, für unabdingbar: „Ich hatte meine Schwiegereltern und meine Tante, die sich liebevoll um die Kinder kümmerten, als sie klein waren. Ich habe eine Schwester, die Heilpraktikerin ist, und wenn ich irgendwo unterwegs bin und ein Kind fiebert daheim, dann kann ich sie anrufen und um Unterstützung bitten. Es ist illusorisch zu sagen, ich hab als Verantwortliche für das Unternehmen oder als Führungskraft einen Nine-to-five-Job", erklärt Christine Seger.

3.4 Hilfe durch die Großeltern

Auch bei der Familienplanung spielen die Väter eine entscheidende Rolle. 75 % der befragten Töchter gaben an, dass ihr Vater sie beim Wunsch, eine eigene Familie zu haben, unterstützte. Das verwundert nur auf den ersten Blick: Schließlich ist es für eine erfolgreiche Nachfolge immens wichtig, dass der Vater an seine Tochter glaubt und hinter ihr steht. Sätze wie: „Firma und Kinder, das passt nicht zusammen." oder „Das schaffst du nicht, entweder – oder ..." vom eigenen Vater zu hören, schürt Zweifel und Bedenken und schwächt das Selbstwertgefühl. Auch weil die eigenen Eltern oft tragende Säule des töchterlichen Betreuungsnetzwerkes sind. Versagen sie ihre Unterstützung, haben es Nachfolgerinnen doppelt schwer: privat angesichts der fehlenden Betreuung und/oder im Unternehmen, wenn der Vater nicht bereit ist, zeitweise für die Tochter einzuspringen.

Christiane Heunisch-Grotz, Ärztin und Geschäftsführerin der Gießerei Heunisch GmbH, hatte da Glück. Ein Enkelkind war trotz gerade begonnener Nachfolge durch die Tochter der größte Traum des Vaters: „Das war das erste Enkelkind für meine Eltern. Die waren überglücklich, dass da endlich noch ein Enkelkind kam. Mein Vater hätte alles getan, dass das funktioniert."

Gerhard Seger übernimmt kurzerhand wieder mehr Aufgaben im Unternehmen, als seine Tochter und heutige Nachfolgerin Alexandra Mutter wird. So hält er ihr den Rücken frei. Dass sie eine eigene Familie gründen kann, findet auch er wichtig. Auch um die zwei Enkelkinder kümmern sich die Großeltern Seger gerne. „Donnerstags ist Opa-Oma-Nachmittag und dann machen sie immer was mit den beiden. Natürlich müssen sie auch häufiger einspringen, man hat ja auch Nachmittagstermine" erzählt Alexandra Seger.

3.5 Eine starke Partnerschaft

Die Liste der wichtigsten Unterstützer jedoch führt der eigene Partner an. Er unterstützt im Haushalt, bei der Kinderbetreuung und gibt moralischen Rückhalt. Teilweise steht er sogar im Unternehmen an der Seite seiner Frau.[1] Selbstverständlich ist das nicht. Männer, die auf die eigene Karriere verzichten, um ihrer Frau beruflich den Rücken freizuhalten, werden auch heute noch von ihrem Umfeld kritisch beobachtet. „Vertauschte" Rollen stoßen nicht überall auf Akzeptanz. Das liegt auch daran, dass diese alternativen Partnerschafts- und Familienmodelle die Ausnahme bilden und damit besonders sichtbar sind in unserer Gesellschaft.

Aktuelle Studien (vgl. dazu auch Bundesministerium für Familie, Senioren, Frauen und Jugend 2013) belegen, dass nur 31,5 % der Mütter mit einem Kind unter drei Jahren berufstätig sind, jedoch 82,6 % der Väter. Auch heute noch übernehmen Frauen doppelt so viel Erziehungsarbeit und dreimal soviel Hausarbeit wie Männer. Die Betreuung der Kinder ist Aufgabe der Frau – so unser gesellschaftliches Bild von Normalität. Zu diesem gehört übrigens auch, dass der Ehemann beruflich erfolgreicher ist als seine Frau. Wie wichtig es für Unternehmerinnen ist, dennoch auf eine gleichberechtigte Partnerschaft bauen zu können, weiß Christiane Heunisch-Grotz. Nach ihrer mutigen Entscheidung, die eigene Arztpraxis gegen die väterliche Gießerei einzutauschen, war ihr Mann für sie eine wichtige

---

[1] 18 % der von uns Befragten führen gemeinsam mit ihren Ehemännern, 6 % der Ehemänner kümmern sich Vollzeit um Haushalt und Kinder.

Stütze. „Ich muss zum Beispiel nie einkaufen. Das macht alles er. Das kriegt der irgendwie hin und er hält mir absolut den Rücken frei, sonst könnte ich das nicht machen. Wir haben das schon immer als Gemeinschaftsunternehmen gesehen", erläutert die Quereinsteigerin.

Was Christine Seger machte, als sie von ihrer Schwangerschaft erfuhr, ist dennoch ungewöhnlich: Sie setzte bei ihren Eltern in monatelangen und mühsamen Diskussionen durch, sich die Wochen des gesetzlichen Mutterschutzes zu gönnen – tatsächlich keine Selbstverständlichkeit für Unternehmerinnen. „Eine familieninterne Lösung haben die Eltern schließlich akzeptiert, mich aber sofort nach der Entbindung trotzdem gleich wieder mit Geschäftlichem gefordert", so Christine Seger.

Die Frage, ob man sich als Unternehmerin bewusst einen bestimmten Typ Mann zum Partner sucht, um Unterstützung und Verständnis zu sichern, verneinen zwei Drittel der Frauen. Das Unternehmen spiele bei der Partnerwahl keine Rolle – zumindest keine bewusste. Dennoch ist eine funktionierende Partnerschaft, in der Rollen und Erwartungen geklärt sind, eine Entlastung für jede Unternehmerin. Schwierig genug ist der Umgang mit den eigenen Zweifeln und dem Gefühl, weder Kindern noch Job ausreichend gerecht zu werden. Und dieses bucht man als berufstätige Mutter – ganz unabhängig von der Realität – anscheinend all-inclusive dazu. Die Position an der Spitze eines Unternehmens kann mitunter einsam sein. Ein Partner, mit dem man sich auch über Geschäftliches austauschen kann, bringt da Stabilität. Dauerdiskussionen über Arbeitszeiten und Familienpflichten rauben hingegen langfristig die Energie.

> ▶ **Expertentipp Betreuungsnetzwerk aufbauen**
> Ein gutes und zuverlässiges Netzwerk ist das A und O, um Kinder und Karriere gut verbinden zu können. Was genau ein gutes Netzwerk ist, entscheidet dabei jede Familie individuell, je nach Bedürfnis und Erwartungen. Zunächst einmal gilt es, sich mit seinem Partner über die jeweiligen Vorstellungen, Ziele und Wünsche zu verständigen.
> Lässt es der Beruf des Partners vielleicht zu, dass er Teile der Betreuungsarbeit übernimmt? Wie viel Zeit kann und will ich mir selbst freischaufeln? Will ich mich eher im Unternehmen oder zu Hause vertreten lassen? Kommt eine Auszeit für den Partner vielleicht sogar gelegen, weil er sich neu orientieren will? Diese und weitere Fragen gilt es im Vorfeld zu klären. Und das ist, zumindest beim ersten Kind, gar nicht so leicht. Es ist so ähnlich, als plane man zu zweit eine große Aufführung mit drei Hauptrollen und kennt weder die dritte Rolle noch den Akteur selbst, der diese dann spielen wird. Dieser kommt erst bei der Premiere auf die Bühne.
> Dennoch: Sind zwei sich einig, geht es schon mal leichter. Aber die neu gegründete Familie wird als Netzwerk nicht ausreichen. Wer soll also noch tragende Rollen bekommen? Aus vielen Gründen praktisch und äußerst beliebt dafür sind die Großeltern. Da das Familienunternehmen in der Nähe ist, sind diese oft auch nicht weit. Großeltern sind eine zuverlässige, flexible und kostengünstige Betreuungsmöglichkeit und sie haben oft große Freude an der Aufgabe. Dennoch muss auch diese Option im Vorfeld abgesprochen werden. Fühlen sie sich

fit genug dafür? Haben sie andere Pläne? Sind sie vielleicht sogar selbst noch im Unternehmen tätig?

Unternehmerinnen steht auch häufig die Möglichkeit offen, das Kind – zumindest zeitweise – mit ins Büro zu nehmen. Dennoch sollte Unterstützung vor Ort eingeplant werden. Vielleicht gibt es eine Mitarbeiterin, die einen Teil der Aufsicht übernehmen kann. Nur so lassen sich Termine einhalten und arbeiten konzentriert erledigen.

Auch die stärkste Frau braucht mal eine Auszeit, gerade weil die Nächte turbulent sein können. Ist das erste Jahr geschafft, können Betreuungseinrichtungen schon den Großteil des Tages das Kind aufnehmen. Die Plätze sind jedoch je nach Region erstens knapp bemessen und zweitens zeitlich fast nie mit einem Unternehmertag zu vereinbaren. Es gilt also, sich rechtzeitig um einen Betreuungsplatz in der gewünschten Einrichtung zu kümmern und in jedem Fall eine weitere Lösung für den übrigen Tag zu finden. Können die Großeltern oder der Partner nicht (jeden Tag) einspringen, setzen Unternehmerinnen in der Regel auf Kinderfrau, Tagesmutter oder Au-pair.

Für welche Betreuungsform sich die Familie entscheidet, obliegt den eigenen Vorlieben: Eine Kinderfrau kann neben der Kinderbetreuung auch noch Aufgaben im Haushalt übernehmen. Mit etwas Glück bleibt sie der Familie lang erhalten und wird für die Kinder zur festen Bezugsperson. Das ist beim Au-pair nicht der Fall. Hier ist es jedoch zum Beispiel die Mehrsprachigkeit, die Eltern motiviert, ein Au-pair-Mädchen zu engagieren. Wer über diese Möglichkeit nachdenkt, muss jedoch genug Platz im Haus einplanen. Was im Kleinkindalter noch leichter zu organisieren geht, wird mit Beginn der Schulzeit schwieriger. Die Plätze in der Nachmittagsbetreuung sind rar und begehrt. Viele Unternehmerinnen entscheiden sich dazu, ihre Kinder – so es denn mehrere sind – gemeinsam zu Hause betreuen zu lassen. Auch aus Kostensicht ist das eine attraktive Lösung. Sind die Kinder älter, füllen auch Freunde und Hobbys einen Teil der nach-schulischen Aktivitäten aus. Einmal entwickelte Betreuungspläne sind also mit jeder Lebensphase des Kindes neu zu überdenken.

Antworten auf folgende Fragen zu finden, ermöglicht einen guten gemeinsamen Start:
- Wie viel Auszeit will ich mir nehmen?
- Wie viel Auszeit kann mein Partner nehmen?
- Wer übernimmt in dieser Zeit meine Pflichten im Unternehmen?
- Möchten wir das Kind zu Hause betreuen lassen oder gemeinsam mit anderen?
- In einer Einrichtung: Über welchen Zeitraum soll das Kind betreut werden?
- Wie sind die Anmeldemodalitäten in meiner Wunscheinrichtung?
- Bei Betreuungspersonen: Welche Ausbildung, welches Alter, welche Eigenschaften soll die Person mitbringen?
- Wie viel Geld wollen/können wir investieren?
- Kennen wir andere Eltern, die uns mit Erfahrungen unterstützen können?

3.6 Von Rollen und Rabenmüttern

Das Gespenst der „Rabenmutter" begegnete uns in fast jedem Interview, in dem es um das Thema Vereinbarkeit von Beruf und Familie ging. Zu wenig Zeit für die Kinder, Fremdbetreuung, flexible Tagesabläufe, kein geschnittenes Obst auf dem Spielplatz und gekaufter Kuchen beim Kindergeburtstag. Unternehmerinnenmütter haben allzu oft das Gefühl, in beiden Bereichen zu wenig geben zu können und haben gewissermaßen ein Dauer-Abo auf ein schlechtes Gewissen: „Man lebt als Mutter mit einem schlechten Gewissen und man lebt im Unternehmen mit einem gewissen Maß an schlechtem Gewissen", bestätigt eine der befragten Unternehmerinnen.

Geben wir genug? Sind wir gut genug? Unternehmerinnenmütter hinterfragen sich ständig. Vielleicht kein Wunder, angesichts der Polarisierung, die das Modell „Karrieremutter" gesellschaftlich auslöst. Doch viel lauter als die Stimmen von außen sind es doch die inneren Stimmen, die Unternehmerinnen mit ihren Ängsten konfrontieren. So betrachtet eine Gesprächspartnerin die eigene Wahrnehmung durchaus kritisch: „Das Rabenmutterding, das ist auch in einem selbst – oder die Angst davor. Denn wer ist denn so wichtig, dass ich dessen Meinung so ernst nehme?"

Nicht zuletzt die Rollenvorbilder unserer Mütter und Großmütter – letztendlich der Gesellschaft – werfen bei erfolgreichen Frauen immer wieder die Frage auf, ob es erlaubt ist, beides zu wollen: Karriere und Kinder. „Auch wenn ich erzogen worden bin in freiem Denken, so hab ich doch als Frau in Deutschland automatisch diesen Stempel ‚Du bist eine potenzielle Rabenmutter'", so Antje von Dewitz. „Und deshalb war es mir vielleicht auch besonders wichtig, dass ich das für mich schaffe. Dass ich das Unternehmen führen kann und trotzdem meiner Familie gerecht werden kann."

Neueste Studien der Entwicklungspsychologie widerlegen eindeutig, dass es für Kinder ein Nachteil ist, nicht ausschließlich von der eigenen Mutter betreut zu werden. Im Gegenteil. Gerade durch das Verschmelzen der Familie auf einen kleinen Kern von wenigen (Bezugs-)Personen brauchen Kinder soziale Bindungen in Form von Netzwerken. Nur die Mutter als hauptsächliche Bezugsperson zu haben, kann soziale Ängste fördern. Auch Sheryl Sandberg zitiert in ihrem erfolgreichen Buch „Lean In" (Sandberg 2013) die bislang größte Studie zum Thema Betreuung und Entwicklung im Kindesalter. Ergebnis: Kinder, um die sich ausschließlich Mütter gekümmert hatten, entwickelten sich bezüglich ihrer Fähigkeiten und Bindungen nicht anders als Kinder, die von anderen Personen betreut wurden.

Und warum sprechen wir eigentlich immer von Rabenmüttern und praktisch nie von ihrem männlichen Pendant? Obwohl Mütter – berufstätig oder nicht – mehr als doppelt so viel Zeit mit ihren Kindern verbringen als Väter es tun, existiert die Bezeichnung „Rabenvater" in diesem Kontext nicht. Dabei brauchen Kinder ihre Väter nicht weniger als ihre Mütter. Da die Karriere jedoch fest mit unserem Bild von Männlichkeit verknüpft ist, würde niemand auf die Idee kommen, männliche Erwerbstätigkeit in dem Maß infrage zu stellen, wie es bei arbeitenden Frauen der Fall ist.

Letztendlich zählt wie sooft das Credo „Qualität statt Quantität". Cordula Schulz, Mutter eines Sohnes und Chefin der SCHULZ FLEXGROUP GmbH, widmet derartigen Klischees keine Aufmerksamkeit mehr: „Ich habe nicht den ersten Zahn gesehen und ich habe nicht den ersten Schritt gesehen und Was-weiß-ich-noch-alles nicht gesehen. Aber ich habe gelernt, jetzt wenn ich da bin, bin ich da, und dann nur noch für ihn und nur für die Familie." Es kommt also nicht darauf an, wie viel Zeit man mit der Familie verbringt, sondern dass man diese Zeit auch wirklich gemeinsam nutzt.

Dagmar Bollin-Flade, Chefin der Christian Bollin Armaturenfabrik GmbH und Mutter zweier erwachsener Söhne, hat ihre ganz eigene Theorie, wenn sie zurückschaut: „Das ist eine Frage der Präsenz. Also in Punkten, wo es wirklich wichtig für die Kinder war, waren wir immer Ansprechpartner und waren auch immer vor Ort, und das halte ich für das Wichtigste." So wie die Frankfurter Unternehmerin sehen das viele der Nachfolgerinnen.

Auch Christine Seger. Sie bekam einen wichtigen Rat von ihrem Arzt: „Er sagte zu mir: So wie ich Sie erlebe, Frau Seger, haben Sie vielleicht wenig Zeit. Aber wenn Sie Zeit haben für Ihre Kinder, sind Sie wesentlich präsenter als Vollzeitmütter. Und das spürt Ihr Kind, da brauchen Sie sich keinen Kopf machen. Die Präsenz ist wichtig, die Achtsamkeit, die Aufmerksamkeit, der Moment, und nicht die Anzahl der Stunden."

Vielleicht sollte das Gespenst der „Rabenmutter" ein freundlicher Begleiter werden, der uns auf Lebensbereiche aufmerksam macht, mit denen wir selbst nicht ganz zufrieden sind. Er konfrontiert uns mit unserem eigenen Anspruch, alles hundertprozentig machen zu wollen. Genau an dieser Stelle können wir ihn getrost beiseite schieben: 100 % von allem kann niemand. Freuen wir uns lieber, wenn uns das Jonglieren der Lebensbereiche gelingt und versöhnen wir uns mit unseren Gespenstern. Oder wie Sheryl Sandberg treffend formuliert: „Erledigen ist besser als perfekt!" (Sandberg 2013, S 176).

3.7 Meine drei wichtigsten Ressourcen: Ich, Grenzen und Hilfe

Nachfolgerinnen besetzen oft viele herausfordernde Rollen gleichzeitig: Unternehmerin, Chefin, Tochter, Ehefrau, Mutter. Hinzu kommen Ehrenämter, die viele der Nachfolgerinnen zusätzlich bekleiden. Sie sind es gewohnt, Leistung zu bringen und Dinge perfekt zu erledigen. Es ist nicht nur eine Herausforderung, diese Rollen zu koordinieren und zu balancieren. Sich selbst über all diese Rollen nicht zu vergessen, ist mit Sicherheit die größte Aufgabe.

„Sie wissen nicht mehr, wer Sie eigentlich sind, weil Sie nur noch funktionieren. Ich war Mutter, ich war Geschäftsführerin, ich war Unternehmerin, ich war Ehefrau und was weiß ich noch alles. Nur ich selbst war ich nicht, also das muss man ganz ehrlich sagen", beschreibt eine Unternehmerin ihre persönlichen Erfahrungen. Heute weiß sie, wie wichtig es ist, sich selbst nicht aus den Augen zu verlieren, gezielt Auszeiten im Terminkalender zu blocken. Und Hilfe anzunehmen. Mitunter eine schwere Übung für Frauen, die es gewohnt sind, ihr Leben unabhängig zu meistern.

Vor allem Netzwerke bringen nicht immer nur Nutzen, weil sie Zeit kosten. Gezielt „Hüte" auszusortieren, wenn eine neue Lebensphase beginnt – so wie es zum Beispiel der Fall ist, wenn Unternehmerinnen Familie gründen oder auch die Tandemphase mit dem Vater endet – scheint ein Muss für erfolgreiche Nachfolge. Bewusstes Bilanz ziehen: Wie viel Zeit kosten mich meine Ehrenämter? Was ist noch wichtig, was Gewohnheit? Bei welchen Rollen im Unternehmen ist es wichtig, dass ich sie besetze? Welche Verantwortung kann ich abgeben? Wann hat mir der Unternehmerstammtisch das letzte Mal wirklich neue Erkenntnisse oder nützliche Kontakte gebracht? Fragen, die man sich regelmäßig stellen sollte, um sich selbst nicht im wachsenden Meer an Aufgaben und Rollen zu verlieren.

Sich nützliche Netzwerke zu suchen, Unterstützung nachzufragen und anzunehmen, Wichtiges von Unwichtigem zu unterscheiden und konsequent auszusortieren – das lernen die meisten berufstätigen Mütter relativ schnell. Denn ohne geht es kaum. Erfahrungen, die auch eine unserer Gesprächspartnerinnen gemacht hat: „Ich hatte viel Doppel- und Dreifachbelastung. Wissen Sie, Sie rennen zum Geschäft raus und dann gehen Sie einkaufen und kochen, putzen, bügeln und sind bis nachts um zwölf unterwegs." Da müsse man selbst organisieren und dann auch lernen, Unterstützung von außen anzunehmen und auch ganz klar sagen: Bis hierher und nicht weiter.

Auch angesichts der Verantwortung gegenüber Mitarbeitern ist es für Unternehmerinnen aber nicht immer leicht, Grenzen zu setzen. Ist es fair, volle Leistung von Mitarbeitern zu fordern und sich selbst „Auszeiten" zu gewähren? Das fragt sich auch eine unserer jungen Gesprächspartnerinnen – immer dann, wenn sie bereits am Nachmittag die kleine Firma verlässt, um mit ihren beiden Kindern Hausaufgaben zu machen: „Ich habe oft ein schlechtes Gewissen, wenn ich hier rausgehe und es heißt, Tschüss und einen schönen Nachmittag. Da macht man Hausaufgaben oder dieses oder jenes, was auch nicht unbedingt ein Spaß ist. Wo ich mir denke, vor meinem Computer ein bisschen arbeiten ist angenehmer als warten, bis ein Kind schläft."

3.8 Vorbild sein

Dass Unternehmerinnen heute selbstverständlich beide Lebensbereiche vereinbaren, Beruf und Familie, hat eine nicht zu unterschätzende Vorbildfunktion, nicht nur für andere Nachfolgerinnen. Auch Mitarbeiter profitieren von diesem Wandel. Nicht nur, dass sich durch die Frauen eine offene Kultur der Mitbestimmung etabliert und sich für alle Mitarbeiter mehr Handlungsspielraum eröffnet. Unternehmerinnen haben durch ihre eigenen Erfahrungen ein anderes Verständnis, was die Vereinbarkeit von Familie und Beruf bei ihren Mitarbeitern angeht.

Die Mehrheit der Unternehmerinnen setzt auf Dialog. So seien starre Regelungen und feste Modelle häufig sogar hinderlich, um Müttern und Familien den Wiedereinstieg in den Beruf zu erleichtern. Weil sie selbst viele Erfahrungen auf diesem Gebiet gesammelt haben, wissen Unternehmerinnen, wie vielseitig die Situationen der Mitarbeiterinnen sein können. Will man als Chefin da wirklich unterstützen, dann ermöglicht man individuelle

Vereinbarungen, weiß Christine Bruchmann aus langjähriger Erfahrung. Die Nürnberger Unternehmerin findet es wichtig, Frauen zu fragen, wann und wie sie wieder arbeiten möchten. Je mehr Druck von der Frau weggenommen werde, desto besser: „Es ist sowieso schwierig: Du hast ein Kind. Das Leben verändert sich total. Du musst flexibler sein."

Organisatorisch seien sie aufwendiger, letztlich würden aber alle durch individuelle Regelungen gewinnen: Die Frauen verlören den Kontakt zur Firma nicht und damit falle der Wiedereinstieg leichter, erklärt die erfahrene Unternehmerin ihre Strategie: „Wenn du ihnen ein bisschen von dem Stress und dem schlechten Gewissen und diesen Ängsten, alles hinzukriegen, abnimmst, dann wirst du motiviertere und glücklichere Mitarbeiterinnen haben. Das Wichtigste ist, dass die Frauen den Kontakt zur Firma halten und nicht drei Jahre einfach ganz weg sind."

Auch wenn fast alle Unternehmerinnen ihren Beitrag zur Vereinbarkeit von Familie und Beruf in ihren Unternehmen aktiv leisten: Es kann und muss nicht immer gleich die firmeneigene Kindertagesstätte sein oder die auf halbe Stellen geteilte Führungsposition. Oftmals sind die Unternehmen zu klein oder es gibt organisationsstrukturelle Gründe, die gegen derartige Maßnahmen sprechen. Da ist das Gespräch eine gute Möglichkeit, um Lösungen zu finden, die für beide Seiten, Mitarbeiterinnen und Unternehmerinnen, passen. „Wir sind zu klein als Unternehmen, um da pauschale Programme zu haben. Wir suchen einfach den Dialog mit der Mutter. Will sie wieder arbeiten? Ab wann? In welchem Rahmen? In welchem Tätigkeitsprofil? Und in der Regel finden wir da Lösungen", erklärt Annette Roeckl das Vorgehen in ihrem Unternehmen.

Dass familienfreundliche Personalpolitik auch ein echter Wettbewerbsvorteil werden kann, zeigt das Beispiel des deutschen Bergsportausrüsters VAUDE. Geschäftsführerin Antje von Dewitz nutzt, wie schon ihr Vater, gezielt diese Strategie, um ihre Marke nachhaltig aufzuladen und Mitarbeiter zu gewinnen und zu halten: „Wir haben 31 Kinderbetreuungsplätze, wir haben sämtliche Formen der Flexibilität, Arbeitszeitflexibilität, Home Office, wir haben Frauen in Führungspositionen, von denen manche auch Teilzeit arbeiten, wir haben ein Talentförderprogramm", erläutert die Mutter von vier Kindern: „Das tut dem Klima gut, das tut der Leistung gut, und das tut auch unserer Marke gut. Wir sind Mittelständler – wir können uns kein Image kaufen. Wir müssen mit dem, was wir tun, nach außen strahlen. Und wir müssen ganz viel Leistung abrufen können, um das überhaupt kompensieren zu können, was wir nicht an finanziellen Möglichkeiten haben. Und das gelingt uns damit gut", beschreibt die erfolgreiche Unternehmerin die Win-win-Situation von Mitarbeitern und Unternehmen.

3.9 Kompetenz statt Geschlecht

Wer aber denkt, dass es Frauen leichter haben, verantwortliche Positionen zu besetzen, wenn das Familienunternehmen weiblich geführt wird, der irrt gewaltig. Die befragten Unternehmerinnen lehnen geschlechtlich-solidarische Entscheidungen ab. Kompetenz statt Geschlecht lautet ihre Devise.

„Mir ist es egal, ob das eine Frau oder ein Mann ist. Die Qualität und die Kompetenz müssen stimmen und die Nachhaltigkeit", beschreibt Cordula Schulz, was ihr bei Personalentscheidungen wichtig ist. So sind Nachfolgerinnen immer bereit, Frauen in ihrer Karriereentwicklung zu unterstützen, indem sie passende Rahmenbedingungen schaffen. Dies aber niemals auf Kosten der Qualität. Dass die Frauen eine vergleichbare Kompetenz wie ihre männlichen Konkurrenten mitbringen, ist eine zwingende Voraussetzung. Trotz der Tribute an die Flexibilität, diesem Grundsatz folgt auch Ilona Konzack, Inhaberin des traditionsreichen Gasthauses Dubkow-Mühle, konsequent: „Für mich steht da im Vordergrund immer Leistung. Egal ob Mann oder Frau, das spielt für mich keine Rolle. An zweiter Stelle bin ich jemand, der immer auch für Teilzeit ist. Ich habe verschiedene Arbeitsmodelle erarbeitet, auch für meine Mitarbeiter."

Die Studie hat ergeben: Die Quote der Mitarbeiterinnen – auch in leitenden Positionen – nimmt zwar unter der Führung der Frauen konstant zu. Dies aber aufgrund der günstigen Strukturen, welche geschaffen werden, um Karriere und Familie für die Mitarbeiter zu vereinbaren und nicht, weil Unternehmerinnen bevorzugt Frauen einstellen oder fördern. Nachfolgerinnen machen bei ihren Mitarbeitern bezüglich der Kompetenz keine Kompromisse. So ist es letztendlich ihre Vorbildfunktion, mit der sie den Weg für andere Frauen ebnen.

Kurz und bündig

- 70 % der von uns befragten Unternehmerinnen haben eigene Kinder.
- Mehr als 80 % sind überzeugt davon, dass die Führung eines Familienunternehmens die Vereinbarkeit von Beruf und Familie positiv beeinflusst.
- Beides, Chefsessel und Familie, zu managen, das erfordert Mut und Gestaltungskraft.
- Ein zuverlässiges Netzwerk ist notwendig, um die Doppelrolle zu tragen.
- Der eigene Partner ist der wichtigste Unterstützer in der Vereinbarkeit von Familie und Unternehmerinnendasein. Vertauschte Rollen treffen aber noch selten auf gesellschaftliche Akzeptanz.
- Die Angst davor, eine „Rabenmutter" zu sein, ist häufig ein Ausdruck für die eigenen (zu) hohen Anforderungen an sich selbst. Hier zählt der Grundsatz: „Erledigen ist besser als perfekt!"
- Um verschiedene Rollen gut meistern zu können, sollte man sich nicht verzetteln und regelmäßig diejenigen Aufgaben und Termine aussortieren, die keinen Nutzen bringen. Eventuell müssen auch Ehrenämter auf den Prüfstand gestellt werden.
- Unternehmerinnen haben eine wichtige Vorbildfunktion und treiben so gesellschaftliche Entwicklung voran. Doch Frauen besetzen Positionen nicht zwangsläufig mit anderen Frauen. Die Devise lautet: Kompetenz vor Geschlecht.

Das ist uns noch wichtig zu sagen Wenn es denn „Rabenmütter" unter den Unternehmerinnen geben sollte, dann haben wir sie während unserer zahlreichen Gespräche nicht getroffen. Wir begegneten Frauen, die sehr hohe Ansprüche an sich selbst stellen und angesichts der Pionierarbeit, die sie oft leisten, ständige Zweifel haben, das Richtige zu machen.

Statt schlechter Mütter sind unsere Gesprächspartnerinnen und ihre Familien für uns echte Vorbilder. Überwiegend teilen sie sich die Familienarbeit mit ihren Partnern und bekommen so ganz gut beides unter einen Hut, die beruflichen und die privaten Ziele.

Literatur

Bundesministerium für Familie, Senioren, Frauen & Jugend (Hrsg.). (2013). 2. Atlas zur Gleichstellung von Frauen und Männern in Deutschland.

Jäkel-Wurzer, D. (2010). *Töchter im Engpass. Eine fallrekonstruktive Studie zur weiblichen Nachfolge in Familienunternehmen*. Heidelberg: Verlag für systemische Forschung im Carl Auer Verlag.

Sandberg, S. (2013). *Lean In Frauen und der Wille zum Erfolg*. Berlin-Verlag.

Frauen führen anders! 4

Frauen in Führungspositionen. So ausgiebig dieses Thema heute auch in den Medien diskutiert und durchleuchtet wird – die gelebte Unternehmensrealität sieht noch immer anders aus.

Wo liegen die Gründe dafür? Was hält Frauen von Spitzenpositionen ab? Sind es die Vorgesetzten? Sind es die Strukturen? Sind es die Frauen selbst? Neueste Studien bescheinigen Frauen, dass sie in puncto Machtmotivation noch immer deutlich hinter den Männern zurückbleiben (vgl. dazu auch Tenzer 2014).

Das vorweg: Tatsächlich mussten sich die wenigsten der befragten Unternehmerinnen im eigenen Betrieb von unten nach ganz oben arbeiten. Die wenigsten mussten sich durch mehrere Ebenen männlich dominierter Führungsnetzwerke kämpfen, um dann von sogenannten gläsernen Decken aufgehalten zu werden. Zumindest nicht im eigenen Unternehmen. Einige haben diese Erfahrung extern gemacht. Und das hat den Wunsch, sich um die Nachfolge im Familienunternehmen zu bewerben, noch befeuert. Zumeist steigen Nachfolgerinnen dann, unterstützt vom Chef und legitimiert durch Qualifikation, Erfahrung und Familienzugehörigkeit, also ohne Umwege, an der Spitze ein.

Das eigene Familienunternehmen scheint noch einen weiteren, entscheidenden Vorteil für Frauen zu bieten. Sie müssen sich nicht in vorgegebene (männliche) Machtstrukturen und Spielregeln einfügen, sondern gestalten im Zuge der Nachfolge ihre ganz eigenen Rahmenbedingungen – etwa, wie sie Beruf und Familie gut verbinden können.

Noch immer ist die eigene Familienplanung einer der Hauptgründe, warum gut qualifizierte Frauen den Wettstreit um die Spitzenpositionen verlassen, bevor er überhaupt richtig beginnt (vgl. Ley und Michalik 2009). Im vorherigen Kapitel haben wir ausführlich beschrieben, warum die Vereinbarkeit zwar auch in der weiblichen Nachfolge ein wichtiges Thema ist, Nachfolgerinnen jedoch auch zahlreiche Optionen zur Verfügung stehen, um Familie und Beruf gut zu verbinden.

Abb. 4.1 Veränderungen im ersten Jahr

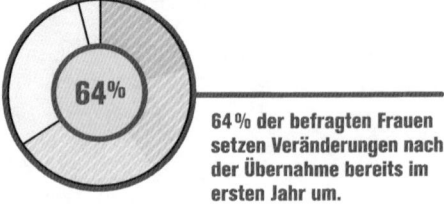

64 % der befragten Frauen setzen Veränderungen nach der Übernahme bereits im ersten Jahr um.

Doch wie sieht der Weg ins Familienunternehmen aus? Wie verändern Töchter die Führungskultur im Unternehmen? Mit diesen und weiteren Fragen wird sich das folgende Kapitel beschäftigen.

Der Weg der Töchter in die Unternehmen ist selten ein direkter. Oftmals halten sich die Frauen ihre Möglichkeiten offen und lassen sich bei ihrer Ausbildung eher von persönlichen Interessen und Fähigkeiten leiten und nicht zwangsläufig von den Anforderungen im Unternehmen. Sie arbeiten oft mehrere Jahre erfolgreich außerhalb des familieneigenen Unternehmens, bevor sie dann den Quereinstieg wagen. Dieser muss jedoch kein Nachteil sein – im Gegenteil.

Viele der Nachfolgerinnen sind sogenannte Leistungstöchter (vgl. Jäkel-Wurzer 2010). Einmal für die Unternehmensübernahme entschieden, bilanzieren sie sorgfältig ihre Kompetenzen, eignen sich noch fehlendes Wissen an und ergänzen ihr eigenes durch die geschickte Besetzung ihres Führungsteams. Die Phase der Übernahme im Führungstandem mit dem Vater ist für diese Neuausrichtung gut geeignet.

Über ein erstes eigenes Projekt sammeln sie Erfahrungen im Unternehmen und erwerben sich den Respekt von Mitarbeitern und Kunden. Ihre Erfahrungen und ihren neutralen Blick von außen bringen sie dabei gezielt ein. Emotionen und die Frage, ob die Führung des familieneigenen Unternehmens eine Option im eigenen Lebensplan darstellt, kristallisierten sich im Rahmen der Studie als zwei der größten Herausforderungen für die Nachfolgerinnen heraus.

Haben sie sich einmal für die Übernahme entschieden, treten Töchter konsequent für ihre Vorstellungen ein. Über die Hälfte der befragten Unternehmerinnen setzten bereits im ersten Jahr ihrer Übernahme wesentliche Veränderungen im Unternehmen um. Dafür nutzten sie häufig ein Einstiegsprojekt, welches meist auch Auswirkungen auf die Unternehmenskultur hatte. Die neuen Strukturen wurden überwiegend mit Zustimmung und/ oder Unterstützung des Übergebers umgesetzt (Abb. 4.1).

4.1 Der Einstieg: Viele Wege führen nach Rom

Dass anders als bei ihren männlichen Mitstreitern die Nachfolge von Töchtern oft nicht bereits früh vorbestimmt (ausgesprochen oder nicht) ist, sorgt für besondere Umstände beim Einstieg ins Unternehmen. Viele Töchter legen sich zunächst nicht auf die Unternehmensübernahme fest und müssen dies seitens der Familie auch nicht. Sie absolvieren Ausbildungen, die ihren Interessen und Fähigkeiten entsprechen, probieren sich aus, verwirklichen eigene Ziele und Berufsträume – alles zunächst nicht direkt auf das familieneigene Unternehmen zugeschnitten. „Meine Eltern haben mir großes Vertrauen entgegengebracht und mir viel Freiraum gelassen", beschreibt Christina Thurner ihre eigenen Erfahrungen. „Mir war es sehr wichtig, neben der akademischen Ausbildung auch Praxiserfahrungen im Ausland und in den unterschiedlichsten Branchen zu sammeln", beschreibt die heutige Mitgeschäftsführerin der LOXXESS AG ihre Ausbildungs- und Wanderjahre vor ihrem Einstieg ins Unternehmen.

Viele Töchter sehen die Erfahrungen, die sie zunächst außerhalb des Unternehmens machten, als nützlich für ihre spätere Rolle an. Und dabei spielt es kaum eine Rolle, dass Ausbildungen und erste Berufserfahrungen in anderen Branchen stattgefunden haben. Wichtig ist letztlich – das bestätigt auch die Forschung zur Nachfolge (vgl. Lehmann-Tolkmitt et al. 2013) immer wieder –, dass sich Nachfolgerinnen extern bewährt haben, am besten in einer Führungsrolle. Dadurch erwerben sie sich nicht nur den Respekt der Mitarbeiter. Sie können so erworbenes Wissen über Strukturen und Strategien häufig auch gewinnbringend im eigenen Unternehmen einsetzen – und durch ihren Blick von außen zur Gewohnheit gewordene Abläufe auf den Prüfstand stellen.

Für viele Nachfolgerinnen ist der Einstieg ins Familienunternehmen also bereits die zweite Karriere. Das erfordert verschiedenste Sondermaßnahmen: Wissen muss sorgfältig bilanziert und gegebenen-falls aufgebaut werden. Die Frauen müssen Mut beweisen und zeigen, dass sie der Aufgabe gewachsen sind.

4.2 Mit einem Projekt starten …

Ob Quereinsteigerin oder nicht: Wie die Studie auch ergab, steigen Nachfolgerinnen häufig über ein eigenes Projekt ein. Dieses ist unabhängig von der Geschäftsführung und wird eigenverantwortlich bearbeitet. Oft handelt es sich dabei um „weiche", für das Unternehmen neue Themen, wie z. B. das Qualitätsmanagement. Eine kluge Strategie: So können sich die jungen Unternehmerinnen intern beweisen, ohne gleich in direkte Konkurrenz zu gehen und ohne unterhalb der Führungsebene einzusteigen (vgl. Lehmann-Tolkmitt et al. 2013).

Sie können sich mit den Strukturen im Unternehmen vertraut machen und Schritt für Schritt die Anerkennung der Mitarbeiter erwerben. Letzteres bewerteten 50 % der in unserer Studie Befragten im Nachhinein als herausforderndste Aufgabe. Mithilfe eines Einstiegsprojektes können sich Nachfolgerin und Belegschaft langsam aneinander gewöhnen. Nicole Kobjoll, Inhaberin des renommierten Tagungshotels Schindlerhof, empfand es als „guten Weg, über ein Projekt einzusteigen, mit dem du nicht verglichen werden kannst."

Nicht jedes Projekt eignet sich jedoch für einen erfolgreichen Einstieg. Damit dieser gelingt, müssen drei Kriterien erfüllt sein:

1. Das Projekt muss für die Nachfolgerin zu bewältigen sein. Harte Nüsse, an denen sich schon drei Leute vor ihr erfolglos die Zähne ausgebissen haben, sind ungeeignet. Schließlich ruhen alle Augen auf der Nachfolgerin und es sollte doch ein erfolgreicher Einstieg werden.
2. Das Projekt muss zur Firmenkultur passen. Strukturen und Abläufe sollten damit positiv unterstützt und nicht blockiert oder umgeworfen werden. Die zukünftige Chefin will sich mit den bestehenden Strukturen vertraut machen und die Mitarbeiter sollen möglichst nicht den Eindruck bekommen, dass sie schon in den ersten Wochen alles Bestehende für veraltet erklärt. Denn das schafft Angst und Widerstand.
3. Das Projekt sollte „neutral" sein, also nicht auf der Aufgabenliste einer anderen Abteilung stehen. Am Ende sollte zwar ein Nutzen fürs Unternehmen entstehen, mit dem Einstandsprojekt sollte die Nachfolgerin aber nicht in die Kompetenzen der halben Belegschaft eingreifen.

„Ich musste internes Change Management leisten, ohne überhaupt zu wissen, dass ich da Veränderungsprozesse in Gang bringe", berichtet eine Nachfolgerin von ihrem Einstiegsprojekt. „Als totaler Newcomer im Unternehmen hab ich etwas total Neues aufgebaut und bin damit schon auch angeeckt."

Auch wenn es Ausnahmen gibt: Ist das Projekt klug gewählt, zeigt es sich als intelligente Einstiegsstrategie. Nachfolgerinnen gewinnen Mitarbeiter für ihre Ideen und schaffen Vertrauen.

Die meisten der befragten Unternehmerinnen gaben an, bereits im ersten Jahr im Unternehmen tiefgreifende Veränderungen angestoßen zu haben. Die häufigsten Veränderungen betreffen die Bereiche Kommunikationskultur und die Personalentwicklung im Unternehmen.

Überblick über die genannten Veränderungen
- Team- und Vertrauenskultur statt Patriarchat
- Gremienkultur
- Strukturierte Mitarbeiter- und Führungskräfteentwicklung
- Positionierung der Unternehmensmarke und -wertekultur (als Familienunternehmen)
- Herausarbeiten von Vision, Werten und Strategie
- Kooperativer, werte- und teamorientierter Führungsstil
- Offene Kommunikation und Transparenz (auch im Gesellschafterkreis)
- Kultur der „offenen Tür"
- Externe Beratung
- Prozessoptimierung, Standardisierung
- Förderung von Eigenverantwortung und Kompetenzerweiterung
- Optimierung der Organisationsstruktur
- Teamentwicklungsmaßnahmen

- Aufbau Vertrauenskultur
- Konsequente und anhaltende Verbesserung
- Digitalisierung (papierloses Büro)
- Höhere Dynamik und Geschwindigkeit
- Förderung der Auszubildenden
- Gewinnbeteiligung Mitarbeiter
- Modernisierung (Gebäude, Maschinen, Arbeitsplätze)
- Investitionen
- Bottom-up-Ansatz für Anregungen
- Einführung eines fairen Gehalts-/Bonussystems
- Transparente Kommunikation der Unternehmenssituation und der Ziele
- Einführung einer mittleren Führungsebene
- Einführung Fremdgeschäftsführer
- Bessere Vereinbarkeit Beruf und Familie
- Internationalisierung
- Dezentralisierung

4.3 Anderer Führungsstil

Die Generationen der Väter-Chefs unserer Studie verbindet eine Gemeinsamkeit: Sie führen oder führten ihr Unternehmen oft patriarchalisch-autoritär, trafen wichtige Entscheidungen zumeist alleine und teilten Informationen, wenn überhaupt, dann eher punktuell und mit Einzelnen. Auf diese Weise sicherten sie kurze Wege, setzten wichtige Entscheidungen schneller um und konnten einen klaren Kurs ohne Abstimmungen und Umwege fahren. Viele Töchter grenzen sich schnell vom Führungsstil der Väter ab. „Mir hat nie gefallen wie er geführt hat, auch schon in seinem vorherigen Betrieb, als ich noch Kind war", erinnert sich Ilona Konzack. Die Inhaberin des traditionsreichen Gasthauses Dubkow-Mühle ist von Anfang an überzeugt, von ihren Mitarbeitern mehr Leistung zu bekommen, wenn sie hinter ihnen steht und schiebt und nicht tritt und drückt. „Und da war eigentlich schon für mich klar, dass ich das anders machen würde."

Beim Blick auf die Liste der wichtigsten Führungsqualitäten, die die Studienteilnehmerinnen angegeben hatten, wird schnell klar: Ihr Führungsstil muss sich ganz zwangsläufig von dem ihrer Väter unterscheiden. Wollen sie authentisch sein, ist es nicht ratsam, die Väter einfach nur zu kopieren. Und nur formal die Nummer eins zu sein, bedeutet nicht automatisch, faktisch als diese wahr- und ernst genommen zu werden. Respekt muss man sich unabhängig von der Chefinnenrolle erst verdienen (vgl. Knaths 2007).

„Also ich bin nicht in die Fußstapfen meines Vaters getreten, ich gehe meinen eigenen Weg", formuliert Firmeneignerin und Geschäftsführerin Cordula Schulz ihren Anspruch.

Auf Augenhöhe mit dem Vater zu agieren und auch angesichts der vorgegebenen Muster den eigenen Führungsstil zu finden und zu prägen, war ihr wichtig.

Das sehen die meisten der in der Studie befragten Unternehmerinnen so. So auch Kirsten Hirschmann. Auch wenn sie nicht im Tandem mit dem Vater führen kann und einspringt, als er plötzlich verstirbt, weiß die junge Nachfolgerin sich abzugrenzen. „Für mich war klar, ich darf und kann meinen Vater nicht kopieren. Weil ich ganz andere Voraussetzungen habe als er." Um sich Akzeptanz zu verschaffen, müsse man den eigenen Stil finden und sich positionieren, dabei stets bodenständig bleiben – jedoch gepaart mit Kompetenz, Einsatzbereitschaft und Willensstärke, rät die Unternehmerin heute anderen Nachfolgerinnen.

Nachfolgerinnen müssen also ihren eigenen Führungsstil finden. Und das ist angesichts fehlender Rollenvorbilder leicht und schwer zugleich: Sie finden zwar viel Raum für eigene Gestaltung, können ausprobieren und kreieren, Fehler machen und lernen. Gleichzeitig besteht angesichts der fehlenden Rollenvorbilder – im und oft auch außerhalb des Unternehmens – auch eine große Unsicherheit. Der Vergleich mit dem Vater bringt nur die Erkenntnis hervor, welcher Weg nicht gangbar ist. Und gerade in der Bewährungsphase ist die Angst groß, Fehler zu machen.

4.4 Innovationsimpulse für das Unternehmen

Wenn Töchter neue Wege gehen, birgt das häufig entscheidende Innovationsimpulse für das Unternehmen. Sie sind wichtig, um Strukturen und Wissen auf den neuesten Stand zu bringen. Dennoch stoßen die Neuerungen nicht immer auf unbegrenztes Wohlwollen des Seniors. Immerhin sind es von ihm jahrelang aufgebaute und praktizierte Prozesse, die sich bis dato bewährt haben. Für die Väter sind Veränderungen oft nur schwierig zu akzeptieren. „Also wenn wir telefoniert haben und ich sagte, du, ich habe jetzt einen Termin mit dem was weiß ich, ja, Jour fixe, was ist gewesen in den letzten Wochen, dann meinte er: Ja wie? Ihr seht Euch doch den ganzen Tag?", erzählt eine Interviewpartnerin von den Reaktionen des Vaters auf ihre Einführung professionellerer Kommunikationsstrukturen. „Bei ihm setzte man sich mal zusammen – aber Agenda oder Protokoll, das gab es nicht. Und so wurden ganz viele Dinge angesprochen und diskutiert, aber es wurde nie oder nur ganz selten etwas beendet." Sie habe dennoch weiter mit dem Ansatz gearbeitet: Wer macht was bis wann? Und dann wurde erst abgehakt, wenn der Punkt auch erledigt war.

Auch wenn es nicht immer leicht ist: Damit die Übergabe gelingt, sollte der Übergebende hinter seiner Nachfolgerin stehen – zumindest Dritten gegenüber. Es ist gewissermaßen eine Bedingung gelungener Nachfolgen, dass Veränderung stattfindet. Keine Bedingung ist es hingegen, dass der Übergeber diese uneingeschränkt gut finden muss.

Ebenso Mitarbeiter müssen sich an die Veränderungen, die der Führungsstil der neuen Chefin mit sich bringt, erst gewöhnen. Ein typisches Szenario: Wollte der Chef bisher über alle Ereignisse genauestens informiert sein und traf Entscheidungen alleine, setzt die Chefin auf Eigeninitiative der Mitarbeiter und gibt Verantwortungsbereiche gezielt und konsequent ab. Ein Prozess, der Zeit braucht, viel Zeit. Bis sich eine neue Verantwortungskultur in einem Unternehmen wirklich verankert hat, kann es leicht sieben bis zehn Jahre dauern.

Auch von Mitarbeitern kann man nicht verlangen, dass sie langjährig praktiziertes Verhalten in zentralen Aspekten von heute auf morgen ändern. Zumeist gehen Veränderungen schrittweise voran und es ist auch die junge Generation (neuer) Kollegen, die diesen Prozess antreibt. „Der Führungsstil meines Vaters hat sicherlich auch ganz viele Vorteile gehabt. Wir waren sehr schnell, sehr innovativ. Aber auf der anderen Seite hat er eben auch sehr viel selbst gemacht und die Mitarbeiter waren schon teilweise nicht so eigenständig", resümiert eine Unternehmerin: „Viele konnten keine Entscheidungen treffen, die waren dazu nicht in der Lage und haben das nie gelernt, damit umzugehen."

4.5 Bewährtes und Neues ausbalancieren

Neues Wissen, neue Impulse in die Organisation hereinzutragen ist eine zentrale Aufgabe der neuen Chefinnen. So sind die im Familienunternehmen etablierten Strukturen oft über die Jahre um den Übergeber herum entstanden und spiegeln nicht selten dessen Stärken und Schwächen wider. Nachfolger haben die Aufgabe, die Veränderungen der letzten Jahrzehnte strategisch aufzugreifen und Strukturen dahingehend anzupassen, das Unternehmen fit für die nächste – die eigene – Runde im „Karussell der Generationen" zu machen (vgl. auch Lehmann-Tolkmitt et al. 2013).

Ein Balanceakt: Wie viel Neues verträgt das Unternehmen zu einem bestimmten Zeitpunkt? Wie etabliert man als „die Neue, die Jüngere, die Tochter" Veränderungen in den Themen Führungsstil, Managementstruktur, Prozesse und Produkte schonend? Wie bringe ich meine Wertschätzung über das zum Ausdruck, was die Generation(en) vor mir aufgebaut hat (haben) und bringe dennoch meine eigene Handschrift ein? „Am Anfang hatte ich ganz große Hemmungen, Dinge verändern zu wollen", gab eine Nachfolgerin im Gespräch unumwunden zu. Für sie war der Veränderungswunsch gleichbedeutend mit Kritik am Bestehenden. „Das hat mich total ausgebremst. Und wie mir das bewusst geworden ist, wurde es leichter", beschreibt die Unternehmerin den eigenen inneren Entwicklungsprozess.

▶ **Expertentipp Familie an einen Tisch bringen!**
Mit der Nachfolge verhält es sich paradox. Eigentlich ist sie ein seltenes Ereignis, das jeder Unternehmer maximal zwei Mal in seinem Leben durchlebt. Einmal, wenn er selbst übernimmt. Und einmal, wenn er das Unternehmen an die Nachfolgegeneration übergibt. Genau betrachtet ist das jedoch nicht die ganze Wahrheit. Wir behaupten, dass sich Nachfolge nicht auf einen Prozess mit einem Anfang und einem Ende beschränkt. Vielmehr beginnt die Nachfolge bereits dann, wenn ein Kind in die Unternehmerfamilie hineingeboren wird. Sie zeigt sich in den Geschichten über das Unternehmen und die Großeltern, die es führten. Sie schwingt im Familienleben und den Gesprächen am Mittags-

tisch mit. Sie ist anwesend, wenn Kinder beobachten, wie der Vater seine Mitarbeiter anspricht. Sie ist bereits da, wenn Kinder Werte vorgelebt bekommen, wenn sie eigene Talente entdecken, wenn sie sich für Lieblingsschulfächer entscheiden. Sie ist wie ein großes Puzzle, das durch seine Umwelt und am allermeisten durch die Familie Stück für Stück mit Teilen gefüllt wird. Töchter und Söhne sind die Gesellschafter und Nachfolger von morgen und es ist wichtig, sie frühzeitig auf diese Verantwortung vorzubereiten.

Um als Unternehmerfamilie mit dieser Aufgabe verantwortungsvoll umzugehen, ist es wichtig, sich vorzeitig einige Fragen zu stellen: Was ist die besondere Geschichte unseres Unternehmens? Wofür stehen wir? Was sind unsere Ziele? Wie verliefen Nachfolgen in den vergangenen Generationen? Was lernen wir daraus? Wie gehen wir mit Konflikten um? Gibt es bei uns Voraussetzungen, die ein Nachfolger erfüllen muss? Wie sichern wir Entscheidungsfähigkeit? Wer gehört zur Familie? Darf das Unternehmen verkauft werden? Wie viel schütten wir aus? Lassen wir Fremdgeschäftsführer zu?

Am Familientisch sollten genau solche Fragen und Themen regelmäßig zusammen besprochen werden. Im Konsens gefundene Antworten werden aufgeschrieben (in Familienverträgen, Familienverfassungen, Familien-Chartas o. Ä.) und stehen den Familienmitgliedern als Orientierungsrahmen zur Verfügung. So sichern Unternehmerfamilien, egal ob 2 oder 50 Gesellschafter, ein gemeinsames Verständnis, Loyalität und klare Spielregeln. Da sich relevante Fragen und Antworten mit jeder Lebensphase verändern, werden diese Gespräche idealerweise zur Institution gemacht und finden regelmäßig statt. An einem festen Datum – am Gründungstag, an Uropas Geburtstag, am ersten Montag im April – setzt sich die Familie zusammen und spricht über wichtige Punkte Unternehmen und Familie betreffend.

Der Familientisch fördert später auch die reibungslosere Übergabe des Unternehmens. Denn Familienmitglieder haben es im Zuge der regelmäßigen Zusammenkünfte gelernt, miteinander zu reden – auch über schwierige Themen. Sie haben viele kritische Punkte bereits weit vor der Nachfolgesituation besprochen und Regeln festgelegt. Töchter und Söhne, die das Unternehmen weiterführen wollen, wissen bereits frühzeitig, welche Bedingungen an diese Aufgabe geknüpft sind und können sich darauf einstellen. Und nicht zuletzt unterstützen die gemeinsam gelebten Werte eine gute Balance zwischen Veränderung und Bewahren. Das erleichtert dem Übergeber das Loslassen und dem Übernehmer das Ankommen gleichermaßen. Denn ohne Wurzeln sollte man besser nicht abheben.

Familie und Unternehmen sind zwei Systeme, die unterschiedlicher nicht sein können. Man nehme Liebe, unbedingte Solidarität und unkündbare Zugehörigkeit auf der einen Seite und verknüpfe es unauflöslich mit Leistungsorientierung, Rationalität und Kündbarkeit. Das Ergebnis kann oft explosiver nicht sein. Verantwortungsvolle Unternehmerfamilien kennen dieses Risiko und gehen aktiv damit um. Angesichts der Widersprüche sollte der Familientisch unbedingt von einer neutralen Person moderiert werden. Auch kritische Themen können so in einem konstruktiven und respektvollen Rahmen besprochen werden.

4.6 Den Übergang als Chance nutzen

Jede Organisation hat ihre eigene Geschichte, spezielle Erfahrungen mit Übergängen und reagiert dementsprechend individuell auf diese. In manchen Unternehmen ist es für das wirtschaftliche Überleben notwendig, schnell zu handeln. Dann müssen sich andere Aspekte dem unterordnen.

Wenn es jedoch möglich ist, und das sollte es bei einer gut vorbereiteten Nachfolge sein, ist es sinnvoll, den Übergang bewusst als Chance zu nutzen, um die Strukturen auf Entwicklung auszurichten. VAUDE-Geschäftsführerin Dr. Antje von Dewitz hat ihre Dissertation über leistungsstarke Arbeitsverhältnisse in mittelständischen Unternehmen geschrieben und diese Aufgabe gleich genutzt, um das eigene Familienunternehmen zu erforschen. „Da habe ich ganz viele Mitarbeiter befragt, Workshops gemacht zur Unternehmenskultur, zur Situation, zu Stärken, zu ‚Achs und Wehs'. Also wusste ich ziemlich klar, wo wir stehen, was wir gut machen und was wir besser machen können", erläutert sie im Interview. Diese Nähe zu den Gefühlswelten der Mitarbeiter war ihr wichtig. Bei einem Kick-off zur Unternehmensübergabe baute die junge Unternehmerin gemeinsam mit allen Führungskräften und langgedienten Mitarbeitern ein Schiff als Symbol: „Wir wussten, es geht auf eine Reise. Wir wussten noch nicht genau wohin, aber, dass die Reise lang und anstrengend werden würde." Jeder sollte sehen, dass wir da gemeinsam unterwegs sind, beschreibt Antje von Dewitz den Auftakt des Veränderungsprozesses, der im Zuge ihrer Nachfolge angestoßen wurde.

Der Unternehmerin ist es wichtig zu betonen, dass sie Ideen und Werte aufgegriffen hat, die der Vater bereits lange etabliert hatte, und diese in die Zukunft führen will. „Ich glaube, in den Werten angelegt war alles. Meine eigene Handschrift liegt dann vielleicht eher in der konsequenten Umsetzung."

Wer sich mit Unternehmensnachfolge beschäftigt, begreift schnell: Die kleinsten Veränderungen können nicht gelingen, fehlt die Wertschätzung und der Respekt gegenüber dem, „was bereits da war". Auch wenn Strukturen und Systeme durch die Zeit noch so überarbeitungswürdig sind, gab es doch Menschen, die diese aufgebaut haben. Und diese verdienen dafür immer auch Anerkennung. „Wichtig ist der Respekt vor den Entscheidungen und auch vor dem Geschaffenen. Ich finde es fantastisch, heute zu sehen, dass es hier auch weitergeht, dass man Widrigkeiten gemeistert hat, dass meine Eltern das gemeinsam geschafft haben", bringt die Münchner Hotelchefin Kathrin Wickenhäuser eine der Grundregeln von Veränderungsprozessen auf den Punkt. Ohne dass wir Altes achten, kann nichts Neues auf eine gute Art und Weise entstehen.

Wertschätzung und Respekt sind zwei Eigenschaften, die im Führungsrepertoire der Studienteilnehmerinnen und Gesprächspartnerinnen eine große Rolle spielen. Ebenso wie die Etablierung offener Kommunikation und die Förderung von Eigeninitiative. Mit diesen Eigenschaften prägen die jungen Nachfolgerinnen eine Kultur, die hier „Kultur der offenen Tür" genannt werden soll. In diesem Umfeld gedeihen Veränderungen in der Regel günstig, da Mitarbeiter mitgenommen werden und sich ernst genommen fühlen.

Bei ihr sei die Tür in der Regel offen, bei ihrem Vater immer geschlossen, beschreibt eine Geschäftsführerin die Symbolik der unterschiedlichen Führungsstile. Oft kämen die Mitarbeiter dann erst zu ihr. Auch sie selbst beziehe Mitarbeiter stärker ein: „Wenn ich Dinge entscheide, dann befrage ich eigentlich immer unser Führungsgremium. Ich bin da viel kooperativer. Ich argumentiere auch mehr, also ich rede mit meinen Mitarbeitern deutlich mehr und teile mehr Informationen mit", reflektiert die Unternehmerin die Unterschiede im Führungstandem.

4.7 Wie das Familienunternehmen Nachfolgerinnen verändert

Töchternachfolge verändert aber nicht nur die Unternehmen, sondern auch die Töchter selbst. So belegt die Studie, dass die Protagonistinnen des Nachfolgeprozesses in ihrer (neuen) Rolle im Unternehmen auch eine persönliche Weiterentwicklung erfahren. Dass sich unsere Persönlichkeit im Laufe des Lebens verändert, ist ja nicht außergewöhnlich. Die „Höhenluft" an der Spitze eines Unternehmens, der direkte Kontakt mit der Macht, fordert die Nachfolgerinnen jedoch zur Entwicklung ganz bestimmter Eigenschaften heraus – Persönlichkeitsmerkmale, die sie brauchen, um Verantwortung tragen, um mit dem Druck umzugehen zu können, um Spaß an der Sache zu haben und um überzeugt sagen zu können: „Ja, ich bin genau die Richtige für diesen Job. Ich habe diese Position verdient!"

Die Wichtigste dieser Eigenschaften ist, so eines unserer Studienergebnisse, Selbstvertrauen (vgl. auch Plehwe 2011). Unabhängig ihrer tatsächlichen Fähigkeiten fällt es gerade Frauen schwer, an sich selbst und die eigenen Fähigkeiten zu glauben. An sich selbst zu zweifeln scheint so verbreitet unter Frauen, dass es bereits Ende der 1970er Jahre zum Forschungsgegenstand in den USA gemacht wurde. „Hochstaplersyndrom" (Schönberger 2011, S. 33) heißt der vielsagende Begriff, der von der US-Psychologin Pauline Clance geprägt wurde und der beschreibt, dass Frauen[1] trotz überdurchschnittlicher Leistungen nicht an die eigenen Fähigkeiten glauben können. Vielmehr neigen sie dazu, ihre Aufmerksamkeit eher auf eigene Schwächen, denn auf ihre Stärken zu lenken.

Gelingt Frauen ein Erfolg, haben sie oft Angst, als Betrügerin entlarvt zu werden. Schließlich muss es sich angesichts der selbst empfundenen Mittelmäßigkeit ja um eine ungerechtfertigte Form der Anerkennung handeln. Selbstverständlich leiden nicht alle Frauen an einer pathologischen Form der Störung des Selbstwertgefühls. Doch Ausprägungen des Syndroms sind tatsächlich überdurchschnittlich oft bei Frauen zu beobachten.

---

[1] Auch Männer leiden unter diesem Phänomen, bei Frauen ist es jedoch weitaus verbreiteter.

Einen weiteren Erklärungsansatz liefern sicher auch hier althergebrachte Rollenvorbilder. Weil sie bereits als Mädchen in Familie und Gesellschaft vorgelebt bekommen, dass Karriere und Macht eher männlich dominierte Bereiche sind, kommen sich Frauen in Machtpositionen oft wie „Fehlbesetzungen" vor. „Das ist nicht das, wofür Frauen in unserem bisherigen gesellschaftlichen Rollenbild vorgesehen sind. Und obwohl es dir keiner sagt, und du auch nicht so aufwächst, in meinem Bauch war dieses Gefühl", beschreibt eine erfolgreiche Unternehmerin das Dilemma, in dem sie nach der Übernahme des Familienunternehmens steckte.

Gefühlt aus dem Rollenbild zu fallen, hat zwei charakteristische Konsequenzen, die wir auch in unserer Studie immer wieder beobachten konnten:

Erstens kompensieren Frauen ihre vermeintlichen Fehlleistungen durch Noch-mehr-Leistungen. Die Mehrheit der Studienteilnehmerinnen gab an, mehr leisten zu müssen als ihre männlichen Konkurrenten. Als sogenannte Leistungstöchter haben sie früh verinnerlicht, sich Anerkennung über Fleiß zu verdienen. Dahinter steckt allerdings auch eine erstaunliche Chance auf Entwicklung und Weiterentwicklung, welche die Frauen, angetrieben von dem Gedanken besser zu werden, oft konsequent nutzen.

Zum anderen neigen Frauen im Karrierekontext dazu, ihre Leistungen eher zu verstecken – also tiefzustapeln –, um sich angesichts der Erfolge, die ihnen gemessen an den Rollenvorbildern nicht zustehen, nicht angreifbar zu machen. Der Wunsch, „geliebt" zu werden, ist hier oft stärker als das Bedürfnis, offen zu zeigen, was man bzw. „frau" kann.

Dass Frauen Selbstvertrauen entwickeln, ist eine zentrale Bedingung für die gelingende Nachfolge. Führung beginnt immer bei der eigenen Persönlichkeit. Es sind die eigenen Wünsche, Werte, Überzeugungen, Ziele und Einstellungen, an die man glaubt und die man in die Führungsrolle einbringt (vgl. auch Schönberger 2011). Nun sollten nicht alle Nachfolgerinnen das Handtuch werfen, die nicht von Beginn an in der Lage sind, die große Trommel der Eigenwerbung und Selbstüberzeugung laut zu schlagen. Bei der Mehrzahl der Unternehmerinnen hat sich das Vertrauen in die eigene Person Stück für Stück im Prozess der Übernahme aufgebaut. Geschäftsführerin Cordula Schulz zweifelte lange und suchte immer wieder, auch unbewusst, Bestätigung für ihr Handeln. „Bis mir mein Vater dann einmal sagte: Deine Mitarbeiter glauben an dich. Deine Kunden glauben an dich. Deine Familie glaubt an dich. Jetzt glaube endlich auch du an dich!" Dies sei es auch, was sie anderen Nachfolgerinnen mit auf den Weg geben möchte: Sie sollten ganz tief und fest an sich glauben.

Für die jungen Chefinnen ist der Nachfolgeprozess eine spannende Reise. Die wenigsten kennen zu Beginn ihre Stärken und Schwächen, Ziele und Werte ganz genau. Danach zu suchen, bedeutet gewissermaßen die Reise zu sich selbst zu wagen. Das ist auch deshalb eine spezielle Herausforderung, da ihre neue Rolle eng mit dem Familiensystem verbunden ist. Das Wertesystem des Vaters und vorheriger Generationen wirkt hier viel stärker. Sich abzugrenzen und Werte, Ziele und Stärken zu entdecken, die zwar ihre Wurzeln im Familiensystem haben, die aber nicht unreflektiert von Eltern, Großeltern oder Firma übernommen wurden, ist eine herausfordernde Aufgabe. Doch genau hier beginnt der Weg zu Selbstvertrauen und Erfolg. Auch wenn er lang und steinig ist, so lohnt es sich doch ihn zu gehen, fanden die meisten der Gesprächspartnerinnen: „Irgendwann ist mir dann bewusst geworden: Ich fühl mich anders. Ich fühl mich gelassener, ich fühl mich souveräner, und ich mach das alles nicht mehr zum ersten Mal. Die Entscheidungen, die ich getroffen habe, die Richtungen, die ich eingeschlagen habe. Das hat funktioniert, das war erfolgreich! Und viel an Unsicherheit hat sich dann einfach aufgelöst", umschrieb eine der Interviewpartnerinnen ihr gefühltes „Ankommen" nach mehreren Jahren in der Unternehmensleitung.

4.8 Ziele mit Freude verfolgen

Neben Selbstvertrauen als wichtigster Ressource haben die Studienteilnehmerinnen noch viele weitere Eigenschaften genannt, die in der Nachfolge zum Erfolg beitragen. Die präsentesten waren: Mut und Durchhaltevermögen, die eigenen Stärken zu pflegen, eine Richtung zu haben und diese mit Freude zu verfolgen.

„Ich glaube, wenn man das macht, was einem Spaß und Freude bereitet, dann wird man es auch gut machen", ist Annette Roeckl überzeugt. Und Hotelchefin Kathrin Wickenhäuser betont: „Ich sage immer: Mach's mit Freude und Leidenschaft und alles andere wird kommen."

Neben Freude an unternehmerischen Aufgaben brauchen angehende Unternehmerinnen aber auch eine Richtung. Nicht alle Gesprächspartnerinnen wussten detailliert, wohin die Reise geht. Im Gegenteil. Die meisten hatten die Entscheidung pro Unternehmen irgendwann getroffen und ließen sich auf ein Abenteuer ein. Sie hatten Träume und Visionen statt unverrückbarer Ziele. Stellten sie unterwegs fest, dass der Kurs nicht stimmte, passten sie die Route an. Nicht die schlechteste Art zu reisen. Ein Sprichwort sagt, man würde keinen günstigen Wind finden, kenne man seinen Hafen nicht. Rosely Schweizer, der das wunderbare Vorwort zu diesem Buch zu verdanken ist, gibt Nachfolgerinnen folgenden Leitspruch mit auf den Weg: „Wer immer versteht, was er tut, lebt unter seinem Niveau. Man muss immer mal wieder einen Schritt nach vorne gehen, auch wenn man nicht genau weiß, was einen erwartet und ob man das wirklich hinkriegt."

4.9 Mut und Durchhaltevermögen

Vielleicht hat es mit dem eingangs skizzierten Thema Selbstvertrauen zu tun, dass Frauen besonders viel Mut brauchen, um das Projekt Nachfolge anzugehen? Etwa als erste Frau, die in einer Reihe von männlichen Vorgängern das Erbe weiterführt. Vielen Frauen erscheinen die Fußstapfen des Vaters riesig. Vielleicht haben sie Zweifel, Familie und Firma gut verbinden zu können? Vielleicht haben sie das Gefühl, nicht genug Fachwissen zu haben? Vielleicht haben sie Angst, die Verantwortung für so viele Familiengesellschafter zu tragen? Die Liste kann unendlich weitergeführt werden.

Die Antwort ist: Frauen brauchen Mut, um sich auszuprobieren, Verantwortung zu übernehmen, die Fahrt ins Ungewisse zu wagen. Und Frauen brauchen Durchhaltevermögen, um auch angesichts von Rückschlägen zu ihrer mutigen Entscheidung zu stehen. Aufstehen, Hose abklopfen und weiter, lautet die Devise. Um Rückschläge als Chance nutzen zu können, müssen zwei Regeln beachtet werden:

Erstens: Nicht aufzugeben bedeutet nicht, krampfhaft an einer Sache festzuhalten.

Zweitens: Rückschläge müssen als Lernerfahrungen verbucht werden. Hat man einen Fehler gemacht, sollte man ihn nicht zweimal machen. In jedem Fall sollten Frauen dann reflektieren, warum genau sie gefallen sind, ob es sich lohnt, weiter in die gleiche Richtung zu laufen oder ob ein Kurswechsel ansteht.

4.10 „Sie verbinden hier im Haus"

Angesichts etablierter Rollenbilder und Stereotype laufen Frauen in Führungspositionen Gefahr, ihre weiblichen Eigenschaften unauffällig einzusetzen oder gar zu verstecken. Der Gewinn, der durch sogenannte weiche Eigenschaften wie Empathie, Kommunikation, Menschenkenntnis und emotionale Intelligenz entsteht, ist vielleicht schwerer in Zahlen abzubilden, aber mit Sicherheit nicht geringer. „Es hängt schon sehr viel davon ab, wie man mit Menschen umgeht", ist Petra Schmidtkonz überzeugt. „Das ist nicht unbedingt eine Sache des Wissens, also des Erlernens, sondern das Gefühl für seine Mitmenschen", so die Mitgeschäftsführerin des Großhandelsunternehmens Mühlmeier GmbH und Co. KG. Wirklich gut mit Menschen umgehen zu können, das sieht auch Christiane Heunisch-Grotz als besondere Stärke: „Unser technischer Leiter sagt immer: Sie verbinden hier im Haus. Und das stimmt auch. Ich hab auch einfach durch Einzelgespräche ganz schlimme Konflikte schon lösen können, auf ein normales Niveau."

Sei du selbst. Kopiere niemanden. Alle Gesprächspartnerinnen haben die Erfahrung gemacht, dass sie besonders dann erfolgreich waren, wenn sie zu sich selbst standen und eben nicht den Vater oder andere Vorbilder zu kopieren versuchten. Eine Mehrheit der befragten Unternehmerinnen betonte, dass es auch in der härtesten Männerdomäne ein Vorteil sein kann, eine Frau zu sein. Viele setzen dieses Wissen für sich ein, jede auf ihre eigene Weise – mit Kleidung, Verhalten, Humor und Kommunikation und immer mit einer großen Portion Menschlichkeit.

Die interviewten Nachfolgerinnen wissen, dass es ihre persönlichen Stärken sind, mit denen sie die Unternehmenskultur in besonderer Weise prägen und so den Rahmen für Motivation, Innovation, Wertschätzung und Leistung schaffen.

4.11 Unterstützer gesucht

Nur sehr selten gehen Nachfolgerinnen diesen Weg alleine. Der überwiegende Teil unserer Studienteilnehmerinnen nutzte aktiv Coaches, Seminare, Vorträge und, wo möglich, auch den Austausch unter Gleichgesinnten, um anstehende Themen zu bearbeiten. Steht am Anfang des Weges oft Unsicherheit, so wird daraus häufig recht schnell Neugierde und Spaß an der eigenen Weiterentwicklung.

Beim Coaching nicht nur den Sonnenschein, sondern auch die Schattenseiten anzuschauen, das habe sie weitergebracht, zog eine der Unternehmerinnen im Gespräch Bilanz: „Wenn man da jemanden Gutes an seiner Seite hat und bereit ist, mutig in die Tiefe zu gehen, dann kommt man sehr schnell sehr weit", beschreibt sie die wichtige Bedeutung, die die professionelle Begleitung für sie hatte.

Nicht selten arbeiten die Frauen aber über Jahre hinweg je nach Thema und Lebensphase mit verschiedenen Unterstützern. Wie in der Tandemführung sehen sie die Unterstützung als Ressource und nicht als Zeichen von Schwäche. Dabei erzeugen sie neben der eigenen Entwicklung noch einen wesentlichen Mehrwert: Sie schaffen sich Plattformen für den Austausch. Gerade an der Spitze kann es oft einsam sein. Je höher die Positionen, desto geringer ist die Zahl der vertrauenswürdigen Partner, mit denen man sich über wichtige, persönliche und auch mal schwierige Themen austauschen kann. Wie viele Mitarbeiter sagen mir als Chefin schon kritische Wahrheiten ins Gesicht? Mit wem kann ich auch über eigene Zweifel sprechen? Wer lässt mich an seiner Außenperspektive teilhaben? Für Nachfolgerinnen ist ein gutes Unterstützernetzwerk aus Spezialisten und Gleichgesinnten immens wichtig. Die große Resonanz auf die Projekte unserer Initiative „generation töchter" und die Studie hat gezeigt: Vielen erfolgreichen Familienunternehmerinnen ist es ein großes Anliegen, ihr Wissen und ihre Erfahrungen an andere Nachfolgerinnen weiterzugeben.

Damit prägen sie auch eine neue Offenheit in Familienunternehmen. Bisher war hinlänglich bekannt: Familienunternehmer lassen sich nicht in die Karten schauen. Sie reden nicht offen über Interna. Sie sind „beratungsresistent". Sie begrenzen die Zahl ihrer Berater auf einige wenige – hauptsächlich Anwälte, Steuerberater, Wirtschaftsprüfer –, die sie lange Jahre beschäftigen. Die Vertraulichkeit in allen Ehren, hatte dieses Herangehen entschiedene Nachteile. So kann der Haus-und-Hof-Steuerberater, sei er auch noch so versiert, nicht alle Themen des Unternehmers vollumfänglich abdecken. Bei persönlichen Themen etwa, die in der Nachfolge immer eine Rolle spielen, kann er einen Rat geben, aber nicht umfassend beraten. Arbeitet er bereits lange Jahre mit dem Unternehmer zusammen, ist er auch nicht mehr objektiv. Neue Perspektiven zu eröffnen bzw. blinde Flecken aufzuzeigen, wird unter diesen Umständen schwerer gelingen.

Hier gehen die Unternehmerinnen aus unserer Studie neue Wege: Sie sind offen für Beratung und suchen sich für wichtige Themen ausgewiesene Experten, um bestmögliche Ergebnisse und Lösungen zu erzielen. Wie Erfolg versprechend dieses Vorgehen ist, zeigen die zahlreichen Beispiele, Geschichten und Zitate, die wir gesammelt haben.

4.12 Frauennetzwerke? Nein, danke!

Sich in Netzwerken zu gruppieren und auszutauschen, ist für erfolgreiche Manager und Unternehmer ein wichtiges Instrument, um Macht zu erlangen und zu nutzen. Gleichgesinnte tun sich zusammen und profitieren von Kontakten und deren Netzwerken, alt

Eingesessene unterstützen jung Aufstrebende auf ihrem Karriereweg und nicht selten reglementiert man den Zugang, um den Nutzen für Beteiligte zu optimieren.

Doch Frauen, das bestätigt auch die Forschung (vgl. auch Schaertl 2013), haben einen anderen Anspruch an Netzwerke als Männer. Sie haben, wenn man so will, eine andere Netzwerkkultur – oder würden diese haben, wenn es denn entsprechende Netzwerke gäbe. Aus den Gesprächen lässt sich heraushören, was Frauen nicht wollen: bloß keine reinen Frauennetzwerke zum Beispiel. Frauen können mit der vermeintlichen Exklusivität qua Geschlecht nicht sehr viel anfangen. Geht man davon aus, dass es immer noch Männer sind, die die Macht bündeln, kann das von Nutzen sein.

Außerdem wollen Frauen Netzwerke, in denen sie ihre Zeit gewinnbringend investieren können. Viele der Frauen haben Familie oder aus anderen Gründen begrenzte Zeitressourcen. Wenn sie wertvolle Zeit investieren, sind sie nicht mit einem Glas Wein und einem netten Plausch zufrieden. Sie erwarten einen „Gewinn". Dieser definiert sich jedoch nicht in erster Linie monetär. Und genau hier liegt noch ein weiterer Unterschied: Anders als Unternehmer tun sich Unternehmerinnen schwer, Netzwerkbeziehungen für die Akquise von Geschäften zu nutzen. Zumindest, wenn diese nicht schon länger bestehen. Es ist für sie wichtig, zu wissen, mit wem sie es zu tun haben. Sie investieren mehr Zeit und Energie in die Beziehung, bevor sie geschäftliche Themen einbringen (vgl. auch Schaertl 2013).

Viele der befragten Unternehmerinnen wünschen sich mehr und besseren Austausch. Sie wollen effizienter und gezielter Themen besprechen, die sie beschäftigen, und das mit Menschen, die ihre Erfahrungen stärker teilen. Treffen Unternehmerinnen auf gemischte Netzwerke, sind diese jedoch sehr oft männlich dominiert und haben eine eher männlich geprägte Netzwerkkultur. Frauen gelingt es zwar, sich in diese einzufinden, sie fühlen sich jedoch nie ganz „zu Hause". Sich jedoch gleichgeschlechtlichen Netzwerken anzuschließen, ist für sie aus bereits besprochenen Gründen keine Alternative.

Wie eingangs beschrieben, halten Frauen oft mit Erfolgen hinterm Berg, auch aus Angst, abgelehnt zu werden, wenn sie der Rollennorm nicht entsprechen (vgl. dazu auch Sandberg 2013). Doch hier beißt sich die Katze in den Schwanz. Wir mögen mächtige Frauen nicht, weil es nur so wenige gibt. Es kommt uns unpassend und fremd vor, daher lehnen wir sie ab. Soll sich das ändern, müssen wir also dafür sorgen, dass es mehr sichtbare Frauen an der Spitze gibt.

Untersuchungen zeigen, dass bereits nach der Betrachtung von Bildern mächtiger Frauen in Politik und Wirtschaft, Probandinnen Frauen deutlich schneller mit dem Thema Macht und Führung in Verbindung brachten, als sie das ohne diese Stimuli taten (vgl. auch Tenzer 2014, S. 68). Daraus ziehen die Forscher den Schluss, dass entsprechende Bilder und Berichte in den Medien unterstützen können, hartnäckige Vorurteile aufzulösen und das Selbstkonzept junger Frauen zu verbessern.

„Das ist für mich ein ganz wichtiger Punkt. Dass man nicht nur macht, was man macht, sondern sich darin auch zeigt, damit sich Familien, Väter und Mütter damit vertraut machen, dass es ganz normal ist, dass Frauen verantwortungsvolle Rollen übernehmen", findet Annette Roeckl. Auch wenn Nachfolgerinnen heute noch immer in der Minderheit sind, es seien schon viel mehr als vor 15 Jahren: „Ich glaube, dass es wichtig ist, dass

Frauen sichtbar werden als Verantwortung tragende Frauen, um auf selbstverständliche Weise das Gesellschaftsbild anzureichern", so die Unternehmerin.

Was wir spannend finden
Keine der befragten Frauen hat sich für die Frauenquote ausgesprochen. Gäbe es mehr gute Vorbilder, vielleicht würden wir längst nicht mehr darüber diskutieren. Frauen an der Spitze fördern und fordern automatisch auch andere, die ihnen folgen. Sie machen Mut, wirken gegen Stereotype und zeigen anderen Frauen wie's geht.

4.13 Je größer das Unternehmen, desto seltener die Töchternachfolge

Von hundert Familienunternehmen werden nach Expertenschätzungen nur ungefähr 10 bis 25 an Töchter übergeben. Tatsächlich sind es eher weniger als mehr und die Zahl der Nachfolgerinnen nimmt mit der Unternehmensgröße tendenziell ab. Auch die dem Buch zugrunde liegende Studie beweist, dass Frauen vor allem dann bessere Chancen auf die Übernahme haben, wenn es keine männlichen Konkurrenten gibt. Traditionelle Muster zu durchbrechen, fällt angesichts fehlender Alternativen wohl leichter.

Im eigenen Unternehmen treffen die Frauen auf keine stereotypenbedingten Barrieren auf dem Weg zur Spitze. Selbstverständlich müssen sie Herausforderungen bestehen und angesichts der neuen Rolle vor allen Beteiligten ihre Fähigkeiten besonders unter Beweis stellen. Doch es gibt keine „gläsernen Decken", die die jungen Unternehmerinnen aufhalten – trotz guter Fähigkeiten und Potenziale.

Nachfolgerinnen sind nicht gezwungen, sich Spielregeln anzupassen, die ihre Chancen zu gewinnen eher einschränken als heben. Den Führungsstil des Vorgängers zu kopieren, funktioniert ohnehin nicht, also leben sie ihren eigenen. Es ist eine ihrer wichtigsten Aufgaben als Nachfolgerinnen, das Unternehmen und die eigene Persönlichkeit so aufeinander ab- bzw. einzustimmen, dass ein erfolgreiches und gut funktionierendes System entsteht.

Dabei bauen Nachfolgerinnen auch neue Managementstrukturen auf. Diese sind kooperativ geprägt und setzen auf Teamgeist und Eigenverantwortung. Diese Führungskultur ist nicht nur Zukunftstrend und daher auch für die Mitarbeiterbindung förderlich, die Unternehmerinnen machen sich darüber auch entbehrlicher. So können sie zum Beispiel Familie und Beruf vereinbaren, ohne dadurch um ihre Karriere (oder ihre Familie) fürchten zu müssen. Auch angesichts der hohen Verantwortung bietet das eigene Unternehmen mehr Flexibilität und Gestaltungsspielräume.

Nicht zuletzt sind es die Unternehmerinnen selbst, die beweisen, dass sie genau am richtigen Platz sind. Sie nehmen die Herausforderungen an und gehen neue Wege. Sie machen vermeintliche Nachteile zu Vorteilen. Sie wachsen an ihren Aufgaben, erfüllen ihre Rolle mit Begeisterung und Leidenschaft und haben damit Erfolg. Sie definieren ihre ganz eigene Form der Macht und füllen diese aus. Sie verändern – sich, ihre Unternehmen und ihre Umwelt.

So liest sich das Fazit von Annette Roeckl zu Recht wie eine Aufforderung: „Also ich glaube, ein Unternehmen ist wie ein Kind. Dem entkommst du nicht. Und dadurch wächst du daran. Das ist sehr schön – ja. Und das Unternehmertum ist einfach wahnsinnig vielfältig. Man hat mit Menschen zu tun, mit Entwicklung, mit Möglichkeiten."

> **Kurz und bündig**
> - Familienunternehmen bieten günstige Bedingungen für Frauen an der Spitze.
> - Nachfolgerinnen steigen oft quer ein, nachdem sie bereits Führungsverantwortung außerhalb getragen haben.
> - Nachfolgerinnen steigen meistens über ein Projekt ein, durch das sie nicht vergleichbar sind.
> - Emotionen wurden in der Studie als eine der größten Herausforderungen in der Nachfolge benannt.
> - Über die Hälfte der Nachfolgerinnen setzten bereits im ersten Jahr wesentliche Veränderungen im Unternehmen um.
> - Den eigenen Führungsstil zu finden, verändert die Unternehmenskultur und die Nachfolgerinnen selbst.
> - Selbstvertrauen ist eine der wichtigsten Voraussetzungen für den Weg an die Spitze.
> - Nachfolgerinnen setzen nicht auf reine Frauennetzwerke.
> - Die Mehrzahl der Unternehmerinnen nutzen Coaching als Ressource und prägen damit eine neue Kultur der Offenheit.
> - Sichtbarkeit kann eine effiziente Alternative zur Quote darstellen.
> - Nachfolgerinnen bauen neue Managementstrukturen auf. Diese sind kooperativ geprägt und setzen auf Teamgeist und Eigenverantwortung.

„Das ist doch nichts Besonderes!"
Diesen Satz hörten wir oft, wenn wir Nachfolgerinnen baten, uns ihre Geschichten zu erzählen. Unser Eindruck nach vielen Gesprächen: Bescheidenheit mag eine Tugend sein – die meisten erfolgreichen Nachfolgerinnen stellten ihr Licht aber unter den sprichwörtlichen Scheffel.

Doch wer sich nicht zeigt, wird von anderen nicht gesehen. Und wer nichts voneinander weiß, kann nur schwer voneinander lernen. Die langwierigen Recherchen auf der Suche nach Nachfolgerinnen im Vorfeld der Studie sind der beste Beweis dafür, dass es den Nachfolgerinnen derzeit noch an Sichtbarkeit fehlt. Im Rahmen des Projekts haben wir so viele tolle Chefinnen kennengelernt, die so viel zu erzählen hatten, dass wir sicher sind: Diese Frauen sind Vorbilder, denen wir Bühnen bauen müssen. Denn ungeachtet aller Hindernisse: Familienunternehmen und weibliche Führung sind ein gutes Team!

> **Wie werde, wie bleibe ich eine gute Chefin?**
> Das Credo erfolgreicher Nachfolgerinnen – 20 spannende Tipps:
> - Immer schön neugierig bleiben: Höre nie auf, dich weiterzubilden.
> - Ich weiß, wer ich bin: Beobachte und reflektiere dich selbst.
> - Intuition: Höre auf deine innere Stimme und vertraue dir!

- Leidenschaft: Empfinde Begeisterung für deine Aufgabe und begeistere andere.
- Zielklarheit: Formuliere deine Ziele und verwirkliche sie.
- Geht nicht gibt's nicht: Sei durchsetzungsstark und gib niemals auf.
- Heute schon gelacht? Humor macht jede Herausforderung leichter.
- Gemeinsam geht's besser: Baue Netzwerke auf und pflege sie.
- Gut gewählt ist halb gewonnen: Baue ein Managementteam auf und teile die Verantwortung.
- Spring ins kalte Wasser, sei mutig!
- Machen ist besser als perfekt.
- Kommuniziere offen, gib Feedback, sprich Fehler an!
- Everybody's Darling? Auf Augenhöhe zu sein ist wichtiger als von allen gemocht zu werden.
- Tue Gutes und rede darüber: Steh zu deinen Leistungen und sei ein sichtbares Vorbild.
- Weibliche Stärken: Sei Chefin!
- Gute Basis: Habe Vertrauen und schaffe Vertrauen!
- Wertvoll: Tue Dinge, die für dich Sinn haben und Werte verkörpern.
- Aufgestanden: Wachse an Niederlagen!
- Sei ehrlich, authentisch, emphatisch.
- Zeige Respekt gegenüber den Leistungen der vorangegangenen Generationen.

Literatur

Jäkel-Wurzer, D. (2010). Töchter im Engpass. Eine fallrekonstruktive Studie zur weiblichen Nachfolge in Familienunternehmen. Heidelberg: Verlag für systemische Forschung im Carl Auer Verlag.

Knaths, M. (2007). *Spiele mit der Macht. Wie Frauen sich durchsetzen.* Hamburg Hoffman und Campe Verlag.

Lehmann-Tolkmitt, A., Schween, K., & Rupprecht, S. (2013). Nachfolge2. Lerneffekte und Erfahrungen aus zwei Generationen. Studie der INTES Akademie für Familienunternehmen. Bonn-Bad Godesberg

Ley, U., & Michalik, R. (2009). *Karrierestrategien für Frauen. Neue Modelle für Konkurrenz und Konfliktsituationen.* München: Redline.

Plehwe, K. (2011). *Female leadership. Die Macht der Frauen. Von den Erfolgreichsten der Welt lernen.* Hamburg: Hanseatic Lighthouse.

Sandberg, S. (2013). Lean In Frauen und der Wille zum Erfolg. Econ-Verlag

Schaertl, M. (2013). Eine für alle – alle für eine? Enkelfähig. Burda Creative Group GmbH. 10/2013.

Schönberger, B. (2011). Die Tiefstaplerin. Wie Frauen sich durch Selbstzweifel ausbremsen. *Psychologie Heute,* (1). Weinheim, Julius Beltz Verlag

Tenzer, E. (2014). Frauen: Kein Verhältnis zur Macht? *Psychologie Heute,* (1). Weinheim, Julius Beltz Verlag

Töchternachfolge reloaded! 5

Wir haben in den vorangegangenen Kapiteln mit vielen überzeugenden Argumenten und Beispielen bewiesen, dass weibliche Nachfolge ein Erfolgsmodell ist. Angefangen bei der Tandemführung bis hin zum Jonglieren gleich mehrerer Lebenswelten: Frauen stemmen Herausforderungen auf ihre ganz eigene Art, finden erfolgreich neue Wege und liegen mit diesen voll im Trend.

Dass sich die Töchter längst nicht mehr hinter ihren Brüdern verstecken müssen, steht fest. Wie sieht es aber in der nächsten Generation aus? Wird das Thema Nachfolge in den weiblich geführten Unternehmen anders ablaufen? Wie werden die Töchter ihre eigene Übergabe gestalten? Werden es die Kinder von Unternehmerinnen leichter haben?

Bis heute lag die Macht in Familienunternehmen in den Händen der Männer. Es ist ein ganz neues und äußerst spannendes Phänomen, dass auch Töchter (ganz offiziell) an der Spitze stehen. Erfahrungen dazu, wie Unternehmerinnen ihre Nachfolge regeln, sind bisher Mangelware. Praxisbeispiele können nicht untersucht werden, weil es sie schlichtweg kaum gibt.

Gerade deshalb haben wir in unserer Studie nachgefragt, wie die amtierenden Unternehmerinnen sich ihre Nachfolge vorstellen. Ob diese Ideen später wirklich alle umgesetzt werden, können wir nicht wissen. Dennoch gibt es Antworten und Ergebnisse, die auf eine Trendwende, erzeugt durch die weibliche Nachfolge, hinweisen.

5.1 Von der hohen Kunst loszulassen

„Eine(r) geht und Eine(r) kommt" – so oder ähnlich könnte die Erfolgsformel der gelungenen Nachfolge lauten. Ein kurzer Satz, der eine anspruchsvolle Aufgabe beschreibt. Der Gehende muss loslassen, was über Jahre hinweg sein Lebensmittelpunkt – nicht selten

---

Warum in Zukunft alles leichter wird

Abb. 5.1 Das durchschnittliche Alter der eigenen Übergabe

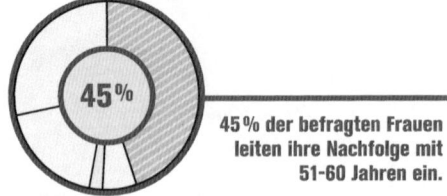

45 % der befragten Frauen leiten ihre Nachfolge mit 51–60 Jahren ein.

sogar Lebenswerk – war. Und das Loslassen wird immer begleitet von einer Reihe von Ängsten und Befürchtungen: Wer bin ich, wenn ich kein Unternehmer mehr bin? Werde ich überhaupt noch respektiert? Wer braucht mich dann noch? In welcher Aufgabe finde ich dann einen Sinn? Was ist, wenn der Nachfolger überfordert ist und der Laden nicht läuft? Sich aus der Unternehmerrolle zu lösen, ist eine große Herausforderung, deren Bewältigung vor allem viel Zeit und gute Vorbereitung braucht.

Was Unternehmern immer wieder unheimlich schwerfällt, scheint den Unternehmerinnen geradezu leicht von der Hand zu gehen. Frühestens mit 40, allerspätestens mit 60 Jahren wollen die befragten Frauen anfangen, ihre eigene Nachfolge zu planen. Im Durchschnitt ist eine Familienunternehmerin also 56 Jahre jung, wenn sie die Übergabe aktiv einleitet. Verglichen mit ihren Vätern übergeben Töchter damit durchschnittlich zehn Jahre früher. „Das Leben bietet, glaube ich, noch mehr als arbeiten. Ich möchte nicht ganz hier raus, aber ich möchte auch nicht bis 60 hier arbeiten müssen um der Arbeit willen". So oder ähnlich fielen in der Regel die Antworten aus, fragten wir die Damen nach ihren Übergabeplänen (Abb. 5.1).

Hinter den Zukunftsvisionen der Unternehmerinnen verbergen sich meist sehr gut durchdachte Vorstellungen darüber, wie sie ihre Nachfolge gestalten wollen. Viele von ihnen haben nicht nur Plan A in der Schublade, sondern mindestens eine Alternative. So steht auch Christine Seger (Seger Transporte GmbH & Co. KG) bereits heute eine konkrete Idee vor Augen. „Ich hab mir dafür einen Zeitraum von zehn Jahren vorgenommen. Und wenn ich sage, ich möchte diese Phase mit 50 einleiten, dann heißt das auch, einen Ausbildungsplan mit den Kindern zu besprechen und umzusetzen. Dann habe ich spätestens mit 55 die Möglichkeit, die Übergabe extern zu regeln, falls die Kinder sich doch dagegen entscheiden sollten."

5.2 Es sind die Neugierde und die Träume, die uns weiterziehen lassen

Fast immer motivieren Träume und persönliche Ziele die Unternehmerinnen zur frühzeitigen Planung ihres Ausstiegs. Viele von ihnen entdeckten, während sie in die Unternehmerinnenrolle hineinwuchsen, zahlreiche Talente, die sie auch in einem anderen Rahmen nutzen wollen. So geht es auch Vanessa Weber, Geschäftsführerin des expandierenden Unternehmens Werkzeug Weber GmbH & Co. KG in Aschaffenburg. Sie hat das Familienunternehmen bereits mit 18 Jahren übernommen und heute viele Pläne für ihre Zukunft mit und ohne Betrieb: „Über das Coachen und die Speaker-Rolle die Erfahrungen weitergeben, das ist so ein Punkt, den ich weiter ausbauen will. Und auf jeden Fall möchte ich noch eine Weltreise machen. Um all diese Ziele zu erreichen, stelle ich jetzt die Weichen für die Zukunft."

Dieses Beispiel ist typisch. In vielen Unternehmerinnen steckt der Ehrgeiz, sich persönlich zu entwickeln und Herausforderungen anzunehmen. Erfolg zu haben, fühlt sich gut an – und viele der Frauen probieren immer wieder neue Themen für sich aus. Es ist die Neugierde, die sie weiterziehen lässt. Schon als Jugendliche setzte sich Nicole Kobjoll (Schindlerhof Klaus Kobjoll GmbH) Jahresziele und suchte sich Themen, in welche sie ihre Zeit investierte: „Ich muss immer was anderes machen. Deshalb entwickle ich ja auch jedes Jahr meinen persönlichen Jahreszielplan, seit ich 14 Jahre alt bin. Dabei frage ich mich, was ich in den folgenden zwölf Monaten zum ersten Mal in meinem Leben tun möchte." Auch Ingrid Hofmann, Gründerin des europaweit erfolgreichen Zeitarbeitsunternehmens I. K. Hofmann GmbH, bewahrt sich ihre Leidenschaft für den Job, indem sie neugierig und offen für anderes bleibt: „Dieses Jahr habe ich mir vorgenommen, alle wichtigen Dirigenten der Welt kennenzulernen, also ihre Konzerte zu besuchen. Letztes Jahr waren es Theater. Ich brauche immer wieder einen Kick, also neue Impulse. Die hole ich mir in ganz verschiedenen Bereichen und so wird es mir auch im Job nicht langweilig."

5.3 Losgehen ist leichter, wenn am Wegesende der Eiswagen wartet

Nichts ist schlimmer, als von einer geliebten Sache Abstand nehmen zu müssen und nicht zu wissen, was aus ihr wird. Wer ein Unternehmen loslässt, verabschiedet sich auch von seiner Rolle als Unternehmer. Er verabschiedet sich von einem Tag voller Termine, von interessanten Gesprächen und wichtigen Entscheidungen. Er verabschiedet sich vom Gefühl, immer gebraucht zu werden. Er verabschiedet sich von der Anerkennung und Bewunderung die Andere seinen Leistungen entgegenbringen. Er verabschiedet sich vom ständigen Telefonklingeln, vom immer gefüllten E-Mail-Postfach. Er verabschiedet sich von einer Aufgabe, die ihn mit Sinn und Freude erfüllt hat.

Um als Übergeber auf dem Weg in einen neuen Lebensabschnitt nicht plötzlich aufzugeben und umzukehren oder kraftlos am Rand sitzen zu bleiben, braucht man ein Ziel am Horizont. Eine neue Aufgabe, für die man brennt. Und man braucht vor allem die Gewissheit, die eigene Zukunft selbst gestalten zu können. Und genau das scheint das Geheimnis des relativ „schmerzfreien" Loslassens bei den Unternehmerinnen zu sein.

Sie sind es gewohnt, in vielen unterschiedlichen Sphären und Rollen unterwegs zu sein. Familie, Partnerschaft, Beruf, Firma, Ehrenamt, soziales Netzwerk. Und sie sind es vor allem gewohnt, immer wieder ihre Prioritäten neu zu bestimmen. Sie müssen stets neu die Balance finden zwischen persönlichen Bedürfnissen und persönlicher Entwicklung sowie den Ansprüchen der Familie und des Unternehmens. Sie lassen los und knüpfen an anderer Stelle wieder an. Wie auch viele Nicht-Chefinnen, haben Unternehmerinnen oft mehrere Wirkungsbereiche auf einmal. Permanent zwischen den Welten zu jonglieren, ist für sie nichts Ungewöhnliches.

Das ist wahrscheinlich auch der Grund, warum Unternehmerinnen bereits in der Mitte ihrer betrieblichen Karriere Pläne und Ziele für die Zeit danach haben. Für Frauen bedeutet die Phase in ihrer Firma oft nicht das ganze Leben, sondern eben nur eine wichtige Station. Daher gehen sie auch entspannter an ihre eigene Nachfolge heran.

5.4 Vieles anders um halb sechs

In der Psychologie gibt es das Modell der Lebensuhr (vgl. dazu Kast und Riedel 2011). Laut diesem erfinden sich (vereinfacht gesagt) viele Menschen in der Mitte ihres Lebens noch einmal neu. Sie ziehen Bilanz und analysieren, welche Begabungen, Träume und Eigenschaften sie bisher noch nicht ausreichend gelebt haben, an welchen Zielen sie nicht angekommen sind. Sie fragen sich intensiver als zuvor, was sie in der zweiten Lebenshälfte unbedingt noch erreichen wollen und in was sie die verbleibende Zeit lohnend investieren sollten. Auf diese Dinge konzentrieren sie sich fortan stärker als bisher und integrieren sie in ihre Vision für die Zukunft.

Denken Sie einmal an ihr persönliches Umfeld. Mit Sicherheit fällt Ihnen mindestens eine Person ein, die im Alter zwischen 40 und 50 ihr Leben radikal umgekrempelt hat. Ein neuer Job, eine neue Partnerschaft, ein bisher nicht dagewesenes Hobby – egal, was genau sie getan hat, die Person erscheint Ihnen deutlich verändert. Bei vielen unserer Gesprächspartnerinnen konnten wir genau diese Entwicklung beobachten. Es sind tatsächlich häufig Frauen, die diesen persönlichen Veränderungsprozess anstoßen und durchleben. Nicht selten kommt damit automatisch auch der Impuls, über die eigene Nachfolge nachzudenken und erste konkrete Vorstellungen für diese zu entwickeln.

Die Beschäftigung damit und mit möglichen Nachfolgern sowie dem Prozess der Übergabe lässt die Frauen auch neue Stärken und Talente bei sich selbst entdecken. Diese sind dann der Anstoß, Perspektiven neben dem Unternehmen zu entdecken .

5.5 Hand in Hand

Es sind jedoch nicht nur die frühzeitige Planung und Einleitung der eigenen Übergabe, die die zukünftigen Unternehmensübergaben durch Frauen vereinfachen werden. Es geht auch nicht nur um die erwähnte Fähigkeit, loszulassen. Die neue Unternehmerinnengeneration hat zudem eine kooperativere Art zu führen als die Vorgänger – und diese überträgt sich auch auf die Nachfolge.

Apropos Kooperation: Wer gewohnt ist, den Ton alleine anzugeben, dem fällt es schwerer, plötzlich Entscheidungen mit dem Nachfolger abzustimmen. Genau dieses Problem haben viele (Gründer-) Väter. Sie müssen von einem Moment auf den anderen ihre Rolle eingrenzen, sich an neue Regeln halten, Informationen teilen und können bzw. dürfen nicht mehr für alles die Verantwortung tragen.

Familienunternehmerinnen haben es in diesem Punkt zukünftig leichter. Sie etablieren in der Regel von Beginn an Strukturen, dank derer sie auch entbehrlich sein dürfen. Sie setzen auf eine Tandemführung, vermeiden die Abhängigkeit des Unternehmens von Einzelnen und binden Mitarbeiter aktiv in die Verantwortung ein.

Genau diese Haltung dürfte ihnen insbesondere bei der Übergabe zugutekommen. Nachfolger(in) und Übergeberin meistern so den Übergang stärker Hand in Hand, als dies bei „Patriarchen alter Schule" der Fall ist.

5.6 Mach doch, was du willst!

Und es gibt einen weiteren Aspekt, in dem sich die kommenden von den bisherigen Übergaben unterscheiden werden. Die Unternehmerinnen bekommen mehr Spielraum. In den Überlegungen unserer Gesprächspartnerinnen spielten stets viele Alternativen und Optionen eine Rolle. So manche kann sich etwa den Verkauf zu einem wirtschaftlich günstigen Zeitpunkt vorstellen: „Ich habe auch kein emotionales Problem damit zu sagen, ich verkaufe das irgendwann einmal, statt es zu übergeben. Und auch mein Vater würde dem zustimmen", so Vanessa Weber zum Thema Unternehmensveräußerung.

Fast jeder Unternehmerin ist jedoch eine Sache besonders wichtig. Der Nachfolger oder die Nachfolgerin muss das Unternehmen aus freien Stücken übernehmen. Kinder sollen zunächst ihre eigenen Erfahrungen machen und dann selbst entscheiden, ob sie in den Betrieb zurückkehren wollen. Verschiedene Varianten wie z. B. Fremdmanagement oder Verkauf zu bedenken, unterstützt die Frauen dabei, der nächsten Generation tatsächlich die Wahlfreiheit zu lassen. „Ich neige nicht dazu, das Schicksal zu beeinflussen. Und ich bin auch nicht der Meinung, dass es gut ist, einen jungen Menschen seiner Perspektiven zu berauben. Jeder sollte machen, was er gerne tut, und dorthin gehen, wo er sich verwirklichen kann", sagte uns eine Unternehmerin. Sie würde ihren Neffen deshalb nie zur Übernahme drängen, auch wenn dieser schon heute eine ideale Besetzung für diese Position sei.

Viele der Nachfolgerinnen haben bei sich selbst erlebt, wie wohltuend die Freiheit ist. Als Quereinsteigerinnen, die zunächst einen anderen Weg gegangen sind, oder Töchter, die zunächst nicht im Rampenlicht der Nachfolge standen, waren sie alle nicht dem Druck einer unausgesprochenen Nachfolgeverpflichtung ausgesetzt. „Wissen Sie, das ist ein ganz großes Geschenk, das mir mein Vater gegeben hat. Und dieses Geschenk möchte ich in dieser Form auch weitergeben. Mein Sohn soll sein Leben leben", so Cordula Schulz (SCHULZ FLEXGROUP GmbH). Ihre Aussage steht stellvertretend für die Haltung vieler Unternehmerinnen.

Fast keiner spricht gerne darüber, aber auch das Risiko ist ständiger Begleiter, wenn Kinder das Unternehmen übernehmen. Viele Unternehmerinnen haben daher auch Zweifel, ob sie ihren Kindern diese Last aufbürden sollten. Das gilt gerade dann, wenn sie eigene wirtschaftlich schwierige Zeiten im Unternehmen durchgemacht haben. Hier kommt die Perspektive der Mutter ins Spiel. Denn Eltern und vielleicht insbesondere Mütter wünschen sich in der Regel ein glückliches Leben und Leichtigkeit für ihre Kinder. „Ich würde die Übernahme durch eines unserer Kinder nicht aktiv fördern. Wir wissen, mit wie viel Verantwortung das verbunden ist. Und wir wissen auch, dass man heute mit einer ordentlichen Ausbildung oder mit einem ordentlichen Studium in einem Industrieunternehmen sehr viel leichter und mit weniger Verantwortung sein Geld verdienen kann. Von daher fordern wir nichts von unseren Kindern, was den Betrieb betrifft. Wir begleiten sie eher. Und wenn Interesse besteht, dann gehen wir durchaus kritisch damit um", begründet Christine Seger die Tatsache, dass sie eine familieninterne Nachfolge nie erzwingen würde.

5.7 Zukünftig lieber gerade statt quer

Ein Punkt ist allen Unternehmerinnen für die kurz- oder langfristig bevorstehende Übergabe wichtig. Auch wenn sie selbst den Quereinstieg bewältigt haben und das Unternehmen damit erfolgreich führen: Für die kommende Führungsgeneration wünschen sie sich eine fundierte Ausbildung, die auf das Unternehmen zugeschnitten ist. Dr. Antje von Dewitz (VAUDE) ist sich der gestiegenen Anforderungen bewusst. In den 15 Jahren seit ihrem Einstieg ins Unternehmen seien die Strukturen viel professioneller geworden. Auch die Qualifikationen der Mitarbeiter seien gestiegen. Eine Nachfolge ohne entsprechende Ausbildung wäre weder im Sinne der nächsten Generation noch des Unternehmens: „Wenn eines meiner Kinder Interesse hat für die Nachfolge, dann würde ich auf jeden Fall dafür sorgen, dass es eine Art Trainee-Programm absolviert und so die Grundlagen unseres Unternehmens kennenlernt. Bei mir war der Quereinstieg möglich. Das wird jedoch immer schwerer, weil alles viel komplexer geworden ist. Wer heute die Führungsrolle ausfüllen will, der muss schon eine Menge mitbringen."

Neben Ausbildungsplänen und Anforderungs- bzw. Kriterienkatalogen gehört es auch zu einer optimal organisierten Nachfolge, die junge Generation frühzeitig an den Betrieb heranzuführen. Die Auseinandersetzung mit der Unternehmenskultur ist Teil der guten Vorbereitung zukünftiger Gesellschafter, ob die nun in der Firma arbeiten werden oder nicht. Wie das in der Praxis ablaufen kann, beschreibt Birgit Werner-Walz (BENSELER-Holding): „Mein Vater ist im letzten Herbst verstorben und wir haben jetzt im Januar den ersten Familientag durchgeführt. Meine Schwester und ich werden das nun zweimal im Jahr machen, es ist auch eine Herzensangelegenheit. An jedem dieser Tage besuchen wir ein Werk – gemeinsam mit den Kindern, die Fragen stellen und die Führungsleute kennenlernen sollen. Wir werden uns zudem immer ein bestimmtes Thema vornehmen."

▶ **Expertentipp Gute Gesellschafter werden nicht einfach geboren**
Eine aktuelle Befragung der WIFU (Wittener Institut für Familienunternehmen) (Vöpel et al. 2013) zeigt, dass insbesondere die jüngeren Familienunternehmen zunehmend Wert auf die Ausbildung ihrer Gesellschafter legen. Und das mit Recht. Während man für die Auswahl des geeigneten Nachfolgers längst verstärkt auf objektive Auswahlkriterien setzt und der gleiche Nachname keine

sichere Eintrittskarte ins Management mehr ist, fiel die Qualifikation der Gesellschafter bisher oft unter den Tisch. Dabei sollte man auch hier und gerade bei einer zunehmenden Anzahl von Gesellschaftern nichts dem Zufall überlassen. Gute Gesellschafter, die sich dem Unternehmen verbunden fühlen, die eigene Interessen dem Wohl der Gemeinschaft und vor allem der Firma unterordnen können und die kluge Entscheidungen treffen, sind die Basis eines jeden gesunden Familienunternehmens. Wenn Familienmitglieder streiten oder Einzelne ihr persönliches Wohl zulasten des Ganzen durchsetzen wollen, leidet das Unternehmen. Doch gute Gesellschafter fallen nicht vom Himmel, sondern sind das Ergebnis eines aktiven Familienmanagements.

Bereits in jungen Jahren sollten zukünftige Gesellschafter systematisch mit ihrer späteren Rolle vertraut gemacht werden. Dafür gibt es viele Wege. Unternehmerfamilien können in einer Charta zunächst bestimmte Rahmenbedingungen gemeinsam festhalten: Was macht uns aus? Welche Ziele haben wir? Wer gehört dazu? Wer kann nachfolgen? Wie schulen wir unsere Gesellschafter? Wann darf Kapital entnommen werden? Was passiert, wenn einer verkaufen will?

Indem alle Beteiligten diese Charta mitgestalten und unterschreiben, fühlen sich die nachfolgenden Generationen bereits dazugehörig und werden in die Verantwortung eingebunden. Um den Kontakt mit dem Unternehmen zu pflegen, bieten sich auch sogenannte Familientage an. An diesen treffen sich die Familienmitglieder und verbringen Zeit „rund ums Unternehmen". Die jüngere Generation schaut sich z. B. gemeinsam Niederlassungen an, informiert sich über Produktionsprozesse und spricht mit den Mitarbeitern. Auch angeheiratete Partner der aktuellen Chefin beziehungsweise des aktuellen Chefs sollten herzlich willkommen sein. Ein Elternteil auszuschließen, kann eine Distanz zwischen Junggesellschafter und Unternehmen erzeugen und stört den Aufbau einer positiven Bindung.

Wächst der Gesellschafterkreis, ist es nicht mehr selbstverständlich, dass jeder Anteilseigner das nötige Wissen und eine positive Haltung für diese Rolle mitbringt. Daher ist es wichtig, die Gesellschafter systematisch und regelmäßig zu schulen. Dabei sind Themen wie BWL, Finanzierung oder Strategie zwar naheliegend, haben aber nicht unbedingt Priorität. Grund: Sie werden ja bereits durch das Management abgedeckt und zusätzlich kontrolliert der Beirat diese Bereiche.

Gesellschafter sollten vielmehr ihre Rechte und Pflichten kennen und sie sollten in der Lage sein, gute Entscheidungen zu treffen. Dafür sind Kompetenzen wie intelligente Kommunikation, Entscheidungsfähigkeit und Verantwortungsbewusstsein gefragt. Letztendlich müssen Gesellschafter das Unternehmen in ihrem Verhalten und mit ihren Beschlüssen positiv repräsentieren. Und das geht nur, wenn sie auch eine emotionale Bindung an die Firma haben. Regelmäßige Familientage und die gemeinsame Arbeit an den Themen der Charta können diese aufbauen und festigen. Damit die „inneren Wertekonten" in Balance bleiben, sollte das Unternehmen seine Gesellschafter für deren Einsatz entlohnen. Eine angemessene Ausschüttung beugt Konflikten und Unzufriedenheit vor.

Und wenn das Interesse über die Gesellschafterrolle hinausgeht? Damit jeder Junggesellschafter frühzeitig weiß, was von einem potenziellen Nachfolger oder einer potenziellen Nachfolgerin verlangt wird, sollten Gesellschaftergeschäftsführer gemeinsam mit dem Beirat ein Anforderungsprofil festlegen. Welche Ausbildungen sollten Nachfolger mitbringen, wie alt sollten sie bei der Übernahme mindestens sein, wie viele Jahre sollten sie ihre Kompetenz außerhalb des Betriebs bewiesen haben, in welchen Positionen sollten sie Erfahrungen gesammelt haben – dies sind einige Orientierungspunkte, die es dem Nachwuchs erleichtert, auf das Ziel Unternehmensübernahme hinzuarbeiten – oder aber sich zu entschließen, von vornherein eigene Wege zu gehen. Gerade wenn der Gesellschafterkreis wächst, ist es wichtig, klare Richtlinien für die Besetzung der operativen Positionen zu haben. Neutrale Dritte, wie der Beirat, können deren Umsetzung objektiv begleiten.

5.8 Wenn Wurzeln Flügel verleihen

Die Familienforschung bestätigt, dass Frauen oft die Träger des Familiengedächtnisses sind. Sie erinnern sich eher an wichtige Zusammenhänge aus der Familiengeschichte und tragen diese weiter. Sie halten Kontakt zu Verwandten und pflegen Beziehungen. Sie kennen die Geburts- sowie Sterbedaten und können mühelos besondere Ereignisse im Lebenslauf der Familienmitglieder wiedergeben. Hat man vor, einen Stammbaum zu rekonstruieren, sorgt man also besser dafür, dass die Frau des Hauses mit am Tisch sitzt.

Diese weibliche Begabung, die familiäre Historie zu speichern sowie weiterzugeben und damit zu achten, kommt auch der weiblichen Nachfolge zugute. So zeigen Töchter ein großes Interesse für die Geschichte des Unternehmens. Sie wollen wissen, wie der Betrieb entstand, welche Rolle dabei einzelne Familienmitglieder spielten und wie bestehende Traditionen und Muster auf ihre eigene Aufgabe einwirken.

Viele der Unternehmerinnen in unserer Studie investierten bewusst Zeit in die Aufarbeitung der eigenen Unternehmenschronik. Als Grund gaben sie zum einen Wertschätzung für die Leistungen der vorangegangenen Generationen an. Aber sie erkennen auch das wirtschaftliche Potenzial, das in den Geschichten aus der Vergangenheit steckt. Geschichten sind die Quelle für Unternehmenswerte und tragen zur Bildung einer starken Marke bei. Wer seine Wurzeln kennt, kann fliegen lernen. Gerade in Familienunternehmen gilt dieser Grundsatz. Die Unternehmens- und Familienhistorie zu kennen, eröffnet viele Chancen: aus Fehlern zu lernen, Stärken bewusst zu nutzen und in die emotionale Verbundenheit mit dem Unternehmen zu intensivieren.

5.9 Weibliche Nachfolge ist und bleibt ein Erfolgsmodell

Die Unternehmerinnen in unserer Studie beweisen es täglich und die Ergebnisse der Befragung belegen es in puncto Nachfolgeregelung: Weibliche Nachfolge ist ein Erfolgsmodell und ein entscheidender Faktor für die Zukunft der mittelständischen Wirtschaft.

Frauen führen kooperativ und etablieren eine offene Kommunikationsstruktur. Sie setzen eine Tandemstrategie in Nachfolge und Führung um, formen breit aufgestellte Managementstrukturen, entwickeln gezielt eigene Stärken und gleichen aktiv Schwächen aus. Sie planen frühzeitig die Übergabe. Sie ziehen aus der Unternehmenstradition Kraft und Innovation für die Marke. Dies sind nur einige der Erfolgsfaktoren, die Unternehmerinnen bündeln, um damit eine zielsichere Zukunftsstrategie für ihre Familienunternehmen zu kreieren.

> Offensichtlich ist es so, dass Unternehmen außerordentlich von den Strukturen profitieren, die Frauen wegen ihrer weiblichen Lebensmodelle und Persönlichkeiten gestalten. Wo es von Generation zu Generation sowie von einem zum anderen Geschlecht schlichtweg nicht möglich ist, Führungsstil und Strategie eins zu eins fortzuschreiben, entsteht fast zwangsläufig etwas Neues. Und genau diese Veränderungsimpulse erzeugen eine besondere Zukunftsfähigkeit der Familienunternehmen.

5.10 Nachfolgerinnen dringend gesucht

Nachfolger dringend gesucht! – So lautet der Hilferuf in vielen kleinen und mittelständischen Unternehmen. Dieses Buch hat eine klare Botschaft an die Übergeber: Seid offen für alle Möglichkeiten. Schaut Euch Eure Töchter an. Sie haben Potenzial, sie sind ehrgeizig, clever und leidenschaftlich. Lasst sie nicht in der zweiten Reihe stehen, sondern lasst sie Eure Unternehmen erfolgreich in die Zukunft führen.

Gesellschaftliche Veränderungen wie das Verschwinden traditioneller Rollenbilder und die Diskussion von Gleichstellungsthemen sowie daraus resultierende Veränderungen fördern die weibliche Nachfolge. Das gilt auch für die Zunahme weiblicher Vorbilder in zentralen Positionen der Wirtschaft. Es werden daher auch in Familienunternehmen immer häufiger Töchter an der Spitze stehen. Trotzdem gibt es noch eine Menge zu tun. Die Entwicklungspotenziale der mittelständischen Wirtschaft auszuschöpfen, muss bedeuten, qualifizierte Frauen gleichberechtigt Führungs- und Nachfolgepositionen besetzen zu lassen. Dass es keine Gründe gibt, dies nicht zu tun, haben wir in den vorangegangenen Kapiteln vielfach dargelegt (Abb. 5.2).

Dass immer mehr Frauen an der Spitze von Familienunternehmen stehen werden, hängt auch von der Offenheit der Eltern und dem Selbstbewusstsein der Töchter ab. 75 % der befragten Unternehmerinnen sind überzeugt davon, dass sich das Thema weibliche Unter-

Abb. 5.2 Entwicklung der weiblichen Nachfolge

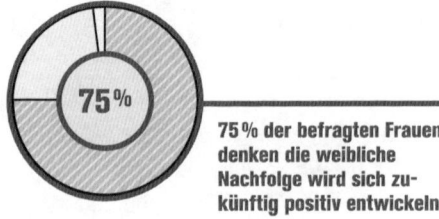

nehmensnachfolge zukünftig positiv entwickeln wird. Die Initiative „generation töchter" wird sich mit Studien, Projekten und Beratung weiterhin dafür einsetzen. Tun Sie dies auch?

Kurz und bündig

- Unternehmerinnen planen ihre eigene Nachfolge im Schnitt zehn Jahre früher und es fällt ihnen leichter loszulassen.
- Fast immer motivieren Träume und persönliche Ziele die Unternehmerinnen zur frühzeitigen Planung ihres Ausstiegs.
- Die kooperative und kommunikative Haltung wird zukünftige Übergaben erleichtern.
- Unternehmerinnen lassen den Kindern freie Wahl und prüfen mehr als eine Option bei der Nachfolge.
- Die Erfahrungen bei der eigenen Übernahme der Führung bewirken, dass dabei gemachte Fehler nicht wiederholt werden.
- Zukünftige Nachfolger und Nachfolgerinnen sollten spezifische Qualifikationen mitbringen.
- Gesellschafter sollten aktiv geschult werden.
- Unternehmerinnen nutzen das wirtschaftliche Potenzial der eigenen Unternehmensgeschichte.
- Weibliche Nachfolge ist und bleibt ein Erfolgsmodell.

Literatur

Kast, V., & Riedel, I. (Hrsg.). (2011). *C. G. Jung: „Ausgewählte Schriften"*. Ostfildern: Patmos.
Vöpel, N., Rüsen, T., Calabro, A., & Müller, C. (2013). Eigentum verpflichtet – über Generationen. Herausgegeben von PwC und WIFU. 2013/2.

„Liebe Väter, ..." 6

6.1 „Schön, dass wir darüber gesprochen haben!"

Reden wir über das Wichtigste zuerst. In den vorangegangenen Kapiteln haben wir es bereits unzählige Male geschrieben: Kommunikation ist die Grundlage eines jeden Übergabeprozesses. Nach jeder Arbeitsschicht rufen sich der Kollege, der in den Feierabend geht, und jener, der seine Schicht beginnt, die wichtigsten Sachen kurz zu. Was ist gewesen? Welche Sachen sind noch zu tun? Was musst du wissen, um heute einen guten Job machen zu können? Was im Kleinen wichtig ist, damit eine Übergabe reibungslos funktioniert, ist ebenso im großen Maßstab entscheidend.

Dennoch haben wir unzählige Male erfahren, wie Väter und Töchter – das Gleiche gilt übrigens auch für Söhne – schweigend warten. Sie verharren in der meist unerfüllten Hoffnung, der/die Andere werde das Wort ergreifen. Väter wollen von ihren Töchtern gesagt bekommen, dass sie sich für die Nachfolge interessieren. Töchter wollen gefragt werden, ob sie sich diese Aufgabe vorstellen können. Eltern wollen ihre Kinder nicht bedrängen und sprechen sie nicht direkt an. Kinder denken, nur wenn die Eltern mich auch fragen, trauen sie es mir wirklich zu.

Die Ergebnisse der Spekulation auf beiden Seiten sind häufig dauerhafte Sprachlosigkeit, unausgesprochene sowie unerfüllte Erwartungen und ein Nachfolgeprozess, der mit mehr Risiken belastet wird als notwendig.

Es beginnt bei der Abstimmung über die geeignete Kandidatin für die Nachfolge, geht über die Absprache von Zeitplänen und Rollen bis hin zum Wissen des Vaters, welches er an seine Tochter weitergeben sollte. Miteinander zu sprechen, ist das wichtigste Instrument in der Gestaltung einer gelungenen Nachfolge. Wer dabei den ersten Schritt macht, ist eigentlich egal – solange einer den Dialog eröffnet.

Was spricht dagegen, dass Sie beginnen?

Die wichtigsten Regeln und Tipps für eine gelungene Vater-Tochter-Nachfolge

6.2 Früher war alles anders

Wir alle sind von den Erfahrungen geprägt, die wir in der Vergangenheit gemacht haben. Wir alle handeln nach bestimmten Mustern, die uns schon in der Kindheit mitgegeben wurden. Jede Generation hat ihre eigenen Werte und Vorstellungen. Jede Lebensphase bringt bestimmte Herausforderungen mit sich und prägt unser Handeln.

Wenn zwei Generationen aufeinandertreffen, um über Nachfolge zu verhandeln, sieht jeder der Beteiligten die Situation durch seine/ihre ganz eigene Brille. Hier ist es wichtig, sich bewusst zu machen, dass die Sichtweisen höchstwahrscheinlich sehr unterschiedliche sind. Überzeichnet könnte man es mit einer interkulturellen Begegnung vergleichen. Ein Asiate und ein Europäer ohne Erfahrung mit fremden Kulturen bekommen die Aufgabe, eine kontroverse Diskussion zu führen, ohne sich gegenseitig auf den Schlips zu treten. Ein Minenfeld, bei dessen Überquerung viel Fingerspitzengefühl und Empathie gefragt sind.

Eine wichtige Übung, um die Herausforderung Nachfolge zu meistern, ist es, sich in die Position des Anderen hineinzuversetzen. Vielleicht haben auch Sie das Unternehmen von Ihrem Vater übernommen? Wie erging es Ihnen damals? Was fanden Sie als Nachfolger gut und was würden Sie in keinem Fall so machen? Welche ungeschriebenen Regeln über Nachfolge gelten in Ihrer Familie? Wollen Sie diese auch für die nächste Generation übernehmen? Machen Sie sich all das bewusst und versuchen Sie einmal, durch genau diese Brille die Position bzw. das Verhalten Ihrer Tochter zu betrachten. Vielleicht sehen Sie nun Gemeinsamkeiten?

Sie haben das Unternehmen gegründet? Umso besser! Dann können Sie ja jetzt frei bestimmen, wie Nachfolgen in Ihrer Familie ablaufen. Übrigens prägen Sie mit dieser Übergabe bereits das Vorgehen in den nächsten Generationen. Vielleicht werden Ihre Urenkel einmal ihre Entscheidungen in eine bestimmte Richtung lenken, weil ihr Uropa diese Richtung heute vorgibt. Der Uropa sind Sie! Was Sie tun, hat also Langzeitwirkung.

Was sollten Ihre Urenkel erzählen, wenn Sie über Ihre Nachfolge sprechen?

6.3 „Solange du deine Füße unter meinen Tisch stellst ..."

Damit Töchter zu Unternehmerinnen werden, müssen sie auf Augenhöhe mit ihren Vätern sein. Sie müssen ihre Entscheidungen durchsetzen. Sie müssen ihren eigenen Führungsstil entwickeln. Sie müssen sich Akzeptanz erkämpfen. Sie müssen ihre eigenen Strukturen entwickeln.

All das ist nicht möglich ohne Widerspruch. Als Vater sind Sie vielleicht eine Tochter gewohnt, die sich an Ihrer Meinung orientiert und die Ihre Entscheidungen akzeptiert. Dass Sie das letzte Wort haben, ist für Sie eine Sache von Respekt. Vielleicht passt es für Sie auch nicht ins Bild Ihres kleinen Mädchens, wenn dieses den eigenen Kopf durchsetzen will. Schließlich hat sie doch immer bewundernd zu ihrem Vater aufgeblickt.

Ihre Tochter beschließt, was sie möchte. Sie tut das auch gegen Ihren Rat. Und Sie ärgern sich angesichts dieser neuen Sitten? Herzlichen Glückwunsch! Sie sind gerade dabei, eine gute Nachfolgerin zu gewinnen. Um erfolgreich ein Unternehmen zu führen, müssen

Nachfolgerinnen zwischen Tochter und Unternehmerin als zwei gänzlich verschiedene Rollen unterscheiden können.

Ärgern Sie sich nicht so sehr! Laden Sie doch Ihre Tochter mal zum Kaffee ein, sobald die Übergabe abgeschlossen ist. Sie wird der Einladung mit Sicherheit gerne und als Tochter folgen.

Ähnlich ist es übrigens auch mit Veränderungen: Ihre Tochter sortiert das ganze Unternehmen um und Sie haben das Gefühl, als würde bald kein Stein auf dem anderen stehen? Keine Panik! Nachfolge ist ein typischer Übergang und als solcher kann sie nicht ohne Veränderungen gelingen.

Setzen Sie sich mit der neuen Chefin zusammen und fragen Sie sie einfach nach ihren Zielen und Plänen.

6.4 Tabula rasa

Eine Übergabe steht nicht stabil auf unausgeglichenen „Konten". Und da gehören materielle Dinge genauso dazu wie eine unangemessene Erwartung von Dankbarkeit gegenüber Nachfolgern.

Eine Unternehmensübergabe sollte im Vorfeld ausführlich besprochen werden. Was erwarten Sie sich von der Nachfolgerin? Gibt es finanzielle und emotionale Leistungen, die Sie aus Ihrer Sicht erbringen muss? Wie haben Sie Ihren Ruhestand finanziell unabhängig vom Unternehmen abgesichert?

Sind diese Punkte nicht geklärt, können weder Sie noch Ihre Nachfolgerin sich der neuen Aufgabe frei widmen. Sie können nicht loslassen, wenn Ihr finanzielles Auskommen am Unternehmen hängt. Genauso kann Ihre Tochter sich als Unternehmerin nicht frei entwickeln, wenn Sie das Gefühl hat, Ihnen etwas schuldig zu sein und in nicht gerechtfertigter Weise für Sie sorgen zu müssen.

Seien Sie offen und besprechen auch finanzielle Angelegenheiten im Nachfolgeprozess.

6.5 Welche Wege führen eigentlich nach Rom?

In der Nachfolge muss es einen Masterplan geben. Sie und Ihre Tochter haben sich zusammen gesetzt und ein gemeinsames Vorgehen verabschiedet. Steuerberater und Rechtsanwalt haben ebenfalls ihr Einverständnis gegeben. So weit, so gut.

Nicht nur weil es in einem so heiklen und wichtigen Prozess wie der Unternehmensübergabe eines ausgereiften Plans B bedarf, sollten Sie sich unbedingt über Alternativen informieren. Ob Verkauf, Fremdgeschäftsführung oder Strategieneuausrichtung – Übergeber sollten sämtliche Optionen kennen, um ihre finale Nachfolgestrategie bestmöglich ausrichten zu können.

Kennen Sie bereits alle Wege nach Rom?

6.6 Bitte adoptieren Sie nicht Prinz Charles!

„Sie ist noch nicht soweit." „Vorher sollte sie noch ein Abendstudium machen." „Sie ist noch zu jung für die Aufgabe." „Sie soll doch noch Familie gründen." Alles Sätze, mit denen Väter vielleicht begründen, warum sie sich auch nach vielen Jahren der Tandemführung mit der Tochter noch nicht endgültig aus dem Unternehmen zurückgezogen haben.

Zum Teil mögen die Argumente berechtigt sein. Häufig nutzen Übergeber jedoch derartige Erklärungen bewusst oder unbewusst, um ihren eigenen Abschied aufzuschieben. Sie holen, nicht zuletzt auf Drängen der Beteiligten wie Banken und Mitarbeiter, die Nachfolgerin ins Unternehmen. Anstatt jedoch konsequent die Verantwortung abzugeben, halten die Väter an ihrer Position fest. Mit der vermeintlich fehlenden Kompetenz der Nachfolgerin rechtfertigen sie die Verzögerung. Heraus kommt eine Katastrophe, die auch als Prinz-Charles-Prinzip bezeichnet wird.

Fallen auch Ihnen schon lange Zeit immer wieder gute Argumente ein, warum Sie das Ruder nicht aus der Hand geben können? Dann ist es Zeit, darüber nachzudenken. Eine Nachfolgerin, die ewig die zweite Geige spielt, verliert nicht nur den Glauben an sich selbst. Sie wird auch bald von niemandem mehr ernst genommen und ist somit bald „verschlissen".

Lassen Sie also Ihre Tochter nicht am langen Arm verhungern, sondern entscheiden Sie sich direkt für den einen oder den anderen Weg. Reichen ihre Kompetenzen wirklich nicht aus? Sind die Erwartungen, die Sie stellen, realistisch und offen besprochen? Dann bedarf es vielleicht einer alternativen Nachfolgelösung. Vielleicht ist eine Doppelspitze eine Alternative? Wollen Sie, wenn Sie ehrlich sind, gar nicht in den Ruhestand gehen? Dann kommunizieren Sie das auch genau so und suchen gemeinsam mit der Nachfolgerin nach alternativen Möglichkeiten.

Als Tochter und als Nachfolgerin ist sie definitiv zu wertvoll, um sie im Ungewissen zu „parken".

6.7 Der Übergeber hat das Wort

Die Regelung der Nachfolge ist eine komplexe Angelegenheit. Es gibt unzählige verschiedene Wege, die Übergabe zu gestalten, und jede Familie darf ihren eigenen finden. Aber wem obliegt es überhaupt, die Gespräche anzustoßen? Wäre es nicht viel einfacher, wenn die Jungen das übernehmen? Immerhin können sie dann gleich ihre Ideen einbringen.

Manch ein Senior hat sich vielleicht auch schon beim Gedanken ertappt, das Thema Nachfolge einfach ungeregelt den Kindern zu überlassen. Sollen die sich doch damit rumärgern. Die ganze Last den Nachkommen aufzubürden, ist jedoch keine gute Idee.

Es ist Ihr Job als Ältester, als Übergeber und als Vater, ein Grundgerüst zu entwerfen. Dazu gehört zum Beispiel, die erbschaftssteuerliche Situation zu prüfen, einen Notfallplan zu erarbeiten und Überlegungen zur Verteilung anzustellen. Steht dieser Rahmen, berufen

Sie einen Familientisch ein und besprechen Sie mit allen das genaue Vorgehen. Wer hat Interesse an der Nachfolge? Welche Qualifikationen braucht sie oder er? Welche Gestaltungsmöglichkeiten gibt es?

Der Prozess der Gestaltung kann sich eine Weile hinziehen. Nicht selten vergehen Jahre, bis eine Übergabe von der Planung bis zum Abschluss gebracht ist. Daher ist es wichtig, rechtzeitig mit den Überlegungen zu beginnen.

Bis die Übergabe vollzogen ist, gilt: Der Senior trägt die finale Verantwortung für das Entstehen einer guten Lösung.

6.8 Wenn der Vorhang fällt

Laufen Sie gerne herum, ohne zu wissen, wo Sie der Weg hinführt? Würden Sie im Laden bezahlen, ohne zu wissen, was Sie bekommen? Könnten Sie sich dazu aufraffen, mit Sack und Pack umzuziehen, wenn Sie nicht wüssten, dass die neuen vier Wände größer, schöner und heller sind?

Wie die meisten Unternehmer werden Sie diese Fragen mit „Nein" beantworten. Niemand lässt freiwillig etwas Liebgewonnenes los. Niemand investiert, ohne zu wissen, dass das Ergebnis sich wirklich lohnt. Kaum einer macht sich auf den Weg, ohne ein Ziel vor Augen zu haben.

Damit Sie am Ende des Übergabeprozesses Ihr Unternehmen wirklich loslassen können, benötigen Sie einen Alternativplan. Was machen Sie, wenn der Vorhang fällt und Ihre Chefrolle im Stück „Familienunternehmen" beendet ist? Bleiben Sie hinter dem Vorhang stehen? Suchen Sie sich ein neues Engagement? Wie könnte das neue Stück heißen? Oder hängen Sie Ihre Schauspielkarriere an den Nagel und nehmen etwas ganz anderes in Angriff?

Was auch immer Sie vorhaben, schmieden Sie in jedem Fall rechtzeitig Pläne für die Zeit danach. Füllen Sie die vor Ihnen liegende Zeit mit spannenden Dingen, auf die Sie sich richtig freuen.

Noch ein Tipp: Beziehen Sie auch Ihre Partnerin in die Überlegungen ein. Auch für sie wird es eine Umstellung, wenn Sie von jetzt auf gleich einen anderen Tagesrhythmus haben. Vielleicht entwickeln Sie ja auch gemeinsame Vorhaben?

Erleichtern Sie sich die Zeit nach der Übergabe mit der Verwirklichung in neuen, sinnhaften Aufgaben.

6.9 Mädchen machen so etwas nicht

Wir haben im Buch einiges über die gängigen Rollenbilder unserer Gesellschaft geschrieben. Sie sorgen auch dafür, dass Söhne immer noch die Favoriten im Rennen um die Nachfolge sind. Je größer die Firma, desto ausgeprägter dieses Phänomen.

Die meisten Menschen glauben von sich, sehr offen zu sein, was zum Beispiel die Gleichbehandlung von Geschlechtern angeht. Wenn es darauf ankommt, schleichen sich jedoch mehr Vorurteile in unser Handeln als wir wahrhaben wollen. Das ist vor allem deshalb so, weil Stereotype im Unbewussten liegen und wir gar nicht merken, wie sehr wir sie verinnerlicht haben.

Denken Sie darüber nach, an Ihre Tochter zu übergeben? Dann fragen Sie sich einmal ganz bewusst, welche Vorstellungen und Erwartungen Sie mit dieser Übergabe verbinden. Passen für Sie Unternehmertum und Mutterrolle zusammen? Wer wäre der richtige Partner für Ihre Tochter? Welche Bilder haben Sie von Frauen in Führungspositionen?

Wenn Sie sich über Ihre Rollenbilder im Klaren sind, geben Sie sich und Ihrer Tochter die Chance, offener an den Übergabeprozess heranzugehen.

6.10 Seien Sie Vater

Wir sind vielen Familienunternehmern begegnet, die fast identisch mit ihrer Rolle im Betrieb sind. Sie haben über Jahrzehnte all ihre Zeit und Energie ins Unternehmen gesteckt und sind Unternehmer durch und durch. Wenn aber fürs Privatleben nur wenig Zeit bleibt, nehmen oft auch die Familien nur mehr den Chef und nicht den Vater und Ehemann wahr.

Je nachdem wie viel Engagement Sie in Ihr Unternehmen investiert haben, konnten Sie Ihre Vaterrolle mehr oder weniger intensiv leben. Wenn Sie jetzt Ihr Unternehmen an Ihre Tochter übergeben, wird sich das ändern. Es eröffnet sich Ihnen die Möglichkeit, mit Ihrer Tochter außerhalb der Firma in einer Beziehung zu sein, die beide bereichert.

Werden Sie vom Chef zum Vater!

7 Porträts

7.1 „Mit Kompetenz und Durchsetzungskraft gegen die Männerdomäne"

Birgit Adam

Steckbrief
Name:
Birgit Adam

Alter:
44 Jahre

Übernahme:
Mit 35 Jahren vom Vater

Position:
Geschäftsführerin der Union Chemie-Erzeugnisse GmbH in Berlin

Unternehmen:
Vor mehr als 60 Jahren übernahmen die Brüder Adam die Union Chemie-Erzeugnisse GmbH im Berlin der Nachkriegszeit. Noch heute werden am Standort Berlin Farb- und Dekorationssprays für professionelle Abnehmer sowie anspruchsvolle Heimwerker und Hobbybastler produziert. Seit 2004 steht Birgit Adam an der Unternehmensspitze und führt den traditionsreichen Familienbetrieb in dritter Generation fort.

Profil
Als Unternehmertochter wächst Birgit Adam im Familienbetrieb auf, der von ihrem Vater und ihrem Onkel in zweiter Generation geführt wird. Ihr Großvater hatte nach dem Krieg die Union Erzeugnisse GmbH in Westberlin gegründet, ein Unternehmen, das zunächst Duftsprays als Raumerfrischer für Arztpraxen, Blumenläden und Filmtheater produzierte. Später konzentrierte man sich auf die Herstellung von hochwertigen Farb- und Effektsprays für den Floristen- und Dekorationsbedarf.

Birgit Adams Weg führt sie zunächst bewusst nicht ins Familienunternehmen. Nach ihrem Abitur studiert sie BWL mit den Schwerpunkten Marketing und PR, anschließend ist sie bei Banken und Werbeagenturen tätig. Während einer beruflichen Umorientierungsphase im Jahr 1996 bittet ihr Vater sie, ins Familienunternehmen einzusteigen, da ihr Onkel aus gesundheitlichen Gründen aus der Führung ausscheiden muss. Birgit Adam durchläuft alle Betriebsbereiche des Chemieunternehmens, eignet sich die nötigen Fach- und Branchenkenntnisse an und wächst nach und nach in ihre neue Verantwortung hinein, bis sie 2004 den Betrieb von ihrem Vater übernimmt. Seitdem ist sie alleinige Geschäftsführerin des Chemieunternehmens.

Rückhalt findet Birgit Adam in ihrer Familie, auch wenn die zweifache Mutter ihr Leben als Unternehmerin komplett umstellen musste. Ihr Lebensgefährte verzichtete auf seine eigene, berufliche Karriere, um sich um die Kinder zu kümmern. „Ich glaube, die meisten selbständigen Frauen haben ein Gefühl der permanenten Unzulänglichkeit – in allen Bereichen." Man lerne aber, damit zu leben und das Beste aus der Situation zu machen, so Adam. „Wichtig ist immer, wie die Familie das sieht, auch wie die Kinder damit umgehen. Meine Kinder sind beide damit groß geworden oder werden damit groß. Meine Tochter ist jetzt 14 Jahre alt und stolz auf mich, was mich freut. Denn sie sieht auch, was es für eine Kraft kostet."

Persönliche Erfahrung als Nachfolgerin
„Das alles war mehr oder weniger ein Sprung ins kalte Wasser für mich. Anfangs war ich ja noch die Tochter vom Chef ohne große Führungskompetenzen. Das hat sich dann

schlagartig geändert", sagt Birgit Adam über die Zeit der Übernahme. Schritt für Schritt gab ihr Vater Verantwortung ab, von der Buchhaltung aus übernahm Adam anschließend den Bereich Vertrieb und Marketing, danach leitete sie die Koordination im Einkauf. Sie konzentrierte sich darauf, sich die notwendigen Fach- und Branchenkenntnisse anzueignen. Ihr Vater übergab die Geschäftsführung zwar vollständig an seine Tochter – eine ihrer Grundbedingungen –, unterstützte sie jedoch weiterhin im firmeneigenen Labor und förderte so auch ihre Nachfolge mit seinem Know-how. „Es geht aber nie ganz reibungslos. Als ich offiziell Geschäftsführerin war, hatte ich mit einigen Problemen zu kämpfen. Am Anfang nimmt dich kein Mensch ernst", sagt Adam über die unternehmensinternen Widerstände ebenso wie über die männlich dominierte Chemiebranche. Sie greift zu kleinen Tricks, um die festgefahrene Männerdomäne aufzubrechen. „Bei schwierigen Verhandlungen, bei denen ich wusste, dass mir drei Männer gegenübersitzen werden, habe ich zwei männliche Mitarbeiter mitgenommen, nur als Staffage. Erstaunlicherweise war die Atmosphäre sofort deutlich entspannter", erinnert sich die Unternehmerin.

Auch im Unternehmen dauert es, bis sie die Anerkennung der Mitarbeiter gewinnt. „Nach der Übernahme hat das sicherlich noch einmal zwei, drei Jahre gedauert, bis sich alle rückhaltlos auf meinen Führungsstil eingestellt haben." Bis zur Übernahme waren ihr Vater und ihr Onkel ein eingespieltes Duo, das das Unternehmen jahrelang erfolgreich führte. So wurde Adam zunächst häufig mit den beiden verglichen. „Ich habe oft gehört: ‚Na, der Chef hat das ganz anders gemacht'. Dann muss man als Geschäftsführer auch sagen können: ‚Ja, hat er, aber wir sehen jetzt einmal, wie wir das anders machen können'." Adam bezeichnet ihren Führungsstil als kooperativer als die ihrer Vorgänger, ihre Alleinstellung als Geschäftsführerin bedeutet aber auch, dass sie mehr auf die zweite Führungsebene setzen muss. Dabei sei es wichtig, das „Wir" groß zu schreiben.

Ein weiteres Puzzleteil in der Nachfolge Birgit Adams war die Aufteilung des Unternehmens. Ihr Vater übertrug seine Anteile am Familienunternehmen an die Tochter, was ihr den Weg in die Gesellschafterversammlung ermöglichte. Hier traf sie auf eine überalterte Gesellschafterstruktur, die unterschiedliche Interessen – wie beispielsweise den Verkauf des Unternehmens – verfolgte. Um den Fortbestand des Unternehmens zu sichern, waren wichtige Investitionen nötig. Adam konnte diese jedoch in der damaligen Gesellschafterkonstellation nicht realisieren. Das führte dazu, dass die Unternehmerin in Verhandlungen mit den restlichen Gesellschaftern trat, um ihren Anteil von 25 % auszubauen. Unterstützung bekam sie in dieser Zeit durch einen externen Berater, der auf Mittelstandsnachfolge spezialisiert war. „Die Verhandlungen haben sich ungefähr ein Jahr hingezogen und in der Zeit war es sehr schwierig. Ich hatte viele angefangene Projekte, die ich zeitlich verschieben musste, da ich da keine Entscheidungen treffen konnte. Erst danach bin ich richtig durchgestartet." Mittlerweile ist lediglich ihr Cousin noch als Gesellschafter mit 15 % im Unternehmen beteiligt, Adam hält die übrigen 85 %.

Erfolgsfaktoren

- Sich die Anteilsmehrheit sichern
- Das Know-how des Vaters auch nach der Übergabe für sich nutzen
- Ausdauer und Fleiß
- Auch mal in die Trickkiste greifen, um Rollenverhalten aufzubrechen: z. B. männliche Begleitung bei wichtigen Verhandlungen, wenn auch nur als Staffage
- Externe Besetzung von Bereichen, in denen man keinen Expertenstatus hat

Von Nachfolgerin zu Nachfolgerin
Überlegt Euch gründlich, ob Ihr die Nachfolge eines Unternehmens übernehmen wollt. Und wenn Ihr den Entschluss dazu gefasst habt, macht es nur mit der Anteilsmehrheit am Unternehmen!

Eine gründliche Vorbereitung ist sehr wichtig. Man muss sich fragen, ob man das in all seinen Konsequenzen will? Eine Nachfolge bedeutet Veränderungen für mich persönlich und für mein Privatleben. Wenn ich mich für das Unternehmen entscheide, ist ein Mentor immer gut, aber auch ein Motivationscoaching, das das Selbstbewusstsein stärkt, sind Punkte, die man beherzigen sollte. Ich bin immer wieder erschrocken, wie viele Frauen noch ihr Licht unter den Scheffel stellen, weil sie nicht einschätzen können, wie gut sie eigentlich sind und was sie können.

Geben Sie Ihrer Nachfolge ein Motto

Man muss sich unheimlich viel trauen, um etwas gewinnen zu können. Aber man kann ganz viel gewinnen, wenn man über seinen Schatten springt.

Expertenfazit
Die Geschichte von Birgit Adam zeigt, dass eine Anteilsmehrheit wichtig für die Umgestaltung und Neuausrichtung eines Unternehmens ist. Gerade Nachfolger müssen die Möglichkeit haben, das Unternehmen nach ihren Vorstellungen auszurichten und weiterführen zu dürfen. Ein gesplitteter Gesellschafterkreis birgt die Gefahr, dass unterschiedliche Interessen solche Entwicklungen verzögern. Mit ihrem Vater traf Birgit Adam ab der Übernahme der Geschäftsführung eine klare Absprache. Er überließ ihr das operative Ruder und war ab da nur noch Berater. Mit den restlichen, bisher nicht operativen Gesellschaftern musste sie diese Absprache im Rahmen einer einjährigen Verhandlung erzwingen. Diese Verhandlungen fruchteten nicht, sodass ein externer Berater für eine sachorientierte Lösung eingesetzt wurde. Birgit Adam sieht heute die Anteilsmehrheit als Schlüssel dafür, dass sie im Unternehmen die Weichen für die Zukunft stellen konnte.

7.2 „Love it or leave it!"

Dagmar Bollin-Flade

> **Steckbrief**
> **Name:**
> Dagmar Bollin-Flade
>
> **Alter:**
> 57 Jahre
>
> **Übernahme:**
> 1984 Eintritt ins Unternehmen, seit 1985 teilt sie sich die Geschäftsführung mit ihrem Ehemann Bernd Flade
>
> **Position:**
> Geschäftsführende Gesellschafterin der Christian Bollin Armaturenfabrik GmbH in Frankfurt am Main
>
> **Unternehmen:**
> Die Frankfurter Christian Bollin Armaturenfabrik GmbH wurde 1924 von Dagmar Bollin-Flades Großvater gegründet. Bollin-Armaturen werden seit jeher erfolgreich in der Chemie-, Raffinerie- und Kraftwerksindustrie eingesetzt. Das Frankfurter Unternehmen ist Weltmarktführer. Heute sind rund 30 Mitarbeiter im Unternehmen beschäftigt.

Profil
Vom Mädchengymnasium über ein technisches Studium hinein in eine von Männern beherrschte Branche: Dagmar Bollin-Flade hat in ihrem Leben zwei Welten kennengelernt – eine weiblich und eine männlich dominierte. In der Schule profitierte sie von der besonde-

ren Förderung in den Naturwissenschaften durch eine reine Mädchenklasse, im Berufsleben arbeitet sie eng mit Männern zusammen. Im Berufs- wie im Privatleben ist ihr Ehemann ihr wichtigster Partner und engster Berater. Alles, was Dagmar Bollin-Flade tut, tut sie mit Leidenschaft – seien es ihre zahlreichen ehrenamtlichen Tätigkeiten, ihr wirtschaftspolitisches Engagement oder die Führung ihres Familienunternehmens. Sie folgt damit stets ihrer Devise: „Tu immer das, was dir Spaß macht, und tu es von ganzem Herzen."

Persönliche Erfahrung als Nachfolgerin
Obwohl Dagmar Bollin-Flade als Einzelkind aufwächst, ist sie als Nachkommin nicht unbedingt für die Nachfolge im väterlichen Unternehmen vorgesehen. Als Vorbilder dienen ihr ihre arbeitende Großmutter und Mutter. Letztere zeigt enormes Engagement, als Dagmar Bollin-Flades Vater durch mehrere Krankheiten zu Pausen gezwungen ist. „Das hat mich schon ein Stück geprägt", sagt die Tochter, die der Mutter in dieser Zeit ab und an im Büro unter die Arme greift. So will Dagmar Bollin-Flade nach dem Abitur gleich arbeiten. Ein Studium kommt für sie zu diesem Zeitpunkt nicht infrage, die Übernahme des Familienunternehmens ist ebenso wenig ein Thema. „Ich hatte immer die freie Wahl", sagt Dagmar Bollin-Flade heute. Schließlich beginnt sie eine Ausbildung zur Industriekauffrau. Da sie schon Erfahrungen im elterlichen Betrieb gesammelt und dort Verantwortung übernommen hat, vermisst sie in der Ausbildung schnell die Herausforderung und die Möglichkeit, selbständig zu arbeiten. Als sechs Wochen nach Ausbildungsbeginn die Zusage für einen Platz im Studienfach Maschinenbau in Darmstadt eintrifft, entscheidet sie sich ohne Zögern für diesen Weg. Bereits hier wagt sie sich in eine Männerdomäne: An der Technischen Universität stehen pro Semester drei Studentinnen 500 Männern gegenüber. Unter den Kommilitonen ist auch Bernd Flade, Dagmar Bollins späterer Mann.

Während ihres Studiums erteilt sie dem Vater, der nun doch in Sachen Firmenübernahme nachfragt, eine klare Absage. Nach ihrem erfolgreichen Studienabschluss erhalten sowohl Dagmar Bollin-Flade als auch Bernd Flade eine Promotionsstelle – er in Darmstadt, sie in Genf. Doch die Aussicht auf Trennung und verschobenes Familienglück lässt beide zweifeln. Und so kommt es, dass beide dem Vater – kurz vor dem endgültigen Notartermin mit einem potenziellen Käufer der Firma – schließlich doch zusagen.

Der Vater ist bereits 60 und will nur noch ein paar Jahre arbeiten, um seinen Ruhestand genießen zu können. Während seine Tochter rund drei Jahre Berufserfahrung in einem anderen Unternehmen sammelt, steigt ihr Mann sofort in das Familienunternehmen ein. Eine gute Entscheidung, sagt Dagmar Bollin-Flade heute, da eine Zusammenarbeit zwischen Vater und Tochter vielleicht schwierig geworden wäre. Zu wenig hätte der Vater den technischen Sachverstand der Tochter respektiert. „Mit meinem Mann verlief es hingegen reibungslos", sagt Bollin-Flade. In den drei Jahren arbeiten Bernd Flade und sein Schwiegervater eng zusammen – auch räumlich: Sie teilen sich sogar ein Büro. Als Dagmar Bollin-Flade zum Führungsduo stößt, beginnt der Vater seinen sukzessiven Rückzug aus dem Unternehmen. Er arbeitet weniger, will immer seltener in Entscheidungen eingebunden werden. Da die Tochter bereits bekannt ist und Erfahrungen aus einem anderen Unternehmen mitbringt, wird sie bei den Angestellten von Anfang an als neue Chefin anerkannt: „Ich hatte sofort den Respekt der Mitarbeiter."

Als Dagmar Bollin-Flade ins Unternehmen einsteigt, ist ihr erstes Kind erst einige Wochen alt. Von Anfang an gelingt es ihr, Beruf und Familie zu vereinbaren: Ihr kleiner Sohn kommt samt Laufstall einfach mit ins Büro. Später übernehmen Au-pair-Mädchen die Betreuung der mittlerweile zwei Söhne. Während sie selbst „unter einer Käseglocke groß geworden" ist, erzieht die Jungunternehmerin ihre eigenen Kinder schon früh zur Selbständigkeit, was sowohl für die Kinder als auch für die Eltern einen großen Gewinn darstellt. Heute sind beide Söhne längst erwachsen, doch auch als Chefin und Netzwerkerin ist Dagmar Bollin-Flade das Thema Vereinbarkeit von Beruf und Familie sehr wichtig – weiterhin setzt sie sich im eigenen Betrieb und bei ihren Ehrenämtern für die Gleichberechtigung von Frauen ein. „Eine männliche Nachfolge unterscheidet sich von den Herausforderungen nicht so sehr von der weiblichen. Der Unterschied kommt dann, wenn man Kinder bekommt", ist sie überzeugt. Gute Organisation und flexible Handhabe seien in dieser Phase das A und O. Das Ehepaar selbst hat sich die Arbeit stets so eingeteilt, dass Dagmar Bollin-Flade flexibel agieren konnte. „Mein Mann hat alles gemacht, was Produktion und Tagesgeschäft anging. Ich habe alles gemacht, was transportabel war, was nicht meine personelle Anwesenheit im Unternehmen beansprucht hat. So konnte ich mir einfach aussuchen, wo, was und wann ich arbeite." Dabei ist ihr die enge Zusammenarbeit mit ihrem Ehemann sehr wichtig. Mit ihm gemeinsam trifft sie grundlegende Entscheidungen. Große Investitionen sind möglich: Ihr Vater hat es so eingerichtet, dass er in seinen letzten aktiven Jahren wenig ausgegeben hat und nun seine Nachfolger neue Maschinen und dergleichen erwerben können. Die Firma wird nach und nach umstrukturiert. Das Ehepaartandem erweist sich über all die Jahre als erfolgreiche Konstruktion. Hilfreich sind für Dagmar Bollin-Flade auch Netzwerke und ihre ehrenamtlichen Tätigkeiten, um Kontakte mit anderen Jungunternehmern zu knüpfen und sich so austauschen zu können.

Nach rund 30 Jahren in der Geschäftsführung denken Dagmar Bollin-Flade und ihr Mann nun langsam über die eigene Nachfolge nach. Beide Söhne kämen dafür infrage, der ältere hat ein abgeschlossenes Wirtschaftsingenieurstudium, der jüngere ein Wirtschaftsinformatikstudium absolviert. Schon früh war allerdings in der Familie klar, dass der ältere Sohn die Nachfolge antreten möchte. Falls er es sich anders überlegt hätte (er ist inzwischen im Unternehmen), „würde der Jüngere gefragt, sollte auch er es nicht wollen, dann werden wir uns anders orientieren", so Dagmar Bollin-Flade, und fügt hinzu: Ein Anforderungsprofil, das ein potenzieller Nachfolger unbedingt erfüllen müsse, wird es nicht geben. Ausschlaggebend sei der Charakter, ebenso sollte ein möglicher Nachfolger Erfahrungen aus einem anderen Unternehmen mitbringen. „Nichts anderes als das eigene Unternehmen gesehen zu haben, halte ich für schwierig", so die Geschäftsführerin.

Alleine wird die Verantwortung allerdings keiner der Söhne komplett übernehmen müssen, ein erfahrener Betriebsleiter steht ihnen zur Seite. Sicher ist nur, dass nicht beide Söhne zusammen das Führungsduo bilden werden. Zwar würden dem zukünftigen Nachfolger viele Chancen eröffnet, doch müsse er auch das Risiko tragen – erläutert Dagmar Bollin-Flade. Klar ist der heutigen Geschäftsleitung, dass diese Regelung mit einer gewissen Verteilungsungerechtigkeit einhergehen wird. „Unsere Devise im Leben war allerdings schon immer: Gewöhn dich rechtzeitig an Ungerechtigkeiten!", so die Unternehmerin. Für den eigenen Ausstieg und den Übergang dient aus Sicht von Dagmar Bollin-Flade der Vater als

Vorbild. Er habe es innerhalb von wenigen Jahren geschafft, sich komplett aus dem Unternehmen zurückzuziehen. „Ich möchte nicht mit 70 jeden Tag hier antanzen müssen und im Tagesgeschäft drin sein. Auf keinen Fall", so die Geschäftsführerin. Im Ruhestand möchte sie sich erfüllen, was derzeit nicht geht: einmal länger auf Reisen zu gehen.

Erfolgsfaktoren

- Zu sich stehen
- Neugierig bleiben
- Erfahrung in Fremdunternehmen sammeln
- Die Projekte des Altunternehmers nicht fahrlässig zerstören
- Einmal getroffene Nachfolgeregelungen verbindlich vertraglich festhalten
- Ehrenamtliches Engagement sowohl im unternehmerischen als auch im sozialen Bereich, um Wissen zu vergrößern und Netzwerke zu schaffen

Von Nachfolgerin zu Nachfolgerin

Bei den Vertragsverhandlungen rund um die Nachfolge sollte man nicht als Verwandte, sondern als Geschäftspartner agieren. Laut Dagmar Bollin-Flade ist es wichtig, alle Schritte im Rahmen der Übergabe zu fixieren, sodass die Partner vertraglich gebunden sind und wissen, woran sie sind. „Mein Vater hat sich auch erst von verschiedenen Dingen gelöst, als wir ihm irgendwann gesagt haben, dass er gewisse Regelungen im Vertrag unterschrieben hat", erläutert Dagmar Bollin-Flade ihren Ratschlag. Darüber hinaus rät sie Nachfolgern, keinen Vertrag zu unterschreiben, bevor sich nicht beide Parteien über einen Ausstieg des Seniors unterhalten haben. Aus Sicht der in ein paar Jahren Übergebenden rät Dagmar Bollin-Flade, einen externen Moderator zur Übergabe einzuschalten. Der Vorteil besteht darin, dass gerade bei familieninternen Nachfolgelösungen schwierige Themen leichter mit einem neutralen Partner besprochen und moderiert werden können als zwischen Familienangehörigen, die eine lange Geschichte miteinander haben.

Geben Sie Ihrer Nachfolge ein Motto

> Man muss das, was man tut, auch mögen. Love it or leave it! Wenn man etwas nicht machen möchte, sollte man so schnell laufen, wie man kann. Und wenn man sich dafür entschieden hat, dann sollte man nicht jammern. Wer jammert, muss etwas ändern.

Expertenfazit

Dagmar Bollin-Flade führt nicht nur gemeinsam mit ihrem Mann erfolgreich ein Unternehmen in einer männerdominierten Branche, sie verzichtet dabei auch nicht auf Familiengründung. Beides ist zum Zeitpunkt der Übernahme nicht selbstverständlich, gesellschaftliche Rollenbilder noch wesentlich rigider als heute. Dennoch schafft sich die Unternehmerin insbesondere durch das Führungstandem und ihr eigenes Erziehungskonzept die nötigen Freiräume. Diese behält sie auch bei, als die Söhne bereits erwachsen sind und nutzt sie für ihr Engagement in Netzwerken.

7.3 „Geh deinen Weg weiter!"

Christine Bruchmann

Steckbrief
Name:
Christine Bruchmann

Alter:
54 Jahre

Übernahme:
2005 Eintritt in das Familienunternehmen als geschäftsführende Gesellschafterin, 2008 komplette Übernahme aller Geschäftsanteile.

Position:
Geschäftsführende, alleinige Gesellschafterin der Fürst Gruppe in Nürnberg

Unternehmen:
Die Firma Fürst kann auf eine mehr als hundertjährige Geschichte zurückblicken: 1906 von Kaufmann Moritz Fürst gegründet, entwickelte sich das Reinigungsunternehmen stetig weiter. Nach der Zerstörung im 2. Weltkrieg wurde der Betrieb wieder neu aufgebaut. 1969 übernahm Manfred Kaiser die Geschäfte und wandelt das Unternehmen in die Moritz Fürst GmbH & Co. KG um. Wieder wuchs das Unternehmen stetig, neue Geschäftszweige wurden erschlossen und Tochterfirmen gegründet. 2005 wurde Manfred Kaisers Tochter Christine Bruchmann geschäftsführende Gesellschafterin. Im gleichen Jahr gründete die Unternehmerin die Fürst Personaldienstleistungen GmbH, 2007 folgte die Fürst Outsourcing GmbH. Heute ist die Fürst Gruppe auf klassische Gebäudereinigung, Sicherheitsdienste, Zeitarbeit und Outsourcing spezialisiert. Im Jahr 2012 beschäftigte die Unternehmensgruppe rund 4350 Mitarbeiter.

Profil
Für Christine Bruchmann hat ihre Arbeit einen hohen Stellenwert. Sie hat jedoch während ihrer Karriere nicht nur die positiven Folgen ihrer leitenden Tätigkeit erfahren. Für ihre beruflichen Herausforderungen musste sie in den vergangenen Jahrzehnten privat einige Kompromisse eingehen: Privatleben, Zeit mit ihrem Sohn, Freizeit mussten nicht selten zurückstehen. Allerdings haben sie die Führungspositionen bei Großunternehmen, die sie während ihrer eindrucksvollen Karriere einnahmen, erfüllt und ihr Selbstvertrauen immens gestärkt – und sie so zu einer emanzipierten, entscheidungsstarken Frau werden lassen. Sie hat vor allem gelernt, Rückschläge wegzustecken und mit unverwüstlichem Optimismus an Aufgaben heranzugehen.

Persönliche Erfahrung als Nachfolgerin
Christine Bruchmann wächst als mittlere von drei Töchtern des Unternehmers Manfred Kaiser auf. „Ich war für die Nachfolge gar nicht vorgesehen. Bei meiner älteren Schwester stand fest, dass sie nach ihrem Studium in die Firma eintritt", erzählt Christine Bruchmann. Sie selbst studiert nach dem Abitur BWL dann auch nur deshalb, weil sie nicht wirklich weiß, wie die Zukunft aussehen soll. Der Vertrieb interessiert sie und so bewirbt sie sich nach dem Studium bei verschiedenen Markenartikelunternehmen – und bekommt einige interessante Angebote. Sie entscheidet sich für Gillette und arbeitet sich in den folgenden zehn Jahren auf der Karriereleiter bis zur Position des Key Account Directors für Deutschland hoch. Anschließend folgt der erste Wechsel zu einem anderen Unternehmen – es sollte nicht der letzte bleiben. Wochenendbeziehung, Umzüge, kaum Freizeit – für ihre kleine Familie bedeuten die ständigen arbeitsbedingten Veränderungen viele Entbehrungen. Ohne ihren Mann wäre dies nicht möglich gewesen: Er hält ihr viele Jahre den Rücken frei und kümmert sich um die Erziehung des gemeinsamen Sohnes.

Christine Bruchmann macht in der Zwischenzeit Karriere. Doch sie sieht nicht nur die positiven Seiten der Medaille. „Entscheidend für einen guten Manager ist, wie er mit schwierigen Situationen umgeht", weiß sie aus ihrer Erfahrung. Wenn sie von ihren aufreibenden Aufgaben als Managerin redet, benutzt sie auch die Begriffe „Kampf" und „Auseinandersetzung". Dass sie den Konzern letztendlich gegen das Familienunternehmen eintauscht, hat jedoch andere Gründe. Das Tandem zwischen ihrem Vater und der älteren Schwester verläuft nicht immer reibungslos und diese verlässt 2003 das Unternehmen, um eigene Wege zu gehen. „Das war in der Familie ein ziemlicher Schock", erinnert sich Christine Bruchmann. Aufgrund der Umstände steigt der Vater mit Mitte 70 wieder voll in das Unternehmen ein. „Aber so richtig wollte er nicht mehr rein", erklärt sie die damalige Situation. Als er schließlich seine zweitälteste Tochter fragt, ob sie nicht in die Firma einsteigen möchte, überlegt diese lange hin und her. Christine Bruchmann will nicht mehr länger fremdbestimmt in einem Konzern arbeiten und erwägt darum, das Angebot anzunehmen. Sie stellt jedoch eine Bedingung: Nur wenn ein Pflichtteilsverzicht der Geschwister vorliegt, will sie die Nachfolge antreten. Weil dies dem Vater gelingt, wechselt Christine Bruchmann aus ihrer Position als Geschäftsführerin Vertrieb beim Zeitarbeitsunternehmen Randstad in das Unternehmen ihres Vaters. Sie kauft sich anfänglich mit 9 % ein und steigert diesen Anteil sukzessive auf 100 %.

2006 erkrankt Christine Bruchmanns Vater an Krebs, im selben Jahr stirbt ein langjähriger, familienexterner Geschäftsführer: „Ich war also auf mich allein gestellt." Als wäre diese Situation nicht schon schwierig genug, zeigt sich zudem, dass die Firma in ihren Strukturen dringenden Modernisierungsbedarf hat: „Es gab keine funktionierende EDV, der Vertrieb wurde auf Karteikarten gemacht." Nach wenigen Monaten ist sie frustriert und desillusioniert, „weil ich gar nicht wusste, wo ich anfangen und wo ich aufhören sollte." Sie beginnt mit tiefgreifenden Umstrukturierungen, führt Prozesse und IT ein. Nach und nach wird eine Corporate Identity etabliert. Außerdem gründet Christine Bruchmann 2005 parallel eine weitere Firma, die Fürst Personaldienstleistungen. „Das waren wirklich harte Zeiten", stellt sie in der Rückschau fest. Denn auch finanziell sind die Umbruchjahre nicht sonderlich erfolgreich. Die Investitionen verschlingen enorme Summen. Hinzu kommen gesetzliche Änderungen, die weitere finanzielle Mittel erfordern.

„Das Bitterste", sagt sie heute, sei für sie gewesen, dass ihr Vater den neu eingeschlagenen Weg nicht akzeptieren konnte. „Er hat alle Neuerungen, die ich eingeführt habe, als Angriff verstanden." Eine wirkliche Unterstützung erfährt sie daher nicht, stattdessen gibt es Vorwürfe, Druck und Spannungen seitens des Vaters. „Da muss man schon hart sein, um das zu verkraften", so die Unternehmerin. Doch Christine Bruchmann steht zu ihrer Verantwortung, auch aus Loyalität zu ihren Mitarbeitern: „Ich schmeiße die Dinge nicht hin, ich bringe sie zu Ende." Mit den Mitarbeitern muss sie anfangs hadern – viele verstehen den neuen Kurs nicht. Mit ihrem Führungsstil, der kooperativ und geprägt von Vertrauen ist, kann sie die Angestellten aber langsam für sich gewinnen und ihnen ihre Strategie vermitteln. „Sehr viel Geduld, sehr viele Gespräche" führen schließlich dazu, dass sich die meisten Mitarbeiter auf die veränderten Gegebenheiten einlassen. Von manchen muss sich Christine Bruchmann aber auch trennen.

Mit einem gleichgestellten Gegenüber, das nach seinen eigenen Vorstellungen handelt, habe der Vater, „eine charismatische Persönlichkeit, ein Macher", jedoch nicht umgehen können. Die Beziehung zwischen Vater und Tochter steht zum Teil unter enormen Druck. Im Nachhinein sind die emotionalen Hürden die größte Belastung in den anstrengenden Umbaujahren. Bis heute sei die Anerkennung durch den Vater ausgeblieben, sagt die Tochter, obwohl das Unternehmen mittlerweile wirtschaftlich sehr gut aufgestellt ist. In das operative Geschäft mischt er sich nicht ein. Seit 2008 gehört ihr das Unternehmen zu 100 %. Manfred Kaiser ist mittlerweile im Ruhestand. Das Leben ohne die Firma fällt ihm immer noch schwer. Christine Bruchmann selbst möchte darum besser vorbereitet sein – in rund zehn Jahren will sie das Unternehmen übergeben. Ein Nachfolger steht aber noch nicht fest.

Erfolgsfaktoren

- Immer das Gute sehen, auch bei Problemen und Rückschlägen
- Keine Schuldgefühle haben und sich auch nichts von anderen einreden lassen
- Den eigenen Weg gehen und sich selbst treu bleiben
- Erfahrungen außerhalb des Unternehmens sammeln
- Die Nachfolge nicht mit falschen Motiven antreten, etwa um jemanden stolz zu machen oder um Anerkennung zu bekommen

- Immer einen klaren strategischen Kurs verfolgen
- Aufbau einer Innovationskultur

Von Nachfolgerin zu Nachfolgerin
Aus der Perspektive von Christine Bruchmann liegt der Schlüssel einer erfolgreichen Nachfolge in der Emanzipation vom Vater/Vorgänger. Sie rät Nachfolgerinnen daher, sich konsequent vom Vater abzunabeln. Christine Bruchmann konnte bei diesem Prozess auf ihre Erfahrungen außerhalb des familieneigenen Unternehmens zurückgreifen – ihre jahrelange Arbeit für große namhafte Firmen hat ihr Selbstvertrauen in sich und ihren Weg gegeben.

Geben Sie Ihrer Nachfolge ein Motto

Sieh immer das Gute und geh deinen Weg weiter!

Expertenfazit
Das Beispiel von Christine Bruchmann zeigt, dass die größte Herausforderung in der Nachfolge das Management von Emotionen ist. Bruchmanns Vater hatte sich nicht auf eine neue Lebensrolle vorbereitet. Als er krank wurde, konnte er sich mit der (neuen) Führung und den Veränderungen im Unternehmen nicht anfreunden. Die unterschiedlichen Vorstellungen der Firmenentwicklung führten dann zu Konflikten zwischen Vater und Tochter. Christine Bruchmann musste lernen, aus der Tochterrolle zu entwachsen und ihrem Vater als Unternehmerin zu begegnen. Darunter litt die Beziehungsebene stark. Ein externer Mediator hätte hier, als unabhängiger, professioneller Vermittler, sicher hilfreich sein können.

7.4 „Brücke zwischen Vergangenheit und Zukunft"

Dr. Antje von Dewitz

7.4 „Brücke zwischen Vergangenheit und Zukunft"

Steckbrief
Name:
Dr. Antje von Dewitz

Alter:
41 Jahre

Übernahme:
2009 übernimmt sie die Geschäftsführung beim Outdoor-Ausrüster VAUDE

Position:
Geschäftsführerin der VAUDE Sport GmbH & Co. KG in Tettnang

Unternehmen:
Das Unternehmen wurde 1974 von Albrecht von Dewitz gegründet und wird seit 2009 von seiner Tochter Antje erfolgreich in zweiter Generation weitergeführt. VAUDE zählt heute zu den führenden Bergsportmarken in Europa. Das Unternehmen beschäftigt rund 500 Mitarbeiter am Standort und 1600 weltweit.

Profil
Sie ist Mutter von vier Kindern und Geschäftsführerin bei VAUDE, einer der führenden Bergsportmarken. Um den Familienalltag und die Kinder kümmert sich aktuell maßgeblich ihr Mann. Ein ungewöhnliches Familienmodell im konservativen Oberschwaben, wo Antje von Dewitz lebt und arbeitet, aber kein Problem für sie und ihre Familie. Die 41-jährige Unternehmerin hat fast alles ausprobiert, um Beruf und Familie unter einen Hut zu bekommen: Fernbeziehung, Au-pair, Teilzeit. „Jetzt sind wir in einer Phase, in der dieses Modell einfach super passt", findet sie. Aus Erfahrungen zu lernen, das ist von Anfang an der Weg, den Antje von Dewitz beschreitet.

In ihrer Kindheit wächst sie mit der Frage auf, ob sie das Unternehmen des Vaters eines Tages übernehmen wird. Die Frage wird jedoch eher von außen an sie herangetragen, die Eltern selbst thematisieren die Nachfolge kaum. Während ihre beiden Schwestern sich beruflich eher in den sozialen Bereich orientieren (die ältere ist Lehrerin, die jüngere Sozialpädagogin), kristallisiert sich schnell heraus, dass, wenn überhaupt, nur Antje von Dewitz für eine familieninterne Nachfolge infrage kommt. Doch zunächst will sie sich selbst ausprobieren, ein Weg ins Unternehmen ist noch nicht festgelegt. Auch der Vater sieht sie bis dahin nicht konkret als Nachfolgerin. Antje von Dewitz studiert zunächst und sammelt dann bei diversen Praktika die unterschiedlichsten Erfahrungen. Ein Praktikum im Familienunternehmen öffnet ihr die Augen: Hier fühlt sie sich zu Hause! Doch vor dem eigentlichen Einstieg bei VAUDE stellte sie andere Weichen. Sie geht mit ihrem Mann nach Stuttgart, da dieser dort seinen Berufseinstieg verwirklichen kann. Sie promoviert und bekommt noch während des Studiums zwei Kinder. Kurze Zeit führt sie ein Leben als Hausfrau und Mutter. 2005 kehrt die Familie in den Heimatort zurück und Antje von Dewitz steigt endgültig in das Familienunternehmen ein. Heute, nach vielen erfolgreich gemeisterten Herausforderungen, fühlt sich Antje von Dewitz als Brücke zwischen Vergangenheit und Zukunft: „Der Baum war schon gepflanzt, ich habe ihn gegossen und mitdefiniert, welche Zweige wachsen sollen und stark werden."

Persönliche Erfahrung als Nachfolgerin
Vier Jahre lang dauert die Tandemphase von Antje und Albrecht von Dewitz. Eine Zeit, in der die Tochter viel von ihrem Vater lernt. Aber auch eine Zeit, in der sie ihre eigenen Stärken und ihren eigenen Führungsstil entwickelt. Sie setzt auf flache Hierarchien und ein gesundes Maß an Eigenverantwortung.

Studiert hat die heute 41-Jährige Kulturwirtschaft. „Ein sehr breit angelegtes Studium, das mir in vieles Einblick gegeben hat." Gegen Ende des Studiums verschlägt es sie für ein Praktikum auch in die familieneigene Firma. Von Anfang an erhält sie eine verantwortungsvolle Aufgabe, sie soll den neuen, dritten Geschäftsbereich „Packs and Bags" aufbauen. Ein Schlüsselerlebnis: „Ich habe gemerkt, das erfüllt mich, das mache ich weiter." Antje von Dewitz fühlt sich angekommen. So spricht sie ihren Vater aktiv auf die Nachfolge an. Der ist anfangs etwas überrascht, aber dennoch bereit, es mit ihr anzugehen. Doch bis sie das Ruder mit in die Hand nimmt, vergeht noch reichlich Zeit. Sie zieht mit ihrem Mann nach Stuttgart, kümmert sich dort um die beiden Kinder, während der Ehemann sich seine berufliche Zukunft aufbaut. Gleichzeitig arbeitet sie halbtags an der Universität Hohenheim am Lehrstuhl für Entrepreneurship und promoviert dort zum Thema „Leistungsstarke Rahmenbedingungen in mittelständischen Unternehmen". Sie setzt sich da bereits viel mit den Strukturen bei VAUDE auseinander. 2005 kehrt die Familie mit mittlerweile drei Kindern nach Tettnang zurück. Antje von Dewitz steigt bei VAUDE als Marketingleiterin ein. Nach und nach emanzipiert sich die junge Unternehmerin vom Vorbild des Vaters, entwickelt ihren eigenen Führungsstil und führt langsam neue Strukturen ein.

So steht bereits ein gutes Fundament, als der Vater 2009 in den Beirat wechselt und ihr das Ruder komplett übergibt. „Diese Emanzipation war sehr wichtig für mich und ist mit Sicherheit der Schlüssel für die gelungene Nachfolge gewesen. Wenn ein Tandem zu lange dauert, vergisst man selbst, für was man eigentlich stand und ist nur noch Beifahrer."

Antje von Dewitz geht neue Wege, auch wenn sie Grundwerte ihres Vaters übernommen hat. Der Kulturwechsel ist heute mitten im Gange. In zahlreichen Projekten entwickelt sie gemeinsam mit ihren Mitarbeitern die neue Struktur. Ihr wichtigstes Ziel: Mitarbeiter zur Eigenverantwortung zu ermutigen. „Es ist wie eine gemeinsame Reise. Die Mitarbeiter müssen aktiv einbezogen werden, um die Strukturen zukunftsfähig zu gestalten bzw. zu erhalten", betont die Unternehmerin.

Durch eine Vielzahl von Einrichtungen und durch flexible Arbeitszeiten eröffnet sie Frauen die Möglichkeit, sich beruflich bei VAUDE zu entfalten. Ein unternehmensinternes Kinderhaus ist nur ein Beispiel dafür, wie von Dewitz Familie und Beruf vereinbar machen möchte. „Die Idee für das Kinderhaus hatte bereits mein Vater, ich habe es dann 2001 auf den Weg gebracht." VAUDE ist im sozialen Bereich unabhängig zertifiziert durch das Audit Familie und Beruf®. Die Förderung der Vereinbarkeit von Familie und Beruf ist für sie sowohl Herzensangelegenheit als auch ökonomisch von Interesse. „Es ist unsere Firmenphilosophie und wir haben dadurch auch einen Wettbewerbsvorteil, den wir belegen können, u. a. bei der Gewinnung von Fachkräften. Im vergangenen Jahr haben wir 60 Stellen besetzt und dafür nur zwei Anzeigen gebraucht – der Rest ging über unsere Internetplattform." Die Geburtenrate bei VAUDE hat sich seit Eröffnung des Kinderhauses verdreifacht und liegt damit heute mehr als dreimal so hoch wie im deutschen Durchschnitt. Diese Entwicklung ist natürlich zunächst erst mal mit Mehrkosten verbunden. Langfristig rechnet sich die Investition in ein familienfreundliches Unternehmen, so die Überzeugung der innovativen Unternehmerin. Und nicht nur die Zahlen sprechen heute schon für den Erfolg.

Auch in der Rückbetrachtung hält es Antje von Dewitz für eine gute Entscheidung, das Familienunternehmen VAUDE übernommen zu haben: „Ich hätte mir allerdings einen externen Coach gewünscht, der die Nachfolge mit begleitet und meine Entwicklung von der Tochter zur Unternehmerin mit unterstützt hätte." Den Einstieg über ein Praktikum fand sie gut, v. a. die große Verantwortung, die sie dabei erhalten hat. Allerdings war der Aufbau eines völlig neuen Geschäftsbereichs nicht ideal, um die vorhandenen Strukturen im Unternehmen kennenzulernen. Ob einmal eines ihrer Kinder ihre Nachfolge antritt, steht noch nicht fest. Wichtig ist für Antje von Dewitz jedoch, dass sie – falls sie sich dafür entscheiden – eine fundierte Ausbildung und ein fachbezogenes Studium absolvieren.

Erfolgsfaktoren

- Die eigenen Ziele und Wünsche kennen
- Mit dem Vater auf Augenhöhe kommen und die Unternehmerinrolle entwickeln und gestalten
- Sich selbst Zeit geben, die neue Rolle auszufüllen
- Mitarbeiter durch aktive und offene Kommunikation in die Entwicklung des Unternehmens einbeziehen
- Die eigenen Wurzeln wertschätzen
- Zum eigenen Lebensmodell stehen, auch wenn es nicht zu 100 % gesellschaftliche Zustimmung findet
- Eine unterstützende und gleichberechtigte Partnerschaft führen

Von Nachfolgerin zu Nachfolgerin
Wenn man sich sicher ist, dass man die Nachfolge antreten möchte und sich diese auch zutraut, sollte man aktiv auf den Übergeber zugehen. Bei der Entwicklung des Rollenverständnisses von der Tochter zur eigenständigen Unternehmerin ist ein externer Coach sinnvoll.

Geben Sie Ihrer Nachfolge ein Motto

Nachfolge ist wie ein schneller, fließender Fluss.

Expertenfazit

Antje von Dewitz hat sich Zeit gelassen mit der Entscheidung, die Nachfolge anzutreten. Letztendlich war es die praktische Erfahrung, durch die sie spürte, dass sie richtig ist. In einem eigenen Projekt probiert sie sich unabhängig vom Vater aus und lernt durch ihre Promotion die Strukturen von VAUDE zu verstehen, erkennt aber auch neue Möglichkeiten und Veränderungspotenzial. Dass sie die Mitarbeiter im folgenden Strukturwandel immer aktiv einbindet, ist eine ihrer Führungsstärken. So sichert sie Selbstbestimmung und Rückhalt von Beginn an. Es hat eine Weile gedauert, aber Vater und Tochter agieren letztendlich auf Augenhöhe. Der Weg von der Tochter zur Unternehmerin ist kein leichter, aber Antje von Dewitz ist ihn konsequent gegangen und führt heute ihr Unternehmen in ihrer ganz eigenen Art und Weise sehr erfolgreich. Auch im Privatleben setzt sie nicht auf Standardlösungen. Dass ihr Mann sich in dieser Phase vorrangig um die Kinder kümmert, ist für sie nicht außergewöhnlich. Sie selbst hat ihn vorher bei seiner Karriere unterstützt.

7.5 „Gefordert und daran gewachsen"

Eva Gleich

Steckbrief
Name:
Eva Gleich

Alter:
34 Jahre

Übernahme:
2005 übernimmt sie den kaufmännischen Bereich, 2008 übernimmt sie neben ihrem Vater die Geschäftsführung, 2011 steigt ihr Bruder ein und wird 2013 ebenfalls Geschäftsführer

7.5 „Gefordert und daran gewachsen"

Position:
Geschäftsführerin und Anteilseignerin der Gleich GmbH, Aschaffenburg

Unternehmen:
1980 von Volkmar Gleich gegründet, befasste sich die Gleich GmbH in Aschaffenburg in der Anfangszeit hauptsächlich mit Einbruchmeldetechnik. Heute bietet das Unternehmen verschiedenste Dienstleistungen von der Sicherheits- bis hin zur Medientechnik an. Das Angebot erstreckt sich von der Beratung und Planung über die Montage und Programmierung bis hin zur Wartung und Betreuung von Anlagen. So hat sich das Unternehmen in diesen Bereichen zu einem der größten herstellerunabhängigen Dienstleister in Deutschland entwickelt. 2005 stieg Tochter Eva Gleich in den kaufmännischen Bereich des Betriebs ein, später folgte ihr Bruder Uwe nach, der die technische Leitung des Unternehmens übernahm. Im Jahr 2011 verabschieden die Kinder den Vater mit 65 Jahren feierlich in die Rente. Das Unternehmen hat heute über 65 Mitarbeiter. Beide Geschäftsführer halten je 20 % der Firmenanteile, Volkmar Gleich noch 60 %.

Profil
Von klein auf eifert Eva Gleich ihrem Vater nach. Unbedingt will sie in seine Fußstapfen treten – auch wenn dies bedeutet, sich als Frau in einem männlich dominierten, technischen Metier durchsetzen zu müssen. Als Nachfolgerin legte sie großen Ehrgeiz an den Tag und lernte durch Leistung zu überzeugen – doch erst nach rund zehn Jahren fühlte sie sich hier wirklich etabliert. Auch im Privatleben scheute sie die Herausforderung nicht: Trotz ihrer wichtigen Stellung im Unternehmen bekam sie innerhalb kurzer Zeit zwei Kinder. Um Familie und Beruf vereinbaren zu können, schaffte sich Eva Gleich ein Netzwerk, das ihr bei der Kindererziehung unter die Arme greift. Der eigene Bedarf an Kinderbetreuung hatte auch direkte Auswirkungen auf den Betrieb: So gründete die tatkräftige Unternehmerin gemeinsam mit ihrem Bruder eine öffentliche Kindertagesstätte mit insgesamt 17 Plätzen, die mehr als zur Hälfte an nichtbetriebszugehörige Eltern vergeben sind.

Persönliche Erfahrung als Nachfolgerin
„Seit ich denken konnte, hatte ich die fixe Vorstellung, dass ich genau das machen möchte, was auch mein Papa macht", sagt Eva Gleich. Sie und ihr ein Jahr jüngerer Bruder seien in die Firma hineingewachsen, stets war das Unternehmen in der Familie präsent. So studiert Eva Gleich nach dem Abitur Betriebswirtschaftslehre und Recht an der Hochschule in Aschaffenburg, anschließend übernimmt sie ein halbes Jahr lang eine Bereichsleitung bei Aldi – eine Arbeit, die nicht ihrem Charakter entspricht und die sie daher bald wieder aufgibt. Um den Kopf frei zu bekommen, macht sie eine mehrmonatige Backpacker-Tour durch Australien. Zurück in Deutschland, bietet ihr Vater ihr an, ins Familienunternehmen einzusteigen. Gleichzeitig kündigt er an, mit 60 Jahren aus der Firma auszusteigen. Nicht

nur für sie, auch für die Mitarbeiter kommt ihr Start in der Firma überraschend – Volkmar Gleich hatte die Angestellten nicht auf die mögliche Nachfolge durch die Tochter vorbereitet. Überhaupt wird die Umstellung nicht strategisch geplant. „Ich hatte keinen Schreibtisch, keinen Computer, ich fing dann halt im Vorzimmer meines Vaters an", erinnert sich Eva Gleich. Da sie lange davon ausgeht, dass sie nur 13 Monate bis zu seinem 60. Geburtstag zusammen mit dem Vater im Tandem arbeiten wird, versucht sie besonders viel in besonders kurzer Zeit zu lernen: „Ich habe Vollgas gegeben mit allem: mich in die Buchhaltung eingearbeitet, in die Geschäftsprozesse, ins Qualitätsmanagement, nur um dann festzustellen, dass mein Vater mit 60 nicht im Traum daran dachte, aufzuhören."

Diese Erkenntnis habe „für sehr böse Reibereien gesorgt". Fünf weitere Jahre dauert der Abnabelungsprozess des Vaters schließlich: „Er hat die Zeit einfach auch gebraucht, um zu sehen, dass es auch ohne ihn geht. Das war mit Sicherheit eine schmerzliche Erfahrung für ihn", denkt Eva Gleich heute. Ein guter Freund des Vaters hilft den beiden, die Nachfolge anzugehen. „Er hat uns sehr weitergeholfen, indem er uns die Verhaltens- und Sichtweisen des jeweils anderen klar gemacht hat", betont die Unternehmerin. Dennoch ist es für sie eine aufreibende Zeit, in der sie lernen muss, sich gegen verschiedene Widerstände durchzusetzen. Oft fühlt sie sich überfordert und allein gelassen.

Dennoch gelingt die Übergabe schlussendlich. „Mein Vater hatte ja das Unternehmen überhaupt nur so lange fortgeführt, um es an uns zu übergeben", räumt Eva Gleich ein. Ohne die Nachfolger hätte er das Unternehmen zu einem früheren Zeitpunkt bereits verkauft. „Er hat mir und meinem Bruder nicht nur sein emotionales Lebenswerk anvertraut, sondern auch seine finanzielle Grundlage und Absicherung", schildert die Unternehmerin die große Verantwortung. Der Vater sei ihr trotz aller Schwierigkeiten immer ein großes Vorbild gewesen, vor allem in seiner Einstellung zu Firmenphilosophie und Führungsstil.

Neben dem Vater, dem es schwer fällt loszulassen, ist es insbesondere ein Führungsmitarbeiter, mit dem sie Probleme hat: „Mit unserem Prokuristen hat es überhaupt nicht geklappt, der fühlte sich durch mich unglaublich bedroht." Insgesamt habe sie „eine drei Jahre lange, schwierige Phase mit Höhen und Tiefen" durchlebt und oft an Kündigung gedacht. 2007 schließlich wirft der Prokurist das Handtuch, Eva Gleich leitet nun alleine und ohne ständigen Konkurrenzkampf den kaufmännischen Bereich. Mit den meisten Mitarbeitern hat sie von Anfang an kein Problem. Viele kennen sie zwar schon, seit sie ein Kleinkind ist, akzeptieren sie dennoch gleich als Chefin: „Die meisten haben meinen Einstieg positiv aufgenommen, sie wussten dann auch, dass es weitergeht, dass jemand aus der Familie da ist."

Anders reagiert die Branche: Eva Gleich wird schnell mit Vorurteilen konfrontiert, als junge Frau wird sie im männlich dominierten Techniksektor zunächst nicht voll genommen. So beschreibt sie noch heute als schlimmste Erfahrung eine wichtige Messe, auf der sie ihren Betrieb vertrat. Dort sei sie kaum als Führungskraft wahrgenommen worden, erinnert sie sich, stattdessen wurde sie für eine Hostess gehalten und um Kaffee gebeten: „Das hat mich Kraft gekostet, da war ich schwer frustriert." Für sie ein unerwarteter Schock: Während in vielen Bereichen der freien Wirtschaft nach ihrer eigenen Erfahrung

7.5 „Gefordert und daran gewachsen"

schon Gleichberechtigung herrschte, sah die Welt im Technikbereich „plötzlich ganz anders aus". Heute lässt sich Eva Gleich nicht mehr aus der Reserve locken: „Man ist natürlich an seinen Aufgaben gewachsen, man tritt sicherlich anders auf und man ist nicht mehr so naiv." Um sich technisch weiterzuqualifizieren, macht sie ihren „Master of Engineering". Sie eignet sich noch mehr technisches Know-how an, um alle Zulassungen, die für das Unternehmen wichtig sind, machen zu dürfen. Dennoch sagt sie: „Ich hätte manchmal gerne noch mehr Verständnis für Problemstellungen meiner Mitarbeiter."

An den Strukturen verändert die studierte Betriebswirtschaftlerin in ihren ersten Jahren kaum etwas im Unternehmen. „Was die wesentlichen Dinge angeht, sind wir hier alle einer Meinung", sagt sie und bezieht hier sowohl ihren Vater als auch ihren Bruder Uwe mit ein, der ein paar Jahre nach ihr ins Unternehmen eingestiegen ist. Uwe Gleich hat eine Elektronikerlehre und danach ein Studium der Elektrotechnik absolviert. Heute ist er für Technik und Vertrieb im Familienunternehmen zuständig, seine Schwester kümmert sich um alles andere. Nach einem längeren Reibungsprozess sei das Verhältnis unter den Geschwistern heute hervorragend. „Wir haben uns auch persönlich schon immer sehr, sehr gut verstanden", so Eva Gleich: „Als er sich dann entschieden hat, ins Unternehmen zu kommen, war ich einfach froh über die Unterstützung." Uwe Gleich hingegen schätzt den Unternehmergeist der Schwester. Daher ist ihm auch daran gelegen, dass Eva Gleich eine knappe Mehrheit im Unternehmen bekommt, wenn der Vater nach und nach wie geplant seine Anteile übergibt.

Trotz ihres Engagements im Unternehmen möchte Eva Gleich nicht auf eine Familie verzichten. Als ihr erstes Kind auf die Welt kommt, kümmert sich Vater Volkmar viel um die kleine Enkelin: „Mein Vater war da eine sehr große Stütze für mich." Außerdem erfährt sie enorme Unterstützung von ihrem Ehemann, der selbst Elternzeit nimmt. Bei der Geburt ihres zweiten Kindes ist Eva Gleichs Bruder bereits mit im Unternehmen tätig. Dennoch fängt sie schon nach etwa zehn Tagen wieder an zu arbeiten: „Mir ging es damals einfach sehr gut." Eva Gleich engagiert sich dafür, dass die Firma eine eigene Kindertagesstätte gründet. So wird eine Mitgründerin gesucht, die das notwendige Fachwissen hat – und bald kann die Kita eröffnet werden. Heute sind dort neben den beiden Kindern von Eva Gleich auch die beiden Kinder von Uwe Gleich untergebracht, daneben noch über zehn weitere Kinder, auch externe. „Die Kita wird auf jeden Fall positiv wahrgenommen", so Eva Gleich, die sich betriebsintern sehr dafür einsetzt, arbeitenden Müttern unter die Arme zu greifen.

Über ihre eigene Nachfolge hat sie sich noch keine Gedanken gemacht – dafür seien ihre Kinder und die ihres Bruders einfach noch zu klein. Man müsse noch etwa 20 Jahre abwarten, welche Interessen der Nachwuchs entwickle und sich dann danach orientieren. Wenn keines der Kinder die Nachfolge antreten wolle, „dann kann man sie auch nicht dazu zwingen." Freuen würde sie sich dennoch, wenn eines der Kinder eines Tages Interesse am Unternehmen zeigt.

Erfolgsfaktoren

- Geduld und ein „dickes Fell" haben
- Sich nicht vor Auseinandersetzungen mit Mitarbeitern scheuen
- Verständnis für den Vorgänger aufbringen und offen über Probleme sprechen
- Die Perspektive des anderen verstehen lernen
- Nachfolge gut planen, externe Beratung zur Vermittlung zwischen den Generationen
- Eigenen Kindergarten für die Betreuung gründen

Von Nachfolgerin zu Nachfolgerin
Aus Eva Gleichs Sicht ist die Töchternachfolge zwar in den letzten Jahren für alle Beteiligten normaler geworden – in einigen Branchen jedoch, wie etwa im technischen Bereich, ist sie immer noch sehr schwierig und wenig akzeptiert. Hier rät die junge Unternehmerin potenziellen Nachfolgerinnen, sich mit anderen Nachfolgerinnen intensiv auszutauschen.

Geben Sie Ihrer Nachfolge ein Motto

Meine Nachfolge ist wie ein Baum: Sie war Wind und Wetter ausgesetzt und ist dennoch gewachsen.

Expertenfazit

Das Beispiel von Eva Gleich zeigt, dass Nachfolger oft an mehreren Fronten kämpfen müssen: mit dem Vater, mit den Mitarbeitern und – wenn vorhanden – auch mit den Geschwistern. Im Fall von Eva Gleich kostete der Kampf mit einem Führungsmitarbeiter besonders viel Kraft: Der langjährige Prokurist sah sich bereits als Nachfolger, weil der Vater seine Nachfolgepläne lange nicht intern kommunizierte. So fühlte er sich durch den – für ihn plötzlichen – Unternehmenseintritt der Unternehmertochter wie vor den Kopf gestoßen. Eva Gleich hatte drei Jahre lang unter dem dadurch entbrannten, internen Konkurrenzkampf zu leiden. Auch mit dem Vater kam es zu Konflikten, weil dieser sich letztlich nicht wie angekündigt mit 60 aus dem Unternehmen zurückziehen wollte. Diese konnten letztlich nur mit einem externen Berater gelöst werden. Auch als der Bruder ins Unternehmen eintrat, mussten Aufgaben klar verteilt und Regelungen getroffen werden. Diese Aufgabe meisterten die Geschwister jedoch von Beginn an gut und harmonisch. Das Beispiel von Eva Gleich zeigt, wie wichtig klare Regeln, welche von allen Beteiligten eingehalten werden, für den gelungenen Nachfolgeprozess sind.

7.6 „Kämpfen und durchhalten"

Isabel Hahn

Steckbrief
Name:
Isabel Hahn

Alter:
43 Jahre

Übernahme:
Einstieg 1996, ab 2008 in der Geschäftsführung, gemeinsame Geschäftsleitung mit dem Cousin Tobias Hahn ab 2009

Position:
Geschäftsführerin der GLASBAU HAHN GmbH in Frankfurt am Main

Unternehmen:
Seit ihrer Firmengründung vor mehr als 180 Jahren reagiert GLASBAU HAHN auf die Wünsche ihrer Kunden und entwickelt dafür immer wieder neue Produkte und Konstruktionen. Im Laufe der Zeit kristallisierten sich drei Abteilungen mit folgenden Schwerpunkten heraus: Vitrinen und Museumstechnologie; Lamellenfenster und Architekturglas; Sonderkonstruktionen und Glas im Innenausbau. GLASBAU HAHN ist weltweit tätig und beschäftigt rund 120 Mitarbeiter an seinem Firmensitz in Frankfurt am Main und einem weiteren Produktionsstandort in Stockstadt.

Profil
Auch wenn sie schon in jungen Jahren in das Familienunternehmen einstieg – Isabel Hahn musste ihre leitende Position bei GLASBAU HAHN behaupten. Nach ihrem Studium und zwei Jahren professionelle Erfahrung bei einem anderen Unternehmen tritt die 26-Jährige 1996 in die Firma des Vaters ein. Eine längere Tandemphase mit dem Vater und dem Onkel beginnt. Als 2009 Isabel Hahns Cousin Tobias in den Betrieb einsteigt und dessen Vater sich zur Ruhe setzt, werden die Geschäftsfelder neu aufgeteilt. Nach längeren Verhandlungen mit ihrem Vater überschreibt dieser der potenziellen Nachfolgerin Unternehmensanteile. Isabel Hahn ist zu dem Zeitpunkt 35 Jahre alt und stellt mit diesem Schritt die Weichen für ihre Zukunft.

Dass die Geburt ihrer Tochter letztlich mit der Firmenübernahme zusammenfällt, empfindet sie nicht als Problem. Die durchsetzungsstarke Jungunternehmerin ist froh über die Unterstützung, die sie in dieser Zeit noch vom Vater erhält. Familie und Unternehmen gleichermaßen gerecht zu werden – Isabel Hahn sieht darin noch immer die größte Herausforderung für Nachfolgerinnen. Dennoch würde sie für die Firma nie auf eigene Kinder verzichten.

So wichtig es Isabel Hahn war, als Unternehmensleiterin aktiv zu werden, so sehr kann sie sich in anderen Dingen jedoch zurücknehmen. Heute teilt sie sich ein Büro zusammen mit ihrem Vater, auch wenn er dort nicht mehr so häufig sitzt und die Mitarbeiter sie längst als Chefin respektieren.

Persönliche Erfahrung als Nachfolgerin
Schon mit Mitte 20 steigt Isabel Hahn in das Frankfurter Familienunternehmen ein. Sie hat studiert und zwei Jahre Erfahrungen in einem anderen Betrieb in der gleichen Branche gesammelt. Sie übernimmt zunächst einen Posten als Leiterin der Abteilung für Lichtleitertechnik.

Wie viele junge Nachfolger, möchte Isabel Hahn neue Ideen in die Firma einbringen. Das führte gelegentlich zu Konflikten zwischen den zwei Generationen. Als 2006 zusätzlich noch Isabel Hahns Cousin Tobias Hahn in die Firma eintritt, scheidet der Onkel aus – hier gibt es keine Tandemphase. Die Geschäftsfelder werden aufgeteilt, jeder hat klare Verantwortungsbereiche: „Dadurch wurden von Anfang an Spannungen vermieden."

2008 setzt Isabel Hahn ihre Nachfolge aktiv um. Noch ist sie jung genug, um auch extern in einem anderen Unternehmen Fuß zu fassen, falls ihr Vater sie nicht an der Firma beteiligen möchte. Doch dieser zeigt sich von Anfang an einverstanden. Ein neuer Gesellschaftervertrag wird vereinbart und die Geschäftsbereiche werden neu aufgeteilt.

Zeitgleich zur Firmenübernahme 2008 bekommt Isabel Hahn eine Tochter: „Eigentlich ein guter Zeitpunkt, da mich mein Vater noch sehr stark unterstützt hat und immer präsent war." Einfach sei es dennoch nicht, Familie und Unternehmen unter einen Hut zu bringen, gibt die Geschäftsfrau zu. Eine Kinderfrau und die Großeltern kümmern sich um die Tochter. Ihr Mann ist ebenfalls voll berufstätig, kümmert sich aber viel um Kind und Haushalt. „Natürlich ist es schade, dass ich sie nicht vom Kindergarten abholen kann oder dass ich nicht dabei sein kann, wenn sie unter der Woche Freundinnen einlädt. Sie wünscht sich so sehr ein Geschwisterchen – wir Eltern sind aber sehr glücklich mit unserer einzigen Tochter und möchten die wenige Freizeit voll mit ihr verbringen."

Isabel Hahn liebt beides – Firma und Kind. „Zugunsten der Firma hätte ich kaum auf ein Kind verzichten wollen. Kinder sind etwas Großartiges." Dennoch teilt auch sie das Los vieler Geschäftsfrauen: „Leider ist es immer noch oft so, dass man von der Gesellschaft als Rabenmutter angesehen wird, die für ihre Kinder zu wenig Zeit hat."

Bevor Isabel Hahn in die Geschäftsführung eintrat, wurde versucht, bestimmte Bereiche an einen externen Geschäftsführer zu delegieren. Doch dieser Versuch scheitert. Das Herzblut, die Leidenschaft für den Familienbetrieb fehlte. „Die Firma wird jetzt von der fünften Generation geführt und ich möchte unbedingt, dass sie noch lange existiert und dass ich sie noch in die nächste Generation führen kann. Ich glaube, das ist bei einem Fremdgeschäftsführer anders. Dieser sieht eher den kurzfristigen Profit, denkt nicht langfristig und will selbst in einem positiven Licht dastehen."

Was das Unternehmen auszeichnet, sei der große Familienzusammenhalt. Das Tandem mit dem Cousin funktioniere gut, auch wenn die drei Unternehmensbereiche (Museumsvitrinen, Lamellenfenster und Glaserhandwerk) unterschiedlich agieren.

Tobias Hahn machte nach seinem Eintritt bei GLASBAU HAHN einen radikalen Schnitt, ging bewusst keine Tandemphase mit seinem Vater ein. Anders Isabel Hahn, die Veränderungen in den Strukturen des Unternehmens langsamer durchsetzt. Beide suchen jedoch den Konsens mit den Mitarbeitern.

Eine Zusammenarbeit mit dem Vater funktioniert. Obwohl der Vater noch präsent ist, hat Isabel Hahn bei den Mitarbeitern klar ihre Position. „Das kam ganz automatisch mit der Zeit, dass sie jetzt mit mir sprechen, anstatt mit meinem Vater. Das war nie ein Problem."

Erfolgsfaktoren

- Spätestens mit Mitte 30 aktiv die Nachfolge im Unternehmen einfordern
- Trotz aller Probleme das eigene Ziel im Auge behalten und sich nicht entmutigen lassen
- Offene Kommunikation und Festlegung von klaren Verantwortlichkeiten im Tandem
- Externe Ausbildung
- Langsame, aber stetige Veränderungen im Unternehmen durchsetzen und so die Mitarbeiter für sich gewinnen
- Klar abgegrenzte Aufgabenbereiche im Tandem
- Akzeptieren, dass es eine Herausforderung ist, Kind und Unternehmen zu vereinbaren

Von Nachfolgerin zu Nachfolgerin

Für Nachfolger ist es immer eine unschöne Situation, etwas einfordern zu müssen. Wenn es denn aber so ist, dann sollte man sich nicht durch Disharmonien von seinem Ziel abbringen lassen. Kein Nachfolgeprozess geht ohne Reibungsverluste über die Bühne. Wichtig ist es, Verständnis für den Übergeber zu haben und diesem auch später noch einen Platz im Unternehmen und eine Aufgabe zu geben.

Geben Sie Ihrer Nachfolge ein Motto

Kämpfen und durchhalten.

Expertenfazit

Das Beispiel von Isabel Hahn zeigt, dass irgendwann innerhalb eines Nachfolgeprozesses der Zeitpunkt kommt, an dem man notfalls aktiv Anteile am Unternehmen einfordern muss. Wir raten dazu, dies nicht erst während der Tandemphase zu tun, sondern im Vorfeld schriftlich mit dem Übergeber, die Anteilsübergabe, Abfindungen, Beendigung der Tandemphase etc. zu fixieren. Es sollte ein Fahrplan für beide Seiten sein. Bestandteil dieser Vereinbarung sollte es auch sein, eine etwaige neue Rolle des Übergebers zu fixieren.

7.7 „Kommunikation ist das Zauberwort!"

Dr. Christiane Heunisch-Grotz

Steckbrief
Name:
Dr. Christiane Heunisch-Grotz

Alter:
53 Jahre

Übernahme:
1997 Einstieg ins Unternehmen, seit 2004 geschäftsführende Gesellschafterin

7.7 „Kommunikation ist das Zauberwort!"

Position:
Geschäftsführende Gesellschafterin der Gießerei Heunisch GmbH in Bad Windsheim

Unternehmen:
Die Gießerei Heunisch GmbH ist eine Gruppe von vier Gießereien mit Standorten in Deutschland und Tschechien. Der Hauptsitz befindet sich im mittelfränkischen Bad Windsheim. Das Unternehmen beschäftigt an allen Standorten insgesamt rund 1300 Mitarbeiter. Das Unternehmen entstand 1980 unter Firmengründer Wolfgang Heunisch aus dem Konkurs der Landmaschinenfabrik Schmotzer. 1984 folgte die Übernahme der Gießerei Hofmann GmbH, Bad Windsheim. Anfang der 1990er Jahre expandierte man nach Tschechien. Dr. Christiane Heunisch-Grotz stieg 1997 in das väterliche Unternehmen ein, seit 2004 ist sie zusammen mit ihrem Vater im Geschäftsführertandem. Weitere Übernahmen anderer Gießereien in Deutschland und Tschechien folgten. Des Weiteren unterhält die Firma Heunisch-Guss Vertretungen in Nordamerika, Frankreich, Russland und Skandinavien.

Profil
Diese Frau hat Mut bewiesen: Christiane Heunisch-Grotz hat in ihrem Berufsleben einen großen Schritt gewagt. Als „eine riesige persönliche Herausforderung" bezeichnet sie ihre damalige Entscheidung, ihren lange und mit Leidenschaft ausgeübten Arztberuf an den Nagel zu hängen und als Geschäftsführerin in die väterliche Gießerei einzusteigen. Eine Herausforderung, die sie mit Bravour gemeistert hat. Nach einem hervorragenden Abschluss in Medizin und Berufsjahren als Ärztin kehrte sie sogar noch einmal an die Uni zurück, um sich das notwendige technische Know-how für ihre neue Aufgabe anzueignen. Wenn sie im technischen Bereich an ihre Grenzen stößt, kann sie sich immer auf das Wissen ihrer technischen Mitarbeiter verlassen. Außerdem spielt Kommunikation im Leben von Christiane Heunisch-Grotz eine herausragende Rolle: Ob mit ihrem Vater, Mitarbeitern oder in der Familie – sie schätzt es, wenn Probleme offen angesprochen und alle Seiten angehört werden.

Persönliche Erfahrung als Nachfolgerin
Christiane Heunisch-Grotz wurde nicht als Unternehmertochter geboren. Erst als sie bereits Abitur gemacht hat, kauft der Vater die Gießerei, in der er lange beschäftigt war, aus der Insolvenz. Seit sie denken kann, will Christiane Heunisch-Grotz Ärztin werden und so beginnt ihre berufliche Laufbahn fernab des neu erworbenen, väterlichen Unternehmens. Während das Unternehmen wächst, schreitet die Tochter mit ihrem Medizinstudium voran. Schließlich macht sie ihren Facharzt und lässt sich mit einer eigenen Praxis in Bad Windsheim nieder: „Ich habe nie etwas anderes machen wollen." So ist eine mögliche Unternehmensnachfolge lange Jahre überhaupt kein Thema zwischen Vater und Tochter. Als der

väterliche Betrieb einen Großauftrag übernimmt und die Investitionen der Gießerei steigen, betont der Vater mehrmals, wie sehr er die Tochter im Unternehmen brauchen könnte. Christiane Heunisch-Grotz gerät erstmals ins Grübeln. „Ich habe das Ganze dann intensiv überlegt, bearbeitet, bedacht", schildert sie ihre damalige Situation. Nach mehreren Wochen Bedenkzeit entscheidet sie sich schließlich für die Firma. Drei wesentliche Gründe sprechen aus ihrer Sicht dafür: Zum einen fühlt sie sich von dem Wechsel persönlich enorm herausgefordert, was für die ehrgeizige junge Frau einen großen Anreiz darstellt. Zum anderen ist die Firma Mitte der 1990er Jahre bereits der größte Arbeitgeber am Ort – doch ohne geregelte Nachfolge sind die Arbeitsplätze nicht sicher. Schließlich liegt Christiane Heunisch-Grotz auch daran, dass das Lebenswerk des Vaters weitergeführt wird.

Um sich schnell und umfassend auf ihre neuen Aufgaben vorzubereiten, absolviert Christiane Heunisch-Grotz ein Semester Werkstoffwissenschaften und Gießereitechnik an der Technischen Universität in Freiberg. Sie hört pro Tag rund zwölf Stunden Vorlesungen. Zu dieser Zeit ist die junge Frau schwanger – dennoch ist sie überaus engagiert und versucht, so viel Wissen wie möglich in sich aufzunehmen. Nach der Geburt ihres Sohnes nimmt sie an weiteren Kursen teil, besucht Fortbildungen und Kongresse – ansonsten lautet die Devise vor allem „Learning by Doing". Zurück in der Firma, bezieht sie zusammen mit ihrem Vater ein Büro. Er führt sie ins Unternehmen ein, nimmt sie zu allen anstehenden Terminen mit. Trotz der guten Betreuung fühlt sich Christiane Heunisch-Grotz anfangs überfordert. „Nach der ersten Woche war ich frustriert und fertig", sagt sie. Sie befürchtet, mit der Praxisaufgabe und dem Berufswechsel einen schwerwiegenden Fehler begangen zu haben. Doch der Vater steht seiner Tochter zur Seite: „Der Einzige, der immer an mich geglaubt hat, auch wenn ich selbst kurz vorm Verzweifeln war, das war mein Vater." Auch nach der Geburt ihres Sohnes ist sie froh, dass ihr der Vater noch für eine Weile/einige Zeit im Unternehmen zur Seite steht. Auch ihr Mann und eine Haushälterin unterstützen sie nach Kräften in dieser intensiven Zeit.

Sonst stößt Christiane Heunisch-Grotz kaum auf Akzeptanzprobleme. Ihre Wissenslücken macht sie durch ihre Lernbereitschaft, Wissensdurst und gesunden Menschenverstand wett. Bei den Mitarbeitern punktet sie durch präzise Nachfragen und großes Interesse an der Materie, der Vater steht bei allen Fragen und Problemen zur Seite. „Ich habe immer hart gearbeitet und das hat jeder gesehen. Das hat mir den Respekt der Mitarbeiter eingetragen", so die Unternehmerin. Aus ihrem ersten Beruf hat die humorvolle Unternehmerin außerdem ein „Händchen" für den Umgang mit Menschen mitgebracht. So hat sie bereits die ein oder andere Turbulenz im Team auflösen können. Die Mitarbeiter schätzen ihr offenes Ohr sehr.

In den Folgejahren steigt sie auf: 1999 wird sie zur Prokuristin ernannt, 2004 wird sie Geschäftsführerin. In ihrem heutigen Tätigkeitsfeld muss sie „in keinem Bereich der Spezialist sein", sagt sie. Sie hat viel im kaufmännischen Bereich zu tun. An einer klaren Abgrenzung der Aufgabengebiete ihres Vaters mit den eigenen fehlt es – eine Tatsache, die keine Schwierigkeiten bereitet. „Wir ergänzen uns sehr gut und verstehen uns sowohl auf der emotionalen als auch auf der sachlich-rationalen Ebene sehr gut", erklärt sie das Verhältnis. In all den Jahren gibt es keinen ernst zu nehmenden Eklat. Wenn es doch einmal zu Meinungsverschiedenheiten im Führungsduo kommt, wird sachlich diskutiert.

Auch Christiane Heunisch-Grotz setzt auf das Führungstandem und lässt sich im Management von einem technischen Leiter unterstützen. Der Austausch mit dem Vater findet nach wie vor statt. „Aber manchmal ist er wochenlang nicht da und das ist dann auch kein Problem", so Christiane Heunisch-Grotz. Ab und an denkt sie darüber nach, wie es später einmal weitergehen könnte. Mit ihrem Vater hält Christiane Heunisch-Grotz ein Drittel der Anteile. Zwei weitere Gesellschafterfamilien teilen sich die weiteren Prozente an der Gesellschaft. Pro Stamm ist bei der Gießerei Heunisch GmbH nur ein Erbe zugelassen, es gibt also stets nur maximal drei Gesellschafter. Da er nicht die Nachfolge antritt, bekommt ihr Bruder keine Anteile am Unternehmen. Allein seine Schwester wird einmal den Firmenanteil des Vaters erben und so den Stamm vertreten. „Die Hierarchie muss klar sein", findet sie.

Ihr Sohn Martin käme aus ihrer Sicht als Nachfolger infrage. Ein erstes Praktikum in der Gießerei hat er bereits gemacht, nun überlegt er, Gießereitechnik zu studieren. Bei den anderen Stämmen ist dagegen noch kein Nachfolger in Sicht. Christiane Heunisch-Grotz denkt daher schon einen Schritt weiter: „Sollte mein Sohn die Geschäftsführung übernehmen, wird er es nicht alleine machen, wir werden um einen Fremdgeschäftsführer nicht herumkommen."

Erfolgsfaktoren

- Den eigenen, gesunden Menschenverstand einsetzen
- Die Überlegenheit anderer in bestimmten Bereichen akzeptieren
- Offene Kommunikation und Empathie
- Interesse an Produkten/Material haben und zeigen
- Durchhaltevermögen beweisen
- Klare Regelung der Verhältnisse innerhalb der Familie festlegen

Von Nachfolgerin zu Nachfolgerin
Aus Christiane Heunisch-Grotz' Sicht sollte jeder Nachfolgerin klar sein, dass nicht jeder Tag nur angenehme Dinge mit sich bringt. Aber aus ihrer Sicht sollte es sich für einen Unternehmer allein schon wegen seiner Mitarbeiter, für die er Verantwortung trägt und mit denen er tagtäglich zusammenarbeitet, lohnen, stets am Arbeitsplatz zu erscheinen und seine Aufgaben zu erledigen.

Geben Sie Ihrer Nachfolge ein Motto

„Ich habe eine Tür aufgemacht und bin in einen großen, weiten, unbekannten Raum getreten. Und ich mache die Tür zu, und beim Türzumachen habe ich mich nicht umgedreht", so die Unternehmerin, die ihren mit Leidenschaft ausgeführten Arztberuf für die familiengeführte Firmengruppe aufgegeben hat.

> **Expertenfazit**
>
> Mit der fachfremden Ausbildung und langjähriger Arbeit als Ärztin gelang Christiane Heunisch-Grotz eine gelungene Nachfolge im väterlichen Gießereibetrieb. Ihr Erfolgsrezept war und ist das Interesse an der Materie sowie eine offene Kommunikation mit allen Beteiligten. Offen zu fragen, wenn sie etwas nicht wusste, brachte ihr von Beginn an die Anerkennung der Mitarbeiter ein. Eine Herausforderung in der Struktur der Firmengruppe Heunisch ist, dass das Unternehmen von mehr als einem Familienstamm gehalten wird. Bei einer derartigen Gesellschafterstruktur würde die Anzahl der potenziellen Nachfolger von Generation zu Generation ansteigen. Um Konflikte zum Wohl des Unternehmens zu vermeiden, wurde im konkreten Fall festgelegt, dass maximal ein Nachkomme aus jedem Stamm die Nachfolge antreten und Anteile erben darf. Dennoch bedarf die Sicherung der Entscheidungsfähigkeit in und zwischen den Stämmen auch zukünftig aktives Engagement.

7.8 „Mein Vater hat an mich geglaubt und mir das zugetraut"

Kirsten Hirschmann

> **Steckbrief**
> **Name:**
> Kirsten Hirschmann
>
> **Alter:**
> 46 Jahre
>
> **Übernahme:**
> 1995 nach dem Tod des Vaters

7.8 "Mein Vater hat an mich geglaubt und mir das zugetraut"

Position:
Geschäftsführende Gesellschafterin der Hirschmann Laborgeräte GmbH & Co. KG in Eberstadt

Unternehmen:
1964 gründete Adolf-Martin Hirschmann die Hirschmann Laborgeräte GmbH & Co. KG in Eberstadt-Gundelsheim. Seit nunmehr 50 Jahren sind die produzierten Produkte in Laboren in über 100 Ländern im Einsatz. Inzwischen kann das Unternehmen auf 26 eingetragene Markenfamilien sowie 23 Patentfamilien zurückblicken. Nach dem plötzlichen Tod des Vaters übernahm Kirsten Hirschmann 1995 das Unternehmen. Heute führt sie das Unternehmen mit mehr als 100 Mitarbeitern erfolgreich in der zweiten Generation.

Profil
Dass sie einmal das Unternehmen ihres Vaters übernehmen würde, ist für Kirsten Hirschmann schon frühzeitig klar. Doch das hat Zeit, glaubt sie: So beginnt sie ihre berufliche Karriere ganz solide mit einer Banklehre und hängt, weil es ihr in der Bank so gut gefällt, gleich noch zwei Jahre dran. Zuletzt leitet sie vertretungsweise eine Filiale. Doch der Vater lässt nicht locker und Kirsten Hirschmann nimmt noch ein Studium auf. An der Fachhochschule Pforzheim schreibt sie sich für das Fach Absatzwirtschaft ein. Der unerwartete Tod des Vaters torpediert 1995 die Studienpläne. Ohne groß nachzudenken steht Kirsten Hirschmann zu ihrem Wort und übernimmt das Lebenswerk ihres Vaters. Komplett unvorbereitet. Ihr Mut, aber auch ihr Durchhaltevermögen und ihr Fleiß zahlen sich letztlich aus, auch wenn der Weg steinig ist. Heute leitet Kirsten Hirschmann nicht nur ein erfolgreiches Unternehmen, neben ihrem unternehmerischen Engagement arbeitet sie auch in verschiedenen Wirtschaftsgremien mit, u. a. bei den Wirtschaftsjunioren und der IHK Heilbronn-Franken sowie im Verein „Unternehmen für die Region" – eine Initiative der Bertelsmann Stiftung.

Persönliche Erfahrung als Nachfolgerin
Für Adolf-Martin Hirschmann stand immer fest, dass seine einzige Tochter Kirsten einmal seine Nachfolge antreten sollte. Sicher hätte er sich jedoch gewünscht, sie länger auf diese Aufgabe vorbereiten zu können. Das Schicksal wollte es anders: Nach dem plötzlichen Tod ihres Vaters im Jahr 1995 bricht Kirsten Hirschmann ihr Studium ab und übernimmt die Geschäftsführung. Statt einer ersten „Projekt-Spielwiese", die ihr Vater nach Studium und Auslandsaufenthalt eigentlich für sie vorgesehen hat, trifft sie unerwartet die komplette Verantwortung für ein mittelständisches Unternehmen. Und das im Alter von erst 26 Jahren. Es ist eine schwierige Zeit, verbunden mit Trauer und Zweifeln. Doch Kirsten Hirschmann weiß: „Mein Vater hat an mich geglaubt und mir das zugetraut." Also kämpft sie weiter.

Mit viel Ehrgeiz und Leidenschaft beginnt sie sich in die Laborbranche einzuarbeiten. Doch „die nette Tochter vom Chef" wird von der Belegschaft kaum ernst genommen. Zu jung, branchenfremd wird sie von einigen Mitarbeitern gar untergraben. Doch Kirsten Hirschmann beißt sich durch. Mit der Unterstützung langjähriger Geschäftspartner des Vaters gründet sie einen Beirat. Neue Strukturen werden geschaffen. Um die Lücke zu schließen, die der Vater im Betrieb zurückgelassen hat, wird ein promovierter Chemiker und Biologe für den technischen Bereich als Leiter der Forschungs- und Entwicklungsabteilung mit dem notwendigen Know-how eingestellt. Kirsten Hirschmann will wissen, wovon sie spricht: Sie liest nach Feierabend Fachliteratur, um sich das von ihr erwartete Fachwissen und -vokabular anzueignen, macht ein Trainee-Programm beim Lieferanten Schott und studiert berufsbegleitend BWL an der IHK-Akademie. Es ist ein Kraftakt. Doch nach rund zwei Jahren gelingt es ihr, mit gesundem Menschenverstand und unternehmerischem Gespür, sich als Geschäftsführerin auch bei ihren Mitarbeitern zu etablieren.

Die Nachfolge braucht Zeit – auch deshalb, weil die Mitarbeiter sich erst an Kirsten Hirschmanns neuen, kooperativen Führungsstil gewöhnen müssen. Schließlich verschaffte es ihr aber auch Respekt, dass sie eine Chefin „zum Anfassen" ist. Für sie gehört es zum unternehmerischen Selbstverständnis, sich um ihre Mitarbeiter und auch um deren Familien zu kümmern. Vom Betreuungsengpass einer Mitarbeiterin inspiriert, wird sie zur Mitbegründerin der von Mittelstandsunternehmen initiierten Kindertagesstätte „Kinderbunt". Diese ist an unternehmerische Bedürfnisse angepasst und das ganze Jahr durchgehend (ausgenommen Sonn- und Feiertage) von morgens bis abends geöffnet.

Das erleichtert den Eltern die Vereinbarkeit von Beruf und Familie nach der Geburt und die Rückkehr ins Unternehmen – somit bleibt Kirsten Hirschmann wertvolles Arbeitspotenzial erhalten. Große Freude bereiten der engagierten Unternehmerin aber ihre Auszubildenden: Denn hier kann sie oft eine beeindruckende Entwicklung von Beginn an miterleben. Getreu nach dem Motto „Fordern & Fördern" werden die Auszubildenden bereits früh in Projekte mit eingebunden und eigeninitiatives Arbeiten gefördert. Beispielhaft ist auch die Besetzung neuer Ausbildungsplätze: Hier sprechen die Auszubildenden ihre Empfehlung im Anschluss an das gemeinsame Gruppenvorstellungsgespräch an ihre Chefin aus und die stimmt fast immer hundertprozentig mit der Wahl von Kirsten Hirschmann überein.

Doch die unternehmerische Freiheit hat auch ihren Preis: Zeit für Freizeit bleibt kaum. Dennoch engagiert sich Kirsten Hirschmann in vielfältigen Netzwerken.

Ihr Wirken im Unternehmen ist eine Erfolgsbilanz: Das Unternehmen im baden-württembergischen Eberstadt mit den Geschäftsfeldern Pumpen, Liquid Handling (Pipettieren, Dosieren, Titrieren), Volumenmessgeräte aus Glas, Laborglas und Präzisionskapillaren aus Glas besitzt heute 23 Patent- und 26 eingetragene Markenfamilien. Der Exportanteil beträgt rund 60 % mit weltweiten Fachhandelspartnern in über 100 Ländern. Und 2014 werden 120 Mitarbeiter den 50. Geburtstag ihres Unternehmens feiern können.

Erfolgsfaktoren

- Ehrgeiz, Selbstvertrauen und vor allem: Durchhaltevermögen
- Unterstützung suchen, um Know-how aufzubauen: Steuerberater, Banker, Branchenkenner
- Fachwissen und Führungserfahrung in anderen Unternehmen sammeln (Trainee)
- Wissenslücken schließen
- Immer auf dem Teppich bleiben und Basisarbeit betreiben
- Wirtschaftsjunioren Deutschland und BJU/ASU
- Netzwerke

Von Nachfolgerin zu Nachfolgerin
Wenn Kirsten Hirschmann mehr Zeit gehabt hätte, sich auf ihre neue Aufgabe vorzubereiten, dann hätte sie in der Rückbetrachtung wohl vor allem an ihrer Branchenkompetenz gearbeitet. Fachliches Know-how sieht sie als A und O, um von den Mitarbeitern und Geschäftspartnern ernst genommen zu werden. Daneben gibt es aber auch einige Soft Skills, die sie für unabdingbar hält: Ehrgeiz, Fleiß und Engagement. Dass sie eine Frau ist, empfindet sie nicht als Nachteil, im Gegenteil: Sie ist stolz darauf und setzt ihren weiblichen Charme auch mal gezielt ein. Ihr Tipp: Bleibt Euch selbst treu!

Geben Sie Ihrer Nachfolge ein Motto

Geschafft!

Expertenfazit

Was für ein Arbeitssieg! Kirsten Hirschmann hat in ihrer schwierigen Notfallnachfolge großes Durchhaltevermögen bewiesen. Auch wenn einzelne Personen aus der Belegschaft zunächst Zweifel hatten an der neuen jungen Chefin und sie nicht gleich mit offenen Armen empfingen, erkämpfte sie sich Respekt und Anerkennung. Dass sie den offenen Dialog zu ihren Mitarbeitern pflegt, erleichterte ihr diese Aufgabe. Die Geschichte von Kirsten Hirschmann zeigt aber auch, wie wichtig fachkundige Unterstützung ist. Ein gut besetzter Beirat unterstützte die Unternehmerin vor allem dabei, Fachwissen auszubauen und strukturiert vorzugehen. Nachfolgerinnen können daraus lernen: Es ist ein Zeichen von Stärke, nicht von Schwäche, Hilfe zuzulassen.

7.9 „Mit den Aufgaben wachsen"

Ingrid Hofmann

Steckbrief
Name:
Ingrid Hofmann

Alter:
60 Jahre

Position:
Alleinige geschäftsführende Gesellschafterin der I. K. Hofmann GmbH in Nürnberg seit der Gründung 1985

Unternehmen:
Ingrid Hofmann war in den 1980er Jahren eine der ersten, die das Konzept der Zeitarbeit auf den deutschen Arbeitsmarkt übertrug. 1985 gründete die erst 31-Jährige ihr eigenes Zeitarbeitsunternehmen. Auf den ersten Firmensitz Nürnberg folgte bereits zwei Jahre später eine Niederlassung in München. Noch heute leitet Ingrid Hofmann ihre Zeitarbeitsfirma I. K. Hofmann GmbH als alleinige Geschäftsführerin. Mittlerweile ist sie Chefin von über 80 Niederlassungen in Deutschland und Tochterfirmen in Österreich, England, USA und Tschechien. Das Unternehmen beschäftigt rund 20.000 Mitarbeiter. Gerne möchte Frau Hofmann das Unternehmen an ihre Tochter weitergeben.

7.9 „Mit den Aufgaben wachsen"

Profil

Ingrid Hofmann braucht Herausforderungen und Ziele – und dabei so viel Abwechslung wie möglich. Als junge Frau will sie einen anderen Kontinent kennenlernen, Erfahrungen sammeln. Ihr Wunsch ist es, Managerin einer Orchideenplantage in Südafrika zu werden. Dafür wählt sie ganz gezielt eine Ausbildung als Außenhandelskauffrau in einem internationalen Blumenimportunternehmen. Doch der Traum zerplatzt, als in Südafrika Unruhen ausbrechen. So wendet sich Ingrid Hofmann einer anderen Profession zu, die sich als Traumberuf entpuppt: Sie verdient sich bei einem Zeitarbeitsanbieter in der Schweiz erste Sporen. Die abwechslungsreiche, intensive Arbeit mit Menschen liegt ihr. Und Erfolg bedeutet ihr viel – sie will „etwas Großes" erreichen, sagt sie selbstbewusst zu ihrem damaligen Chef. So erklimmt sie eine Sprosse nach der anderen auf der Karriereleiter und wird zuerst Personalsachbearbeiterin, dann Disponentin für kaufmännisches Personal, anschließend Leiterin der kaufmännischen Abteilung und schließlich Niederlassungsleiterin. Später, in ihrem eigenen Unternehmen, wird sie dieses breite Tätigkeitsspektrum beibehalten. „Ich bin gleichzeitig Personalleiter, Einkäufer, Verkäufer, Werbemanager, Betreuer und Psychologe", sagt Ingrid Hofmann über ihre vielfältigen Aufgabenbereiche. Darüber hinaus engagiert sie sich zwölf Jahre lang als Vizepräsidentin des Bundesarbeitgeberverbands der Personaldienstleister auch ehrenamtlich für ihre Branche.

Wer jetzt glaubt, dass Ingrid Hofmann privat Ruhe zum Ausgleich eines anstrengenden Arbeitstages braucht, der irrt. Auch hier schätzt sie Herausforderungen und „immer wieder neue Impulse". Sie nimmt sich Zeit für ihre Tochter, die sie in den ersten Jahren ihrer Selbständigkeit bekam, versucht aber auch ihre vielen Hobbys nicht zu vernachlässigen. Sie reist sehr gerne. Darüber hinaus nimmt sie sich jedes Jahr einen anderen Schwerpunkt vor, in dem sie sich weiterbildet. Zuletzt beschäftigte sie sich intensiv mit Film und Theater und mit berühmten Dirigenten.

Persönliche Erfahrung als Nachfolgerin

Ein eigenes Unternehmen war nicht von Beginn an der erklärte Wunsch von Ingrid Hofmann. Sie war erleichtert, dass ihre Schwester den elterlichen Landwirtschaftsbetrieb übernehmen sollte und sie sich in eine ganz andere Richtung weiterentwickeln konnte. Dass ihr Südafrika-Abenteuer platzte, entpuppte sich später als Fügung: So führte ihr Weg sie in die Zeitarbeit zu ADIA Interim (heute Adecco). Ihr ehrgeiziger Wunsch ist es, in die Managementebene aufzusteigen. Dies aber ist damals – insbesondere in der konservativen Schweiz, wo die Gleichstellung der Frau langsamer voranging – nahezu unmöglich. Als die Karriere ins Stocken gerät, „war es für mich die logische Konsequenz, dass ich nicht noch mal in einer Firma anfangen und warten würde, sondern selbst etwas schaffen möchte", so Ingrid Hofmann. In ihrer eigenen Firma kann sie all ihre Fähigkeiten und Kenntnisse einsetzen: „Ich liebe meinen Beruf, weil er von mir alles fordert, was ich je gelernt habe."

Anfänglich reagieren gerade Auftraggeber im gewerblich-technischen Bereich skeptisch auf die junge Frau, wofür Ingrid Hofmann Verständnis zeigt, da es ihr zu diesem Zeitpunkt tatsächlich an technischem Wissen fehlt. „Ich habe es immer bewundert, was in den Betrieben alles geleistet wird, wie Technik funktioniert, wie Entwicklungen funktionieren", sagt sie. Mit ihrem Wissensdurst, ihrer Ehrlichkeit und Lernbereitschaft kann sie schließlich doch überzeugen. Respekt verschafft sie sich Stück für Stück auch beim Verband der Jungen Unternehmer, deren Treffen sie anfangs als eine der wenigen Frauen besuchte.

Eine weitere Herausforderung kommt auf die junge Unternehmerin zu, als sie nach den ersten vier Jahren in der Selbständigkeit eine Tochter bekommt. Die Vereinbarkeit von Beruf und Familie hatte sich Ingrid Hofmann leichter vorgestellt. Nach nur vier Wochen Pause beschließt sie, vorzeitig in den Job zurückzukehren – ihre Tochter nimmt sie einfach mit. In den Büroräumen wird ein Kinderzimmer eingerichtet. Ein Jahr später engagiert sie eine Tagesmutter für die Tochter. So wird es für Ingrid Hofmann möglich, den Aufbau Ost ihres Unternehmens weitgehend alleine zu bewerkstelligen. Heute ist ihre Firma auch in den neuen Bundesländern sehr gut vertreten.

Trotz ihres zweifellos großen Engagements für ihr Unternehmen betont Ingrid Hofmann, kein Workaholic zu sein. Sie habe über die Jahre gelernt, Aufgaben zu delegieren und ihren Mitarbeitern zu vertrauen. Wenn sie Urlaub macht, hinterlässt sie lediglich eine Telefonnummer für Notfälle. „Ich bin niemand, der meint, er sei nicht ersetzbar", sagt sie. Ihre Devise lautet: Den Mitarbeitern Handlungsspielraum geben, auf ihren Leistungswillen bauen.

Ähnlich hält sie es mit ihrer Tochter, die mittlerweile über 20 ist und ganz langsam Interesse an der Nachfolge in der Firma bekundet – ohne Druck seitens ihrer Mutter. „Sie hat das Unternehmen nie als Konkurrenz gesehen, sondern eher als ein Brüderchen, um das man sich kümmern muss", sagt die Firmenchefin. Über Nachfolge und Übergabe könne man ganz offen sprechen, „es gibt keine Vorbehalte und kein Bunkern", so Ingrid Hofmann. Mit ihrem Studiengang „Internationales Management" mit Schwerpunkt Entrepreneurship schafft ihre Tochter für eine mögliche Übernahme derzeit beste Voraussetzungen. In einem Seminar haben sich Mutter und Tochter mit dem Thema Übergabe und etwaigen Risiken beschäftigt, sich mit anderen ausgetauscht und einen Leitfaden entwickelt. Sollte sich ihre Tochter dennoch anders entscheiden, macht sich Ingrid Hofmann bereits Gedanken über andere Nachfolgeregelungen und -lösungen. Sie selbst möchte arbeiten, solange es geht: „Bei guter Gesundheit bis 84." Allerdings sukzessive mit weniger Verantwortung und mehr Zeit, um die eigenen Kenntnisse an die jungen Leute im Unternehmen weitergeben zu können. Erste Erfahrungen damit macht sie schon jetzt: In der Zeitarbeitsfirma werden Freunde der Tochter, die bereits mit dem Studium fertig sind, platziert. „Ich muss sagen, ich finde guten Zugang zu dieser Generation", so Ingrid Hofmann. Zudem könne sich ihre Tochter über das junge Personal ein eigenes Netzwerk im Unternehmen schaffen.

Erfolgsfaktoren

- Durchhaltevermögen und Ehrgeiz
- Die eigenen Träume verwirklichen
- Interessen außerhalb des Unternehmens pflegen
- Kindern den Freiraum für eigene Entscheidungen lassen
- Auch in schwierigen Situationen immer die Vorteile suchen
- Verantwortung abgeben und Wissen weitergeben

Von Nachfolgerin zu Nachfolgerin
Nachfolgerinnen sollten versuchen, die Seele des Unternehmens kennenzulernen, feinfühlig damit umzugehen und Veränderungen, wie sie immer notwendig sind, mit Respekt und Sorgfalt vorzubereiten. Sie sollten Wert darauf legen, dass man den anderen nicht in dessen Gründerehre verletzt. Gleichzeitig ist es wichtig, dem Vorgänger zu vermitteln, dass man eigene Ideen und eine gute Ausbildung hat und man damit ein Unternehmen führen kann.

Geben Sie Ihrer Nachfolge ein Motto

Mit den Aufgaben wachsen.

Expertenfazit

An der beeindruckenden Leistung von Ingrid Hofmann – einer Gründerin – lässt sich gut erkennen, dass es sich lohnt, für die eigenen beruflichen Ziele zu kämpfen. Und diese auch bei Rückschlägen immer wieder neu zu bestimmen. So gründete sie ihr eigenes Unternehmen auch, weil ihr die Managementposition in einem fremden Unternehmen als Frau zu dieser Zeit verwehrt blieb. Aufgeben kam dabei nicht infrage. Stieß sie auf ein Hindernis, suchte die Unternehmerin einen neuen Weg. Dabei ließ sie sich auch von Wissenslücken nicht abhalten, sondern sah diese eher als Anreiz, um dazuzulernen. Neugierig und ehrgeizig gehört es heute noch immer zu ihrer Lebensphilosophie, sich immer neue Wissensbereiche zu erschließen. Gerne möchte Ingrid Hofmann das Unternehmen auch nach ihrem Rückzug in Familienhand wissen, drängt ihre Tochter jedoch nicht zur Nachfolge. Die Unternehmerin setzt eher auf eine gute Vorbereitung. Gemeinsam haben sich Tochter und Mutter bereits Gedanken über eine mögliche Nachfolgeregelung gemacht und sich mit anderen Familienunternehmern in ähnlicher Situation ausgetauscht. Ein Netzwerk an gleichaltrigen Verantwortungsträgern im Unternehmen soll der Tochter im Falle ihres Einstiegs die Führung erleichtern.

7.10 „Liebe auf den zweiten Blick"

Nicole Kobjoll

Steckbrief
Name:
Nicole Kobjoll

Alter:
39 Jahre

Übernahme:
Im Jahr 2000 Einstieg, später Teilübernahme, heute Inhaberin

Position:
Inhaberin der Schindlerhof Klaus Kobjoll GmbH in Nürnberg

Unternehmen:
Das renommierte Tagungshotel Schindlerhof in Nürnberg wurde 1984 von Renate und Klaus Kobjoll gegründet und ist seitdem das Herzblut der Familie Kobjoll. Inzwischen ist mit Tochter Nicole Kobjoll bereits die zweite Generation „an Bord", die das Unternehmen aktiv leitet. Es beschäftigt 70 Mitarbeiter.

Profil
Als sie mit 18 Jahren zu Hause auszog, schenkte ihr der Vater eine goldene Uhr aus seiner Sammlung. Und schrieb dazu auf einen Zettel: „Liebe Nici, ich möchte dir folgenden Satz mit auf den Weg geben, er soll für dich wie ein Mantra sein, mit einem Diamantgriffel eingeritzt in die Herzinnenwand: Ich bin taff, ich bin sprachbegabt und ich schaffe alles, was ich mir vornehme."

7.10 „Liebe auf den zweiten Blick"

Den kleinen Zettel hat sie heute noch – er liegt in ihrem kleinen „Überlebenskoffer". Symbole, Sprüche – vielleicht, weil so wenig gemeinsame Zeit bleibt, ist das für den Zusammenhalt der Familie Kobjoll bis heute wichtig. Als Gastronomenkind lernt Nicole Kobjoll früh, selbständig zu sein – nach ihren Hausaufgaben fragt sie niemand. Die Hotels und Restaurants ihrer Eltern sind Gesprächsthema Nummer eins. Als sie zehn Jahre alt wird, eröffnen die Eltern den Schindlerhof. Bereits mit zehn Jahren ist Nicole still am Unternehmen beteiligt. Früh schon ist ihr klar, welch immensen Arbeitseinsatz die Führung dieses Hauses von ihren Eltern abverlangt.

Auch deshalb hat sie zunächst ganz andere Pläne, als das Hotel einmal zu übernehmen. Eine Sprachenschule will sie besuchen. Sie tut es, landet schließlich aber doch auf der renommierten Hotelfachschule in Lausanne. Sie geht ins Tessin, nach Dublin und nach London, und hat wenig Heimweh nach dem beschaulichen Franken. Als ihre Eltern ihr jedoch die selbständige Planung des Teilneubaus am Schindlerhof anbieten, kann sie nicht ablehnen. Sie übernimmt das Projekt, fängt Feuer und bleibt. Nach einer langen Tandemphase mit den Eltern ist sie heute Inhaberin des Schindlerhofs. Mutter und Vater halten noch einige Anteile am Unternehmen – auch als Altersvorsorge. Als Mutter eines vierjährigen Sohnes einen so großen Familienbetrieb zu managen, ist keine leichte Aufgabe – auch nicht für eine so disziplinierte Chefin wie Nicole Kobjoll. Mit Nanny, Kita und Taurintabletten gelingt es ihr, das erste – besonders anstrengende – Jahr zu überstehen und dennoch einen sehr guten Job zu machen.

2006 gewinnt sie den Unternehmensnachfolgewettbewerb der Sparkasse und der Unternehmensberatung McKinsey. 2013 erhält der Schindlerhof den Titel „Europas bester Arbeitgeber 2013", Platz 1 in Deutschland – branchenübergreifend – in der Kategorie 50–500 Mitarbeiter, Platz 29 in Europa, Platz 1 in der europäischen Hotellerie. Diese und viele, viele weitere Preise bestätigen Nicole Kobjoll in ihrer Arbeit. Und auch wenn sie auf ihren kleinen Sohn Max, wie ihr Vater auch, keinerlei Druck in Sachen Unternehmensnachfolge ausüben möchte, so würde sie sich insgeheim wohl doch freuen, wenn der Schindlerhof irgendwann in seine Hände übergeht.

Persönliche Erfahrung als Nachfolgerin
Kaum war Nicole Kobjoll geboren, meldete Vater Klaus sie bereits an der renommierten Hotelfachschule in Lausanne an. Schließlich musste ja eines Tages jemand den Schindlerhof in Nürnberg führen. Doch es kommt zunächst anders. Nicole Kobjoll kann sich so gar nicht mit dem Hotelgewerbe anfreunden, möchte nach dem Abitur lieber auf eine Sprachenschule gehen. Klaus Kobjoll drängt seine Tochter nicht in die Nachfolge, doch hat er für sie schon die passende Sprachenschule im Auge – in Lausanne. Ein Zufall? Nein – er hat Hintergedanken. „Ich bin gar nicht hellhörig geworden, dass er ausgerechnet eine Schule in Lausanne gefunden hat. Ich hatte mit gerade mal 18 Jahren gar nicht mehr auf dem Zettel, dass er mich schon als Baby an der Hotelfachschule dort angemeldet hat", erzählt sie. Die Hotelfachschule interessiert Nicole – trotz einer Stippvisite mit dem Vater dorthin – noch immer nicht. Mit der Sprachenschule in Lausanne wird sie jedoch glücklich. „Ich habe dort viele internationale Freunde gefunden, und als die sich alle für die Ho-

telfachschule beworben haben, hab ich mich dann eben auch angemeldet – eigentlich nur deshalb, weil ich meine Freunde nicht verlieren wollte", gibt sie schmunzelnd zu. Nicole Kobjoll macht die Aufnahmeprüfung und besteht. Dann kommen die „Hotelgene" doch noch durch und das Hotelgewerbe macht mehr Spaß als anfangs gedacht. Nach ihrem Abschluss geht sie nach London. Wieder ist es der Vater, der Nicole Kobjoll geschickt nach Hause zurücklockt. Ganz ohne Druck, doch wie schon beim letzten Mal mit eindeutigen Hintergedanken. Sie übernimmt die Planung eines Teilneubaus am Schindlerhof. Ihre Affinität zur Innenarchitektur kommt ihr dabei zugute. „Es war ein tolles Jahr. Ich habe den Ryokan gebaut, 24 Zimmer mit japanischem Garten im Schindlerhof." Und dann wollte sie gar nicht mehr zurück nach London. „Es war endlich passiert – ich hatte mich in den Schindlerhof verliebt!" Sie steigt direkt in die Unternehmensführung ein. Der Einstieg über das Bauprojekt war für Nicole Kobjoll perfekt, wie sie im Nachhinein resümiert. „Das kann ich nur jedem empfehlen. Durch das neue Projekt konnte mich keiner mit irgendjemand anderem vergleichen und von den Mitarbeitern wurde ich auch gleich auf Anhieb akzeptiert. Dass ich dann geblieben bin, hat wirklich fast alle gefreut." Natürlich gab es hier und da auch mal Konflikte – aber das schätzt die Unternehmerin als völlig normal ein.

Untereinander setzen die Familienmitglieder auf Klarheit. Die Aufgaben wurden von Anfang an klar verteilt. So ist eindeutig geregelt, wer für welche Bereiche zuständig ist. Klare Spielregeln, so lautet die Devise der Familie. Und wer zuständig ist, darf auch entscheiden. „Nach und nach habe ich dann immer mehr Aufgaben von meinen Eltern übernommen und auch relativ schnell die Prokura bekommen." Begleitet wird der Übernahmeprozess von externen Beratern, um für Unternehmen und Familie die bestmöglichen Lösungen zu erarbeiten. Es werden zentrale Werte festgeschrieben, die für alle gelten, eine Kernideologie, die Teil der Unternehmenskultur ist. Werte werden regelmäßig alle vier Jahre mit den Mitarbeitern auf den Prüfstand gestellt und überarbeitet. Durch die erfolgreiche Teilnahme an diversen Wettbewerben – sogar auf europäischer Ebene – bekommt Nicole Kobjoll Rückenwind. Ihr Führungsstil ist von Vertrauen und Transparenz geprägt, auch der Erfolg gibt ihr Recht. Im Schindlerhof wird so viel Individualität wie irgend möglich gelebt. „Wir fordern nur so viel Konformität, wie zur Zielerreichung unbedingt nötig ist", so Nicole Kobjoll. „Damit geht es uns allen gut."

Mittlerweile hält sie mit 51% die Mehrheit am Schindlerhof, ihre Mutter 33%, der Vater 15%. Ein Prozent hat er bereits dem Enkelsohn überschrieben. „Max soll immer mit dem Hotel verbunden sein. Er muss es nicht übernehmen, aber es soll ein Teil von ihm bleiben. Ein schöner Gesinnungswandel meines Vaters – denn mir hat er jeden Tag aufs Brot geschmiert, dass es nur einen Job auf der Welt gibt: Hotel und Gastronomie!". Ob Max den Schindlerhof in die dritte Generation führt, wird die Zukunft bringen. Nicole Kobjoll hat ihre Nachfolge jedenfalls nicht bereut. „Ich habe großen Respekt davor, was meine Eltern aufgebaut haben, das hat mir viel geholfen und motiviert mich immer wieder aufs Neue. Zu dem kommt das große Vertrauen, das wir uns gegenseitig entgegenbringen. Ich glaube, das ist das Wichtigste, denn ohne Vertrauen ist eine jede Unternehmensnachfolge zum Scheitern verurteilt."

Erfolgsfaktoren

- Wertschätzung gegenüber der elterlichen Leistung
- Gegenseitiges Vertrauen
- Einstieg über ein eigenes Projekt
- Eigene Fehler machen dürfen
- Schrittweise und strukturierte Übergabe mithilfe von Aufgabenlisten
- Effiziente Nutzung der Tandemstrategie mit Mutter und Vater
- Festschreiben der Grundwerte und aktive Pflege der Unternehmenskultur
- Sich mit den Besten messen und so immer wieder für Motivation sorgen

Von Nachfolgerin zu Nachfolgerin

Gegenseitiges Vertrauen und Respekt, ohne diese beiden Komponenten sind Konflikte vorprogrammiert.

Geben Sie Ihrer Nachfolge ein Motto

Nachfolge ist wie ein Staffellauf. Einer kommt, das Staffelholz zu übernehmen und der andere läuft noch ein kleines Stück des Weges mit.

Expertenfazit

In der Übergabe des Schindlerhofes zeigen sich viele gute Impulse für gelungene Nachfolge. Allem voran: Kinder nicht drängen, sondern für etwas begeistern. Klaus Kobjoll gelang das gleich zwei Mal – zuletzt über ein spannendes und zugleich verantwortungsvolles Einstiegsprojekt, mit dem er den Ehrgeiz und die Kreativität seiner Tochter herausforderte. Gemeinsam strukturierten sie die weitere Übergabe mithilfe von Aufgabenlisten und schrieben die Firmenphilosophie fest. Gestaltungsfreiheit ist in der Nachfolge genauso wichtig wie die Festlegung der Grundwerte. Und die sollen auch in den nächsten Generationen erhalten bleiben. Um sich immer wieder selbst herauszufordern und innovativ zu bleiben, nehmen Nicole Kobjoll und ihr Team regelmäßig an internationalen Wettbewerben teil. Eine gute Strategie, um auch zukünftig die Staffel unter den Besten zu laufen.

7.11 „Im Nachhinein war es die beste Entscheidung meines Lebens"

Ilona Konzack

Steckbrief
Name:
Ilona Konzack

Alter:
48 Jahre

Übernahme:
2004

Position:
Inhaberin und Geschäftsführerin der Dubkow-Mühle in Leipe.

Unternehmen:
Seit vielen Jahrzehnten befindet sich die ehemalige Spreewald-Mühle im Besitz der Familie Konzack. 2004 übernimmt Ilona Konzack das traditionsreiche Unternehmen, welches mit 20 Mitarbeitern als Hotel und Gastronomiebetrieb geführt wird.

Profil
Kurz vor der Wende flieht Ilona Konzack nach Westdeutschland und glaubt damit endgültig Abschied von ihrer Heimat zu nehmen. Die gelernte Hotel- und Restaurantfachfrau will sich eine neue Existenz aufbauen. Dass sie jemals wieder zurück in das beschauliche Leipe bei Lübbenau kehren würde, ist unvorstellbar.

Hier im Spreewald bewirtschaften ihre Eltern die Dubkow-Mühle – ein traditionsreiches Gasthaus. Mit 67 Jahren will sich der Vater mit einer Landwirtschaft im Ausland einen Traum erfüllen. Er drängt seine Tochter, den Betrieb zu übernehmen. 2004 kehrt Ilona Konzack zurück. Sie kauft das Anwesen und übernimmt den Familienbetrieb. Die kooperative Art, mit der sie den Betrieb führt, kommt bei den Mitarbeitern gut an. Der Vater zieht sich nach einem gemeinsamen Jahr der Übergabe zurück, steht seiner Tochter aber noch beratend zur Seite. Auch zwei Mentoren der IHK Cottbus unterstützen die Unternehmerin bei der Nachfolge.

Heute braucht die Unternehmerin keine Unterstützung mehr – im Gegenteil: Sie selbst steht als Mentorin für Neuunternehmer in der Region mit Rat und Tat zur Seite. Da ihre Söhne die Mühle nicht übernehmen möchten, plant sie bereits jetzt ihre Nachfolge. Denn es gibt einen großen Traum, den sie sich noch verwirklichen möchte: eine eigene Pferdezucht. Ein Verkauf des Familienbetriebs kommt für sie aufgrund der langen Familientradition dennoch nicht in Betracht und so sucht die erfolgreiche Unternehmerin derzeit nach alternativen Lösungen. Es gibt gegenwärtig keine Interessenten.

Persönliche Erfahrung als Nachfolgerin
Mühlen gab es einst viele im Spreewald. Sie nutzten die Wasserkraft der Spree, mahlten Getreide zu Mehl oder schlugen Öl aus dem Lein. Doch die Mühlen verschwanden mit fortschreitender Technik. Mit dem aufstrebenden Fremdenverkehr verwandelten sich viele Mühlengebäude zu gut gehenden Gaststätten, Herbergen, oder Ausflugslokalen. So auch die 300 Jahre alte Dubkow-Mühle am Eingang des Spreewalddorfes Leipe. Bis 1919 klapperte hier noch das Mühlrad. Das Gütesiegel der Mühle, die sich seit Mitte des 18. Jahrhunderts mehr und mehr auch zur beliebten Einkehrstätte mauserte, prägten ganze Generationen der Familiendynastie Konzack – und dies bis zum heutigen Tag. Dass seine Mühle verkauft würde, kam für Vater Erich Konzack nie infrage und so hoffte er darauf, dass Tochter Ilona – gelernte Hotel- und Restaurantfachfrau – das Familienunternehmen übernehmen würde. Anfangs widerwillig, kommt Ilona Konzack 2004 nach Hause – auf Druck des Vaters. Heute, neun Jahre später, sagt sie: „Im Nachhinein war es die beste Entscheidung meines Lebens!"

Ilona Konzack übernimmt den Traditionsbetrieb, zunächst ein Jahr gemeinsam mit dem Vater, der sich danach aber ganz aus dem Geschäft zurückzieht. Der Vater hat keine Probleme loszulassen, berät seine Tochter aber bei Bedarf. Schließlich kauft Ilona Konzack das Anwesen. „In diesem Moment fühlte ich schon die Last auf meinen Schultern. Ich bin dadurch aber auch stärker geworden", betont sie. Der Kauf des Betriebs war notwendig, um klare Verhältnisse insbesondere zwischen den Geschwistern zu schaffen. „Es ist sehr wichtig, eine Lösung zu finden, die allen Familienmitgliedern gerecht wird. Das rate ich jedem, der ein Familienunternehmen übergeben möchte", so Ilona Konzack. Der Familienzusammenhalt war zum Glück da und ist es immer noch: Die ältere Schwester und der jüngere Bruder hatten keine Ambitionen, den Betrieb zu übernehmen, arbeiten aber bis heute nebenbei in der Mühle mit.

Ilona Konzack beschreibt ihren Führungsstil als teamorientiert – ganz anders als der des Vaters. Das kommt bei den Mitarbeitern gut an. „Ich stehe lieber dahinter und schiebe, statt zu treten und zu drücken." Dennoch gab es nie Diskrepanzen mit dem Senior. „Er steht hinter mir, auch wenn ich vieles anders mache, als er es tun würde." Dass sie ihre Ausbildung zur Hotel- und Restaurantfachfrau extern und nicht im elterlichen Betrieb absolviert hat, hat ihr für ihre persönliche Weiterentwicklung viel gebracht. Das habe ihren Horizont sehr erweitert, ist sie sich sicher.

Oft haben Ilona Konzacks Arbeitswochen sieben Tage. Ohne die Unterstützung ihres Lebenspartners ginge das nicht. Er hält ihr den Rücken frei und bringt auch das nötige Verständnis auf, wenn sie mal wieder keine (Frei-)Zeit hat. Die Arbeit mache Spaß, ganz klar, dennoch: „Bis 60 möchte ich nicht hier arbeiten. Das Leben birgt, glaube ich, noch andere Facetten." Ähnlich wie der Vater möchte auch sie sich noch einen Lebenstraum erfüllen: eine eigene Pferdezucht. Bereits jetzt plant Ilona Konzack ihre Nachfolge. Das gestaltet sich in der nächsten Generation allerdings schwieriger: Beide Söhne möchten das Gasthaus nicht weiterführen und haben beruflich andere Wege eingeschlagen. Ein Verkauf der Mühle steht für die Unternehmerin nicht zur Debatte, lediglich eine Verpachtung der Gastronomie. Eine endgültige Lösung steht noch nicht fest. „Mit diesem enormen Druck kann nicht jeder umgehen." Wichtigste Kriterien, die ein Nachfolger haben muss: starke Nerven, Flexibilität und vor allem Leidenschaft für die Branche.

Erfolgsfaktoren

- Offene Kommunikation mit den Geschwistern über die Gestaltung der Nachfolge und der finanziellen Aspekte
- Den Anspruch haben, Veränderungen anzustoßen und Prozesse effizienter zu gestalten
- Ehrgeiz, Offenheit und Ehrlichkeit
- Sich (auch externe) Unterstützung suchen und annehmen
- In anderen Unternehmen Erfahrungen sammeln

Von Nachfolgerin zu Nachfolgerin
Den wichtigsten Rat, den Ilona Konzack anderen Töchtern mit auf den Weg geben möchte, die in die Fußstapfen ihrer Väter treten: Niemals aufgeben! Sicher gibt es viele Widrigkeiten, mit denen man sich auseinandersetzen muss – doch mit Ehrgeiz, Ehrlichkeit und Offenheit lässt sich vieles meistern.

Geben Sie Ihrer Nachfolge ein Motto

Fortschritt und Weiterentwicklung

Expertenfazit

Das Beispiel zeigt, wie wichtig es ist, sich frühzeitig mit der Nachfolge auseinanderzusetzen. Sowohl ihr Vater als auch Ilona Konzack selbst haben neben dem Unternehmen andere Projekte, die sie gerne nach einer Übergabe verfolgen möchten. Hierdurch gelingt es beiden leichter, loszulassen und offen hierüber zu sprechen. Beide tragen aber das Gefühl in sich, dass die Dubkow-Mühle ein Teil der Familie ist. Während Ilona Konzack in die Nachfolge „gedrückt" wurde, stellt sie es ihren Kindern frei. Ein Verkauf kommt aber aufgrund der Familienwurzeln für sie nicht infrage. Frühzeitig sucht sie daher heute nach geeigneten Pächtern. Die Geschichte belegt, dass man hier nicht immer gleich die geeignete Person findet und es auch für die externe Nachfolge wichtig ist, genaue Kriterien festzulegen. Schließlich muss auch ein Pächter Kultur und Werte des traditionsreichen Familienbetriebes vertreten.

7.12 „Gemeinsam etwas bewegen"

Anja Kruse

Steckbrief
Name:
Anja Kruse

Alter:
40 Jahre

Übernahme:
1999 Einstieg ins Unternehmen, seit 2001 Gesellschafterin der TEKAWE GmbH

Position:
Co-Geschäftsführerin der TEKAWE GmbH

Unternehmen:
Die TEKAWE GmbH wird seit über 25 Jahren als Familienbetrieb geführt, das sich auf Zentralschmierung, Dosiertechnik, Schmier- und Schmierungstechnik spezia-

lisiert hat. Gegründet wurde das Unternehmen 1988 in Stukenbrock vom jetzigen Geschäftsführer Heinz C. Kruse. Ziel der eigenen Unternehmungsgründung war es, die jahrelange Zusammenarbeit mit der Deutschen Tecalemit bezüglich des Vertriebs für bestimmte Kunden und Produktbereiche auszubauen und vertraglich zu fixieren. 1999 trat Tochter Anja in das Unternehmen ein, beide leiten den Betrieb heute als Geschäftsführer. Das inhabergeführte, mittelständische Familienunternehmen beschäftigt 30 Mitarbeiter.

Profil
Anja Kruse hat die Liebe zum familieneigenen Unternehmen quasi „mit der Muttermilch aufgesogen", schon als Kleinkind spielte sie in den Büros der Firma. „Man ist da so richtig reingewachsen und hat gemerkt, dass es zum Leben einfach dazu gehört", sagt Anja Kruse heute zu den Erfahrungen, die sie von Kindesbeinen an mit dem Familienbetrieb machte. Als Teenager und junge Frau eiferte sie in ihrer Leistungsbereitschaft dem Vater nach, plant zunächst ein naturwissenschaftliches Studium nach dem Abitur – doch die Verbundenheit mit dem Familienunternehmen siegt: Letztlich entscheidet sie sich, langsam in das Familienunternehmen einzusteigen. Wichtig ist es ihr, das Unternehmen genau zu kennen – durch ihre Tätigkeiten in allen Bereichen ist sie über alle Abläufe sehr gut informiert. An ihre Aufgaben geht sie strukturiert heran, versucht neue, praktischere Abläufe in der Firma zu etablieren, die sie teilweise bei Coachings erlernt hat.

Obwohl Anja Kruse sehr ehrgeizig und fleißig ist, möchte sie nicht, wie ihr Vater, rund um die Uhr ins Unternehmen eingespannt sein. Auch deshalb, weil sie sich in nicht allzu ferner Zukunft Kinder wünscht. „Ich möchte trotz meiner Aufgabe im Unternehmen noch genug Freiräume haben, damit ich mein Leben auch leben kann und mich nicht so in diese Firma verrenne, keine Freunde mehr habe und Tag und Nacht arbeite."

Persönliche Erfahrung als Nachfolgerin
Nur wenige Unternehmerinnen haben die unterschiedlichen Abteilungen ihres Betriebs so genau kennengelernt wie Anja Kruse. Sie fängt im elterlichen Betrieb als Industriekauffrau an, führt anschließend klassische Verwaltungsarbeiten aus, arbeitet sich in die Unternehmensbereiche Finanzen und Personal ein. Auch für Marketing interessiert sie sich. Der Vater begleitet sie bei ihrer umfassenden Ausbildung, erklärt ihr technische Dinge und berät sie. „Ich bin Stück für Stück reingerutscht, bis ich dann im Endeffekt alles mal gemacht hatte", schmunzelt Anja Kruse im Rückblick. Als ihr Vater sich ein wenig zurückzieht, übernimmt sie auch Verantwortung bei der Projektleitung und der innerbetrieblichen Organisation sowie in der technischen Abteilung. Diese Schritte sind nicht geplant, die Übergabe passiert mehr oder weniger von selbst. „Ein Stück weit war das für mich auch eine Verpflichtung und am Anfang hatte ich eher gemischte Gefühle, ob ich damit glücklich werde", spricht Anja Kruse offen über ihre anfänglichen Bedenken. Im Nachhinein sei diese Entscheidung jedoch genau richtig gewesen, nirgendwo sonst hätte sich

ihr ein ähnlich breites Aufgabenspektrum geboten. Manchmal wünscht sie sich jedoch, sie hätte auch Erfahrungen bei anderen Unternehmern oder im Ausland gemacht: „Das ist das, was mir ein bisschen fehlt, der Blick in eine andere Firma, um Erfahrungen zu sammeln."

2001 übernimmt sie Anteile am Unternehmen und wird Gesellschafterin. Für sie bedeutet dieser offizielle Schritt jedoch keinen Unterschied: „Mir war es egal, wie viele Prozente jemand hat, wir sind eine Familie und alles gehört zusammen", erklärt sie ihre Sichtweise. Auch die Aufgaben bleiben für Anja Kruse nach der Anteilsübernahme dieselben. Um sich fortzubilden und in ihre neue Rolle hineinzuwachsen, absolviert sie diverse Coachings und Weiterbildungsmaßnahmen. Auch Netzwerke wie die Wirtschaftsjunioren helfen ihr bei ihrer Rollenfindung. Erst durch diese Erfahrungen werden ihr nach und nach auch die Risiken und die Haftung als Geschäftsführerin klar.

„Es war nicht ganz so einfach am Anfang, als Tochter reinzukommen, da viele der Arbeiter mich nicht als Führungskraft gesehen haben. Die älteren Mitarbeiter kannten mich ja schon, als ich noch hier gespielt habe – und auf einmal bin ich dann ihr Chef", erläutert Anja Kruse anfängliche Schwierigkeiten. Durch das Wissen aus den Coachings kann sie diesen Problemen im Mitarbeiterumgang mit Lösungsansätzen begegnen. Sie führt beispielsweise Mitarbeiter- und Beurteilungsgespräche ein. „Unter anderem damit habe ich versucht, ein bisschen mehr Struktur in die Führung hineinzubringen", erklärt sie. Klarere Vorgaben und ein Plus an Struktur nehmen die Mitarbeiter gerne an. Mit ihrem Überblick über die Firma und ihrer praktischen Organisation hat sich Anja Kruse den Respekt der Mitarbeiter erarbeitet, auch wenn sie sich als Frau im technischen Bereich doppelt beweisen muss: „Ich habe unsere Mitarbeiter überzeugt durch das, was ich tue, und nicht durch das, was ich bin."

Mittlerweile ist Anja Kruse für die Bereiche Finanzen, Buchhaltung sowie das Marketing zuständig. Ihr Vater kümmert sich vorwiegend um die technische Abteilung, um Montage, Werkstatt, Projektierung, aber auch um Kundenkontakte und den Vertrieb. In der Praxis überschneiden sich die Geschäftsfelder jedoch des Öfteren. „Dadurch gab und gibt es ab und an Meinungsverschiedenheiten, da hakt es manchmal ein bisschen", so Kruse. Gleiches passiert, wenn der Vater die von Anja Kruse eingeführten Strukturen und Abläufe missachtet und die mühevoll errichtete Organisation durcheinanderbringt. Manche Veränderung hält er für sinnlos, Konflikte sind die Folge. Für Anja Kruse bedeuten diese Tage des Streits eine schwere Zeit, doch mit viel Diplomatie und Überzeugungskraft meistert sie auch diese Situation. Man müsse sich auch in den Vater hineinversetzen und versuchen, ihn zu verstehen, sagt sie.

Trotz dieser Schwierigkeiten hält die Tandemführung mit dem Vater bereits seit über einem Jahrzehnt an: „Ein Datum für eine Übergabe gibt es nicht." Trotz der sukzessiven Übertragung von mehr als 51 % der Anteile bezieht sie den Vater nach wie vor mit ein, informiert ihn über wichtige Vorgänge. Auch nach einer Übergabe würde dies so gehandhabt werden, sagt Anja Kruse: „Ob er jetzt die Mehrheit hat oder ich, das ist eigentlich egal." Sie sieht die Firma als Einheit, die Familienwerte sind auch gleichzeitig die Unternehmenswerte. „Zusammenhalt hat eine große Bedeutung für mich, sich aufeinander verlassen zu können und auch zusammen etwas zu erreichen", betont Kruse. Dennoch suche sie bereits aktiv einen Ersatz für den Vater, denn die Führung soll auch nach dessen Rückzug weiterhin aufgeteilt werden. „Ich könnte die Firma zwar alleine führen, aber ich würde mich sicherer fühlen, wenn ich ein Pendant hätte, das die Technik überwacht", so Kruse. Für den Notfall hat sie bereits die Zwischenebene aus Vertriebs-, Einkaufs- und Konstruktionsleiter ausgebaut. Ein technischer Geschäftsführer wäre ihr jedoch lieber. Diesem würde sie nach einer gewissen Zeit im Betrieb auch Anteile übertragen wollen: „Damit er bei Entscheidungen eben nicht einfach nur den Profit sieht, sondern auch das Wohl der Firma."

Erfolgsfaktoren

- Offene Kommunikation und Diskussion mit dem Vater. Verständnis für beide Perspektiven schaffen.
- Bei Streitigkeiten immer versuchen, die Beziehungsebene nicht zu brechen.
- Ein Durchlaufen aller Abteilungen schafft ein umfassendes Bild über das Unternehmen, was gerade bei kleineren Unternehmen wichtig ist.
- Aktiv Ersatz für den Vater suchen, um weiterhin ein Tandem zu ermöglichen.

Von Nachfolgerin zu Nachfolgerin
Anja Kruse rät anderen Unternehmerinnen dazu, Netzwerke zu bilden. Besonders viele neue Einsichten gewinnt sie beispielsweise durch die Treffen der Wirtschaftsjunioren. Beim Austausch mit Unternehmern aus der Region können die Teilnehmer aus einem breiten Erfahrungsschatz schöpfen. Einmal im Quartal nimmt Anja Kruse an einem weiblichen Führungskräftetreffen teil. Dabei kämen neben den beruflichen Aspekten auch Themenbereiche wie Emotionen und Ziele nicht zu kurz. Allerdings setzt sie nicht nur auf Frauennetzwerke, auch von Männern könne man sich schließlich viel abschauen. An ihnen schätzt sie unter anderem die sachliche Herangehensweise an Probleme und die Souveränität im Umgang mit Mitarbeitern.

Unter anderem hat Anja Kruse bei den Wirtschaftsjunioren eine Projektgruppe „Familienunternehmen" gegründet. Dort organisiert sie regelmäßige Treffen zu Aspekten und Problemen in inhabergeführten Familienunternehmen, die als Erfahrungsaustausch einerseits dienen sollen, aber auch geführte Moderationen für konkrete Fälle behandeln. „Das hilft, sich auszutauschen, von anderen Erfahrungen zu lernen und man merkt auch, dass man nicht ‚alleine' mit diesen Umständen zu kämpfen hat."

Geben Sie Ihrer Nachfolge ein Motto

Gemeinsam etwas bewegen!

Expertenfazit

Die Nachfolge von Anja Kruse zeigt erneut den Einstieg über Projekte ins Unternehmen. Anja Kruse musste jede Abteilung durchlaufen und war Ersatz für Mitarbeiter, die sich im Urlaub befanden oder das Unternehmen verlassen hatten. Dieses Wissen stärkte sie später bei der Übernahme unternehmerischer Verantwortung. Typisch ist ihre lange Tandemphase mit dem Vater. Anja Kruse nutzt die Zusammenarbeit bewusst, um die Beziehungsebene mit dem Vater zu pflegen. Sie gibt ihm so weiterhin das Gefühl „gebraucht zu werden". Konflikten wird mit offener Kommunikation und Diskussion begegnet. Um die erfolgreiche Tandemarbeit auch künftig fortzuführen, sucht Anja Kruse bereits einen Ersatz für ihren Vater. So wird sie die technische Wissenslücke schließen, wenn ihr Vater sich einmal aus dem operativen Geschäft zurückziehen wird.

7.13 „Von der Pike auf lernen"

Carola Landhäuser

Steckbrief
Name:
Carola Landhäuser

Alter:
39 Jahre

Übernahme:
Teilnachfolge 2005 als Geschäftsführerin der HARK Treppenbau

Position:
Geschäftsführerin eines Tochterunternehmens der HORSTMANN GROUP in Bielefeld

Unternehmen:
Im Jahr 1975 legte Dipl.-Kfm. Jürgen Horstmann mit der Übernahme der Krause-Biagosch GmbH in Bielefeld den Grundstein für das Entstehen der mittel-

ständischen Unternehmensgruppe. Die HORSTMANN GROUP beschäftigt rund 2000 Mitarbeiter in 36 Unternehmen aus den Bereichen Möbelindustrie, Grafische Industrie, metallverarbeitende Industrie, Lebensmittelindustrie und IT & EDV. Der Umsatz beträgt rund 200 Mio. €.

Profil
Carola Landhäusers eigentlicher Berufswunsch war es, Hebamme zu werden. Doch ihre Eltern konnten sie überzeugen, in das Unternehmen des Vaters einzusteigen. Die Horstmann Gruppe besteht aus 36 Unternehmen mit 22 Geschäftsführern – darunter sind Maschinenbau- und Zulieferbetriebe, Küchen- und Packmöbelhersteller sowie weitere. Nach ihrem Studium der Betriebswirtschaftslehre kommt sie mit 26 Jahren in den väterlichen Betrieb. Da hat sie bereits drei Kinder. Als Trainee durchläuft sie zunächst verschiedenste Abteilungen, bis sie im Jahr 2005 schließlich HARK Treppenbau in Bielefeld, ein Tochterunternehmen der Horstmann Gruppe, als Geschäftsführerin übernimmt. Sie sieht die große Chance, im Unternehmen des Vaters Karriere zu machen – auch mit Familie. Auf rund 2000 Mitarbeiter ist die Gruppe in knapp 35 Jahren angewachsen, nachdem ihr Vater Jürgen Horstmann diverse insolvente Unternehmen aufkaufte und wieder aufbaute. Jürgen Horstmann hat heute nach wie vor die „Oberherrschaft" über die Gruppe – und das auf unbestimmte Zeit. Durch ihre beruflichen Erfolge genießt Carola Landhäuser jedoch die volle Unterstützung und Akzeptanz des Vaters, den sie sich – anders als viele andere Töchternachfolgerinnen – auch gut als Coach vorstellen könnte. Die Gesamtnachfolge des Vaters anzutreten, das kann sich Carola Landhäuser durchaus vorstellen. Wann genau dies sein wird und wie das Unternehmen bis dahin strukturiert sein wird, steht derzeit noch nicht fest.

Persönliche Erfahrung als Nachfolgerin
Frauen in Führungspositionen sind in der Familie von Carola Landhäuser keine Ausnahme. Bereits die Großmutter übernimmt nach dem frühen Tod ihres Mannes einen Schlachtbetrieb – und das mit gerade mal 32 Jahren.

Ob sie glücklicher wäre, wenn sie Hebamme geworden wäre? Das glaubt sie nicht. Die Unternehmensgruppe des Vaters ist vielseitig. Für Carola Landhäuser boten sich viele Einstiegsmöglichkeiten in den unterschiedlichsten Bereichen. „Da ich ja während des Studiums schon drei Kinder bekommen habe, wäre es mit Sicherheit sehr schwierig geworden, extern eine Anstellung zu finden." So wird die Horstmann Gruppe für sie zum attraktiven Karrieresprungbrett. Sie lernt von der Pike auf. Die Nachfolgerin steigt nicht gleich in die Chefetage ein, sondern arbeitet sich durch verschiedene Abteilungen. 2005 dann erhält sie ihre große Chance: Die Geschäftsführung der HARK Treppenbau scheidet aus und Carola Landhäuser übernimmt diese Aufgabe. Es ist eine Teilnachfolge, denn der Vater hält damals wie heute noch die Fäden des großen Ganzen in der Hand. „Solange mein Vater Spaß am Arbeiten hat und wir gut kooperieren, finde ich das völlig in Ordnung. Dieser Weg ist für mich doch sehr gewinnbringend", betont Carola Landhäuser. Auf die

Nachfolge vorbereitet fühlte sich Carola Landhäuser nur bedingt. „Obwohl ich während meiner Zeit in der Firmengruppe zusätzlich noch viele Seminare besucht habe, ist es doch mehr ein ‚Learning by Doing'. Dabei sein, einfach machen und aus eigenen Fehlern lernen", so lautet das Resümee der 39-Jährigen. Der sanfte Einstieg in den Betrieb war ihrer Meinung nach der richtige Weg. Die Mitarbeiter mussten sie ja auch erst einmal kennenlernen und es gab auch Vorurteile, die es zu widerlegen galt. „Am Anfang muss man sich noch einiges sagen lassen. Die Uni bereitet einen eben nicht auf das wahre Leben vor! Es war auch völlig in Ordnung für mich, dass mich mein Vater in gewisser Weise gelenkt hat. Aber irgendwann bin ich an den Punkt gekommen, wo ich das Selbstvertrauen hatte und wusste, das kann ich jetzt auch." Charakterlich sind Vater und Tochter sehr verschieden: Der Vater ist eher aufbrausend, Carola Landhäuser braucht die Harmonie. Auch wenn sie anders führt und entscheidet als ihr Vater, hat sie doch viel von ihm gelernt. Oft wünschte sie sich einen intensiveren Austausch mit ihm, doch das stressige Tagesgeschäft lässt dafür wenig Spielraum: „Hier könnte noch so viel Wissen übergeben werden, es wäre schade, wenn das verloren geht." In das Unternehmen einzusteigen bereut sie nicht. „Es ist anstrengend, ganz klar, und man kann nicht einfach Feierabend machen und abschalten. Die Sorgen nimmt man mit ins Bett und in die Freizeit", so Landhäuser. Dennoch mag sie es, Verantwortung zu tragen.

Bei insgesamt sechs Kindern muss sie – gerade bei ihrer zeitaufwendigen Position – manchmal mit dem Vorurteil kämpfen, sie sei eine „Rabenmutter". Auch ihr Ehemann ist in Vollzeit berufstätig. „Ich kann mir eine vernünftige Betreuung leisten. Mir ist es wichtig, dass alle Kinder gemeinsam zu Hause betreut werden. Wenn ich meine Kinder sehe, sehe ich in glückliche zufriedene Gesichter – so viel kann da nicht falsch gelaufen sein." Ob eines der Kinder in ihre Fußstapfen tritt? Wer weiß. Eventuell einer der Söhne. Die große Tochter hat bereits einen klaren Plan für die Zukunft: Sie möchte Hebamme werden.

Carola Landhäuser hat drei Schwestern, von denen zwei derzeit im Unternehmen auf mittlerer Ebene arbeiten. Wie sich die Nachfolge des Vaters gestalten wird, steht noch nicht fest. Der ist noch mit viel Leidenschaft und Elan bei der Sache. „In irgendeiner Konstellation kann ich mir schon vorstellen, die Gesamtnachfolge meines Vaters zu übernehmen", so die engagierte Unternehmerin. Bis dahin könne sich aber noch so viel ändern, man müsse abwarten.

Erfolgsfaktoren

- Coaching, Seminare und vor allem „Learning by Doing"
- Menschlicher und dennoch konsequenter Führungsstil
- Regelmäßiger Austausch mit dem Senior
- Beruf und Familie durch individuell gestaltetes Betreuungskonzept vereinbaren

Von Nachfolgerin zu Nachfolgerin
Carola Landhäusers Rat an andere Nachfolgerinnen ist, immer hinter der eigenen Sache zu stehen und sich nicht verunsichern zu lassen: „Bleiben Sie immer am Ball und gehen Sie Probleme und Schwierigkeiten ruhig an."

Geben Sie Ihrer Nachfolge ein Motto

In der Ruhe liegt die Kraft!

> **Expertenfazit**
> Am Beispiel von Carola Landhäuser wird deutlich, dass auch ein langfristiges Tandem erfolgreich sein kann, sofern das Verhältnis zwischen Vater und Tochter stimmt. Dies gerade dann, wenn das unternehmerische Spielfeld so groß ist wie das der HORSTMANN GROUP. Jürgen Horstmann akzeptiert den Führungsstil seiner Tochter, auch wenn dieser anders ist als sein eigener. Dennoch ist kein Plan vorhanden, wie es mit der Unternehmernachfolge langfristig weitergehen sollte. Carola Landhäuser ist ambitioniert, in die Fußstapfen des Vaters zu treten, dennoch sind auch noch andere Geschwister im Unternehmen tätig. Hier ist es wichtig, frühzeitig offene Gespräche über die Zukunft zu führen und auch Optionen wie die Aufteilung von Unternehmensteilen unter den Kindern zu prüfen. Die verbindliche Festlegung eines Ausstiegsdatums für Jürgen Horstmann erleichtern sowohl die strukturierte Einarbeitung der Nachfolger als auch den Wissenstransfer von Übergeber zu diesen.

7.14 „Mut und Selbstvertrauen auch in Krisenzeiten"

Nicole Loeb-Furrer

Steckbrief
Name:
Nicole Loeb-Furrer

Alter:
47 Jahre

7.14 „Mut und Selbstvertrauen auch in Krisenzeiten"

Übernahme:
Einstieg 1999 als Abteilungsleiterin, Übernahme des Unternehmens 2005

Position:
Delegierte des Verwaltungsrates der Loeb Holding und Präsidentin des Verwaltungsrates der Loeb AG und der Krompholz & Co AG in Bern (CH)

Unternehmen:
Im Jahr 1881 gründeten die vier Brüder David, Julius, Louis und Eduard Loeb ein kleines Textilgeschäft in Bern. Heute ist die Loeb AG zu einem großen Detailhandelsunternehmen mit Sitz in Bern angewachsen. Die Loeb AG erwirtschaftet über 100 Mio. CHF jährlich und beschäftigt rund 500 Mitarbeiter. 2005 tritt Nicole Loeb-Furrer die Nachfolge in der nächsten Familiengeneration an.

Profil

Es war nie Nicole Loeb-Furrers Plan, in das traditionsreiche Familienunternehmen einzusteigen. Nach ihrer Schulzeit widmet sie sich zunächst der Kunst, studierte dann in Deutschland (Nagold) Textilbetriebswirtschaft und arbeitete im Ausland. 1999 übernimmt sie dann doch einen Teilbereich des 1881 gegründeten Schweizer Detailhandelsunternehmens. Eigentlich ist Nicole Loebs Bruder für die Nachfolge vorgesehen. Erst als er ablehnt, kommt sie ins Spiel. Es dauerte ein bisschen, bis sich Nicole Loeb-Furrer die Übernahme des Familienunternehmens zutraut. Die Fußstapfen, in die sie treten muss, sind groß, ihre Kinder zu diesem Zeitpunkt noch sehr klein, die See, in der sie die Loeb-Gruppe steuern sollte, reichlich stürmisch.

Sie geht den großen Schritt in die Gesamtverantwortung und hat es nie bereut. Von Anfang an jedoch stellt sie klare Bedingungen an ihre Nachfolge. Ein deutlicher Schnitt soll es werden, ein echter Neuanfang – ohne den Vater und teilweise mit neuen Verantwortlichen. Am schwersten fallen ihr die Restrukturierungen, die sie am Anfang anpacken muss. Diese sind jedoch unausweichlich. Nicole Loeb hat zu der Zeit viele schlaflose Nächte. Wenn sie nicht gerade arbeitet, fordern die Kinder ihre volle Aufmerksamkeit und sie hat – vielleicht zum Glück – wenig Zeit, groß mit den Gegebenheiten zu hadern. Weil sie auch für ihre Töchter da sein will, arbeitet sie trotz der großen Aufgabe in Teilzeit und lernt auf diese Weise schnell, Aufgaben und Verantwortung zu delegieren. Ganz bewusst sucht sie sich Unterstützung, lässt sich coachen.

Heute hat sie das große Unternehmen in ruhigere Gewässer navigiert, die Krise abgewendet und sich den Respekt der Mitarbeiter erarbeitet. Als erste Frau an der Spitze des traditionsreichen Familienunternehmens war es nicht immer einfach für die Unternehmerin, doch sie glaubt an sich und vertraut auf ihre Fähigkeiten.

Persönliche Erfahrung als Nachfolgerin

Die Loeb-Gruppe im Schweizer Bern ist ein sehr bekanntes Unternehmen mit langer Familientradition. In der Loeb-Unternehmensnachfolge hatten immer schon die Männer die Nase vorn. Dennoch steigt Nicole Loeb-Furrer, nachdem sie eine Ausbildung in der Kunst absolviert, Textilbetriebswirtswirtschaft studiert und mehrere Jahre extern gearbeitet hat, 1999 als Abteilungsleiterin in das Unternehmen ein. Nicole Loeb-Furrer entscheidet sich bewusst für die Nachfolge, als ihr Bruder diese ausschlägt. Mit zwei kleinen Kindern, damals zwei und vier Jahre alt, stellt sie jedoch von Anfang an klare Bedingungen an ihren Einstieg. Zum Wohle der Kinder möchte sie nur Teilzeit arbeiten, drei Tage in der Woche: „Ich habe eigentlich zwei Jobs, die ich organisieren muss. Aber ich bin auch zu Hause jederzeit erreichbar." Die zweite Bedingung: Der Vater tritt von seinen Ämtern zurück. François Loeb lässt sich darauf ein. Er hat Hobbys und andere Projekte, denen er sich ab da widmet. „Aber er war ja in dem Sinne nicht weg, nur eben nicht mehr in den verschiedenen Gremien vertreten. Das war mir auch sehr wichtig, um Meinungsverschiedenheiten zu vermeiden." Stattdessen holt sich Nicole Loeb-Furrer einen neutralen Partner in Form eines Verwaltungsratpräsidenten. „Mein Vater hat Loeb sehr patronal geführt und er ist auch nicht der Typ für eine Doppelspitze."

Zum Zeitpunkt der Übernahme geht es darum, das Unternehmen in eine neue Richtung zu führen, Strukturveränderungen stehen an, hohe Investitionen müssen getätigt werden. Die Betriebskultur des Vaters hat sie nicht völlig umgekrempelt: „Ich habe dieselben Werte wie er, daran hat sich nichts geändert, aber ich versuche mehr zu delegieren, Verantwortungen abzugeben – schon deswegen, weil ich ja nur Teilzeit arbeite." Die Übernahme des Unternehmens in einer schwierigen Situation war eine zusätzliche Belastung. Zudem gab es in der Schweiz hohes Medieninteresse. „Ein Führungsstreit oder öffentlich ausgebreitete Diskrepanzen wären schlecht für die Öffentlichkeit gewesen." Auch wenn das Fahrwasser heute wieder ruhiger ist, ganz einfach ist es dennoch nicht, Kinder und Firma unter einen Hut zu bekommen. Eine Tagesmutter kümmert sich um die Töchter, wenn Nicole Loeb-Furrer außer Haus ist.

Den geschichtsträchtigen Namen Loeb sieht sie für ihre Kinder als Chance und Fluch zugleich. „Meine Kinder haben – ebenso wie ich – die freie Wahl, ob sie in das Unternehmen einsteigen wollen." Einen festen Zeitpunkt, wann sie aufhören möchte, hat sich Nicole Loeb-Furrer noch nicht gesetzt. „Natürlich macht man sich über die eigene Nachfolge Gedanken, doch akut ist das Thema noch nicht."

Erfolgsfaktoren

- Berufliche Erfahrungen außerhalb sammeln und freie Entscheidung für den Einstieg
- Offene Kommunikation von klaren Einstiegsbedingungen
- Auf Augenhöhe mit dem Vater kommen
- Selbstvertrauen und Mut, auch schwierige Entscheidungen zu treffen
- Gute Balance von „Erhalten und Verändern" finden
- Externe Unterstützung nutzen

Von Nachfolgerin zu Nachfolgerin
Man darf niemals aufgeben und muss auch in schwierigen Situationen an sich glauben. Kritiker wird es immer geben, ob es der Vater ist oder jemand anders. Ein externer Berater kann eine gute Unterstützung sein, da er Dinge aus einer neutraleren Sicht beurteilen kann.

Geben Sie Ihrer Nachfolge ein Motto

Es gibt kein Rezept, wie alles perfekt funktioniert. Es spielt sich alles im Mikrokosmos Familie und Unternehmen ab.

Expertenfazit
Nicole Loeb-Furrer ist die erste weibliche Nachfolgerin in einer langen Generationenkette. Obwohl sie ursprünglich ganz andere Pläne für sich hatte, sah sie eine große Chance in der Übernahme der Kaufhausgruppe. Ihre Bedingungen klar und offen zu formulieren und durchzusetzen, war ein wichtiger Schritt, um ihr bestehendes Leben und die neue Herausforderung vereinbaren zu können. Nachfolgerinnen sollten sich vorher genau überlegen, welche Wünsche, Bedingungen und Ziele sie für den Nachfolgeprozess haben und diese auch klar formulieren.

Eine zusätzliche Herausforderung bei der Übernahme war die Umbruchsituation des Unternehmens. Nicole Loeb-Furrer musste hohe Investitionen tätigen, um das Unternehmen für die Zukunft zu rüsten. Es war ihr wichtig, Veränderungen auf ihre eigene Weise umzusetzen. Dazu gehörte auch der Entschluss, keine lange Tandemphase zu haben, sondern einen klaren Schnitt zu machen. Durch transparente Kommunikation und konsequente Umsetzung können auch schwierige Entscheidungen wie diese in Familie und Unternehmen gut angenommen werden.

7.15 „Langsam, aber stetig ans Ziel kommen"

Ursula Osterchrist

Steckbrief
Name:
Ursula Osterchrist

Alter:
Jahrgang 1968

Übernahme:
1993 Einstieg ins Unternehmen, seit 1997 Co-Geschäftsführerin mit Vater und Bruder, seit 2012 Geschäftsleitung mit dem Bruder

Position:
Geschäftsführerin und Anteilseignerin der Firma osterchrist druck und medien GmbH in Nürnberg.

Unternehmen:
Das Nürnberger Traditionsunternehmen osterchrist druck und medien GmbH wurde 1901 von Ursula Osterchrists Urgroßvater gegründet und befindet sich seitdem in Familienhand. Vater Roland musste die Firma nach dem 2. Weltkrieg in sehr jungen Jahren weitgehend unvorbereitet übernehmen. Seine beiden Brüder stiegen in den Folgejahren ebenso ins Unternehmen ein. 1997 wurde der Generationswechsel eingeleitet. Heute führen die beiden Geschwister Ursula und Frank das Unternehmen, das rund 30 Mitarbeiter beschäftigt, in der vierten Generation. Aus der einstigen Druckwerkstatt ist ein moderner Mediendienstleister geworden.

Profil
Ursula Osterchrist weiß schon zu Schulzeiten genau, dass sie später einmal im Grafikdesign arbeiten möchte. Sie ist kreativ, einfallsreich und sucht Unabhängigkeit als Frau und Selbständigkeit. Werte, die ihr ihre Mutter – jahrelang Buchhalterin im elterlichen Betrieb – vermittelt hat. Tochter Ursula hat immer schon ihren eigenen Kopf und diskutiert gerne – ganz anders als ihr Bruder, der eher den Konsens sucht. Überhaupt sind die Geschwister sehr verschieden: „Bei mir ist das Glas immer halbvoll", so Ursula Osterchrist, die sich als den optimistischen, praktisch orientierten Part der Geschäftsleitung sieht. Als Kind ist sie in der ständigen Vermengung von Familie und Firma aufgewachsen. Heute trennt die engagierte Unternehmerin Beruf und Privatleben strikt voneinander. Delegieren und Vertrauen sind für sie Schlüsselbegriffe in der Führungsarbeit.

Persönliche Erfahrung als Nachfolgerin
In die Geschäftsführung des Familienunternehmens kommt Ursula Osterchrist „wie die Jungfrau zum Kinde", wie sie in der Rückschau sagt. Nach ihrem Grafikdesignstudium

arbeitet sie zunächst in einem anderen Betrieb, absolviert dann eine Orientierungsphase in der familieneigenen Druckerei. Ihr Bruder, der vier Jahre älter ist, ist Drucktechniker und steigt vor ihr in die Familienfirma ein, an der Seite des Vaters. In der Druckvorstufe, die sie zum Einstieg übernimmt, fühlt sich Ursula Osterchrist von Anfang an sehr wohl: „Es war meine eigene Welt", beschreibt sie ihren Einstieg, weil Vater und Bruder sich auf das Druckgeschäft konzentrieren. Als die beiden Brüder des Vaters sukzessive die Geschäftsleitung verlassen, baut Roland Osterchrist die Firma zur GmbH um. „Für meinen Vater war es selbstverständlich, dass die GmbH dann in drei gleiche Teile aufgesplittet wird", so Ursula Osterchrist, die wie ihr Bruder und ihr Vater ein Drittel der Anteile hält.

Klar ist ihr zu diesem Zeitpunkt aber nicht, was „Führung und Geschäftsführung" eigentlich bedeutet. „Es ist nie klar darüber gesprochen worden, die Zuständigkeiten sind nicht aufgegliedert worden", resümiert Ursula Osterchrist die damalige Vorgehensweise kritisch. Als sie ein paar Jahre später ein Kind bekommt, ist es für sie selbstverständlich, sechs Wochen nach der Geburt wieder in Teilzeit zu arbeiten. Der Bruder kann aufgrund seines klassischen Rollenverständnisses nicht nachvollziehen, dass seine Schwester gleich wieder arbeiten möchte. „Heute würde ich mir ein bisschen mehr Auszeit nehmen, denn es ist machbar", sagt sie rückblickend. Zurück im Job, überlegt die junge Unternehmerin, wie sie ihre Aufgaben in der Firma besser aufteilen könnte, auch in der Geschäftsleitung. Absprachen mit dem Vater sind jedoch schwierig zu treffen. Der Vater hat das Delegieren und Abgeben von Aufgaben nicht gelernt, – nach 50 Berufsjahren fällt es ihm schwer, operative Aufgaben teilweise und später komplett an seine Kinder zu übergeben. Oft habe man über Aspekte der Übergabe gesprochen, „aber es ist zu wenig passiert", so Ursula Osterchrist, die sich beim schleichenden Übergang intern mehr Unterstützung gewünscht hätte.

Ursula Osterchrist sucht sich externe Hilfe. Sie liest viel über Unternehmensführung und diskutiert in Seminaren. Der Austausch tut ihr gut. Sie lernt – auch durch ihren Zeitbedarf als Mutter –, dass Präsenz im Arbeitsleben nicht alles ist und schon gar nicht Effizienz bedeutet. Wer erfolgreich sein will, müsse klar organisieren und delegieren. Anders als Vater und Bruder führt sie kooperativ und nimmt auch die Mitarbeiter in die Verantwortung.

Seniorchef Roland Osterchrist zieht sich langsam aus der Firma zurück. Dennoch hat er weiterhin einen Schreibtisch im Betrieb, operative Arbeiten werden ihm Schritt für Schritt abgerungen. „Für meinen Vater ist es heute das Schlimmste, zu merken, dass er im Betrieb nicht mehr gebraucht wird", glaubt Ursula Osterchrist. Sie steht im Konflikt zwischen ihrer Einschätzung als Geschäftsführerin und in ihrer Verantwortung als Tochter. Sie kann zwar verstehen, dass ihm die Arbeit wichtig ist, würde es jedoch auch gerne sehen, wenn er sich mehr Zeit für sich nimmt: „Die Arbeit ist ein Teil des Lebens, aber es ist nicht das Leben. Diese Verwechslungsgefahr besteht aber gerade in traditionsreichen Familienunternehmen."

Allgemein sieht Ursula Osterchrist die Dreierkonstellation aus Vater und den beiden Geschwistern im Nachgang nicht nur positiv. „Das hat sich nicht bewährt", sagt sie heute. „Die dreifache Managementpower hat sich nicht im überdurchschnittlichen Erfolg niedergeschlagen." Auch die jetzige Doppelspitze hat Vor- und Nachteile. Um das Geschwistertandem weiter zu optimieren, arbeiten beide aktiv mit einem Coach. Heute ergänzen sich beide gut, die Bereiche sind klar getrennt, Zuständigkeiten in Verwaltung und Personal geklärt. Die Alleinverantwortung für das Personal vom Arbeitsvertrag bis zur Entlassung hat sich Ursula Osterchrist langwierig erkämpft, anders gehe es aber nicht. „Sonst kann man keine klaren Entscheidungen treffen. Führung ist immer ein Geben und Nehmen. Ich kann aber Konflikte auch bis zum Ende durchfechten", so die Unternehmerin.

Klar ist für Ursula Osterchrist auch, dass sich die Firma in den nächsten Jahren verändern wird – „sicherlich in Richtung Vorstufe zu einer Agentur", sagt sie. Mit etwa 65 Jahren möchte sie ihre Anteile übergeben. Den Neigungen der nachwachsenden Generation zufolge wird voraussichtlich kein Familienspross in das Unternehmen einsteigen. „Da müssen wir schon überlegen, was dann passiert", so Ursula Osterchrist. Ein Verkauf sei genauso denkbar wie ein familienfremder Nachfolger.

Erfolgsfaktoren

- Sich im Vorfeld klar über den Prozess austauschen, Streitkultur entwickeln
- Klar organisiert zu sein ist wichtiger, als immer präsent zu sein
- Familiäre und berufliche Belange trennen
- Übergabe konsequent gestalten, keine Hintertürchen für den Vorgänger offenhalten
- Im Übergabeprozess auch gegen Widerstände eigene Positionen besetzen
- Externe Berufserfahrung vor dem Eintritt in das Familienunternehmen sammeln

Von Nachfolgerin zu Nachfolgerin
Als Unternehmerin im Allgemeinen und als Nachfolgerin eines Familienunternehmens im Besonderen sollte man sich nach Ansicht von Ursula Osterchrist Hilfe holen: egal, ob es andere Unternehmer/-innen, ein älterer Mentor oder Seminare und Arbeitskreise sind, bei denen eine Nachfolgerin auf einen umfassenden Erfahrungsschatz zurückgreifen kann.

Geben Sie Ihrer Nachfolge ein Motto

> Als Tochter hatte ich auch mit alten Rollenklischees zu kämpfen. Man muss sich durchbeißen – eine unternehmerische Tugend.

Expertenfazit

Das Beispiel von Ursula Osterchrist zeigt, dass Loslassen für die abgebende Generation eine große Herausforderung darstellt. Obwohl die Anteilsübergabe stattfand, konnte der Vater von Ursula Osterchrist seine Führungsaufgaben nur schwer abgeben. Dass der Vorgänger das Unternehmen nicht gänzlich übergeben kann oder will, löst bei den Nachfolgern wiederum viele Fragen aus und es entstehen Zweifel am gegenseitigen Vertrauen in die Fähigkeiten. Außerdem behindert die diffuse Übergabe klare Abläufe und Zuständigkeiten. Erschwert wird der Übergang sicherlich, wenn es sich um die

Gründergeneration handelt, die viel Lebenszeit in das Unternehmen gesteckt hat. Ein weiterer Schlüssel liegt in der eigenen Geschichte: Wie kam man selbst zum Unternehmen? Trägt man Zeit seines Lebens die Verantwortung für die jüngeren Geschwister, das Unternehmen und die eigene Familie, ist es mitunter schwer, diese Verantwortung loszulassen und sich auf andere zu verlassen. Da die Nachfolge dennoch zu einem klaren Abschluss gebracht werden sollte, ist es wichtig für alle Beteiligten, in einen offenen Dialog über diese Themen zu gehen. Umso länger die Übergabe verzögert wird, umso verhärteter werden die Fronten. Sich in die Perspektive des anderen hineinversetzen zu können, ist jedoch eine wichtige Bedingung für die Klärung der Situation.

7.16 „Harmonisch und gemeinsam zum Erfolg"

Marie-Christine Ostermann

Steckbrief
Name:
Marie-Christine Ostermann

Alter:
35 Jahre

Übernahme:
2006 Einstieg ins Unternehmen

Position:
Geschäftsführende Gesellschafterin der Rullko Großeinkauf GmbH & Co. KG in Hamm

Unternehmen:
Vor über 90 Jahren gegründet und nun in der vierten Generation als Familienbetrieb geführt: Die Rullko Großeinkauf GmbH & Co. KG kann auf eine lange Geschichte zurückblicken. 1923 gründete der gelernte Kaufmann Carl Rullkötter in Hamm eine Lebensmittelgroßhandlung. Er baute zusammen mit seiner Frau Elly das Einmannunternehmen zum erfolgreichen mittelständischen Unternehmen mit Millionenumsätzen auf. Nach dem Tod ihres Mannes führte Elly Rullkötter das Unternehmen einige Jahre lang und entwickelte es erfolgreich weiter. Im Jahre 1973 trat ihr Enkel Carl-Dieter Ostermann in das Familienunternehmen ein und übernahm wenige Jahre später die alleinige Geschäftsführung. Rullko zählt heute zu den führenden Unternehmen der Branche. 2006 kommt Carl-Dieter Ostermanns Tochter Marie-Christine als geschäftsführende Gesellschafterin hinzu. Seitdem leitet sie gemeinsam mit ihrem Vater das Familienunternehmen, das heute rund 150 Mitarbeiter beschäftigt.

Profil
Schon als kleines Mädchen ist Marie-Christine Ostermann klar, wohin es für sie einmal gehen soll: „Ich wusste schon als Kind, dass ich diese Firma gerne einmal führen will", sagt sie heute. Dass sie eine Frau ist, hat sie dabei nie behindert. Vielleicht auch, weil schon einmal eine Frau den Betrieb geleitet hat – ihre Urgroßmutter Elly in den 1960er Jahren, nach dem Tod des Urgroßvaters. Die große Leistung und der enorme Einsatz der Vorgängerin beeindruckt Marie-Christine Ostermann noch heute. Ehrgeizig und leistungsorientiert wie sie selbst ist, hat sie sich ihren Kindheitswunsch erfüllt und trat bereits mit 28 Jahren in die Firma des Vaters ein. Ihr Ziel hat sie mit Geduld und Einfühlungsvermögen, aber auch dank Durchsetzungskraft und Durchhaltevermögen erreicht – und mit der Unterstützung der Eltern, auf die sie in allen Lebenslagen zählen kann.

Führungserfahrungen sammelt die junge Geschäftsführerin auch außerhalb des Familienunternehmens: So engagierte sie sich drei Jahre lang als Bundesvorsitzende beim Verband „Die Jungen Unternehmer" (BJU). Darüber hinaus gehört sie seit 2010 dem Mittelstandsbeirat des Bundeswirtschaftsministeriums an und ist Aufsichtsratsmitglied der Optikerkette Fielmann AG.

Persönliche Erfahrung als Nachfolgerin
Nach dem Abitur bereitete sich Marie-Christine Ostermann gezielt auf ihre künftige Rolle vor: Sie machte eine Ausbildung zur Bankkauffrau, schließt dann ein Studium der Betriebswirtschaftslehre an der Universität St. Gallen an – Auslandsaufenthalte und Praktika inklusive. Anschließend war sie beim Lebensmitteldiscounter Aldi Süd als Bereichsleiterin tätig. Mit den theoretischen und praktischen Erfahrungen bei Aldi ist sie bestens gerüstet für ihre neue Aufgabe als Geschäftsführerin und Anteilseignerin: In ihrer ersten Zeit im Familienunternehmen orientiert sie sich an einem analog zu Aldi erstellten Einarbeitungsplan, den sie selbst für sich angefertigt hat. Nach diesem geht sie alle Abteilungen

durch, arbeitet überall mit und lernt auf diese Weise alle Bereiche kennen. Der Vater, der sich über den Einstieg seiner Tochter ins Familienunternehmen sehr freut, lässt ihr dabei weitgehend freie Hand. „Ich war schon sehr auf mich gestellt am Anfang", sagt Marie-Christine Ostermann in der Rückschau. Mit dem Vater gibt es keine Probleme, nur ganz selten spürt sie eine gewisse Unterlegenheit. „Anfangs war es in Einzelfällen manchmal so, dass ich das Gefühl hatte, er nimmt mir unbewusst die Autorität weg", berichtet sie. Sie bespricht ihre Gefühle offen mit dem Vater. Dabei ist es ihr besonders wichtig, als Chefin glaubwürdig und mit Autorität gegenüber den Mitarbeitern auftreten zu können.

Der Übergang geht „stückchenweise" voran. Derzeit gibt es noch keinen festen Termin, zu dem Carl-Dieter Ostermann das Unternehmen endgültig verlassen wird. Sukzessive zieht sich der Vater zurück. „Er ist oft nicht mehr ganztags da und entscheidet auch nicht mehr alles mit", so seine Tochter, die bereits manche Aufgabenbereiche, wie etwa Finanzen, Controlling, Personal und Ausbildung, komplett übernommen hat. Manche Gebiete überlappen sich mit denen des Vaters und wichtige Entscheidungen wie große Neuinvestitionen fällt das Tandem noch gemeinsam. Marie-Christine Ostermann hat ihren Vater gerne an ihrer Seite, „weil ich von seiner Erfahrung profitiere". Manchmal gibt es allerdings auch Situationen, in denen sie gerne alleine entscheiden würde – „dann würde das mal ein bisschen flotter vor sich gehen, würde sich auch manches ändern", sagt sie. Unter dem Strich habe man aber in vielen Dingen die gleiche Meinung. Insgesamt fühlt sich Marie-Christine Ostermann gut auf die komplette Übernahme vorbereitet, der sie mit Respekt, aber ohne Angst entgegenblickt.

In ihren diversen Ehrenämtern erweitert sie immer wieder ihren Horizont und entwickelt langsam einen Führungsstil, der sich von dem ihres Vaters deutlich unterscheidet. „Das fängt schon bei den Symbolen an. Bei meinem Vater ist die Tür oft zu, bei mir ist sie in der Regel immer offen", erklärt sie. Der Vater sei manchmal „ein kleiner Patriarch", findet sie. Marie-Christine Ostermann hingegen zeigt sich gegenüber den Mitarbeitern offener, argumentiert mehr, gibt Informationen weiter. Außerdem bezieht sie das Führungsgremium, das aus den sieben Führungskräften verschiedener Abteilungen besteht, viel stärker in Entscheidungen ein. „Ich gehe nie so vor und sage einfach: Wir machen das jetzt so wie ich will und basta, aus, Ende", so die junge Unternehmerin. Sie achtet darauf, Prozesse zu entwickeln, die auf Delegation und Aufgabenteilung hinwirken. Wenn es in einer gewissen Situation angebracht ist, kann sie allerdings auch konsequent sein, beispielsweise wenn es um die Personalführung geht. Rullko setzt zwar stark auf Familienfreundlichkeit und bietet den Mitarbeitern flexible Arbeitszeiten und Arbeiten im Homeoffice an. Dennoch müsse man darauf bestehen, dass in Schichtarbeit gearbeitet wird, um durchgehend Personal vor Ort zu haben.

Für die Zukunft strebt Marie-Christine Ostermann an, Rullko, das in Nordrhein-Westfalen sehr gut aufgestellt ist, auch national zu etablieren. Doch die Veränderungen sollten keinesfalls mit der Brechstange durchgeführt werden: Die Unternehmerin ist sich bewusst, dass Neuerungen nur behutsam eingeführt werden können, die Mitarbeiter sollen sich bei den Entscheidungen nicht überfahren fühlen.

Erfolgsfaktoren

- Sich extern ausbilden lassen und sich Einblicke in unterschiedliche Branchen verschaffen
- Im eigenen Unternehmen direkt auf der Führungsebene beginnen
- Störungen offen ansprechen
- Veränderungen achtsam und mit Respekt gegenüber dem Bestehenden Umsetzen
- In der Einarbeitungsphase das Unternehmen möglichst umfassend kennenlernen

Von Nachfolgerin zu Nachfolgerin
Um Herausforderungen zu bewältigen, sucht Marie-Christine Ostermann immer den Austausch mit anderen Nachfolgerinnen. Der lässt sich organisieren, beispielsweise über den BJU.

Geben Sie Ihrer Nachfolge ein Motto

Harmonie bestimmte den Übergang.

Expertenfazit

Marie-Christine Ostermann und ihr Vater setzen in der Nachfolge auf Harmonie und offene Kommunikation. Eine Nachfolge kann nicht ohne Reibung ablaufen. Wichtig ist nur, dass man Störungen immer offen und zeitnah anspricht und sich auch in die Situation des anderen hineinversetzen kann. Beide führen das Unternehmen seit 2006 im Tandem. Marie-Christine Ostermann gestaltete ihre Einarbeitung selbst, wobei es ihr wichtig war, alle Abteilungen zu durchlaufen. Ihre externe Ausbildung war auch hier ein Schlüssel zum Erfolg, da sie zentrale Abläufe bereits aus anderen Unternehmen kannte und dadurch Bedarf für Veränderungen schneller erkannte. Sie nutzt das Wissen ihres Vaters erfolgreich für sich, baut sich jedoch auch eigene Netzwerke auf.

7.17 „Das Gute bewahren und weiterentwickeln"

Annette Roeckl

7.17 „Das Gute bewahren und weiterentwickeln"

Steckbrief
Name:
Annette Roeckl

Alter:
47 Jahre

Übernahme:
1996 Einstieg ins Unternehmen, 2003 nach einer Realteilung Übernahme der Sparte Mode

Position:
Geschäftsführerin der Roeckl Handschuhe & Accessoires GmbH Co. KG in München

Unternehmen:
Roeckl ist seit 1839 Hersteller von Handschuhen und Accessoires mit Sitz in München. Der europäische Marktführer beschäftigt aktuell ca. 330 Mitarbeiter in Deutschland und im europäischen Ausland. Über internationale Vertriebspartner sowie 23 eigene Stores und Shop-in-Shop-Flächen wächst das Unternehmen stetig und erwirtschaftet derzeit einen Jahresumsatz von rund 25 Mio. €.

Profil

Das Münchner Modeunternehmen Roeckl ist ein Familienbetrieb mit langer Tradition. Bereits 1839 gründete Jakob Roeckl einen Handwerksbetrieb für feinste Glacéhandschuhe. Heute wird Roeckl in der mittlerweile sechsten Generation von Annette Roeckl geleitet, hat mehr als 330 Mitarbeiter und erwirtschaftet einen Umsatz von rund 25 Mio. € im Jahr.

Als Nachfolgerin in einer langen Reihe von Nachfolgern hat Annette Roeckl ein großes Bewusstsein dafür, dass es das Engagement ihrer Vorfahren ist, mit der die Firma zu dem wurde, was sie heute ist: „Das hat Demut bei mir erzeugt." Man bekomme schließlich nicht nur eine Firma, sondern letztlich die ganze Lebenskraft, die die Vorgänger hineingesteckt haben, übergeben. Dennoch musste sie auch den Mut aufbringen, Dinge zu verändern. „Das Gute bewahren und weiterentwickeln", nach dieser Maxime handelt die 46-jährige Unternehmerin und stellt die Weichen für die Zukunft von Roeckl.

Annette Roeckl hat heute auch die Frauen und die Mütter in ihrem Unternehmen im Blick. Die richtige Unterstützung zu geben, damit für Frauen Job und Familie vereinbar sind, das ist ihr, selbst Mutter eines Sohnes, sehr wichtig: „Ich habe als Vollzeitberufstätige selbst an dem Klischee Rabenmutter knabbern müssen." Es sei ein Lernprozess gewesen zu begreifen, dass es nicht um die Quantität an Zeit, sondern um die Qualität geht, die man mit seiner Familie verbringt.

Eine Familie könne man nicht am Reißbrett planen, auch dazu gehöre Mut und Überzeugung, weiß die Unternehmerin. „Schwimmen kann man eben nur im Wasser lernen und man muss auch Vertrauen haben, dass man die Kraft hat zu schwimmen." Dieses Vertrauen in sich selbst wünscht sie auch ihren Mitarbeiterinnen. „Da möchte ich Mut machen und auch ein Vorbild sein. Sicher ist es nicht immer leicht, Familie und Beruf zu vereinbaren. Doch was ist schon leicht im Leben?"

Persönliche Erfahrung als Nachfolgerin
Handschuhe trug Annette Roeckl bis zu ihrem 20. Lebensjahr nicht. Mit 26 Jahren entscheidet sie sich, in den Betrieb einzusteigen, zunächst als Mitarbeiterin. Erst als sie ihre Mutter, im Familienbetrieb für Werbung und Marketing zuständig, für eine Weile vertreten soll, wächst langsam ihr Interesse am Unternehmen Roeckl und seinen besonderen Produkten. Da sich auch einer ihrer drei Brüder für die Nachfolge des Vaters interessiert, erfolgt eine Aufspaltung des Betriebs in die Sparten „Mode" und „Sport". Der Vater hat klare Vorstellungen von der Nachfolge und besteht darauf, dass immer nur eine Person die Führung innehat. Eine gute Entscheidung, wie die Familie aus ihrer Geschichte weiß.

Annette Roeckl hat drei Brüder. Die Unternehmensnachfolge hat der Vater allen Kindern zur Wahl gestellt – ganz ohne Druck. Denn die erste Botschaft der Eltern an die Tochter und die drei Söhne war, dass sie das machen sollten, was ihnen Spaß macht und ihren Talenten entspricht. Die einzige Tochter wird Geschäftsführerin der Sparte Mode und übernimmt die alleinige Geschäftsleitung der Roeckl Handschuhe und Accessoires GmbH & Co. KG, nachdem ihr Bruder Stefan Roeckl junior im Jahr 2003 nach der Realteilung das Unternehmen Roeckl Sport übernommen hat.

Annette Roeckl entscheidet sich im Alter von 26 Jahren für die Firma, die Brüder hatten sich zu diesem Zeitpunkt beruflich anders orientiert. Sie arbeitet im Unternehmen mit, bekommt eine gewisse Teilverantwortung. „Ich bin eigentlich nie mit meinem Vater mitgelaufen, sondern habe immer meine eigenen Aufgaben gehabt", betont Annette Roeckl. *„Was du ererbst von deinen Vätern, erwirb es, um es zu besitzen!"* – Dieses Goethe-Zitat hat sich Annette Roeckl auf ihre Fahnen geschrieben. „Darin ist so viel Wahres." Die Nachfolge ihres Vaters sei für sie eine Art „Ankommensprozess" gewesen. Was genau auf einen zukommt, das könne man sich im Vorfeld nur schwer vorstellen: „Verantwortung kann man nur erfahren."

Zwei Jahre später entscheidet sich der mittlere Bruder, Stefan Roeckl junior, ebenfalls dafür, in die Firma einzusteigen. So kommt die zweite Kernaussage des Vaters zum Tragen: „Wenn mehr als ein Kind in die Firma einsteigen will, wird sie geteilt." Ihr Vater sei der festen Überzeugung gewesen, dass ein Unternehmer allein entscheidungsfähig sein müsste: „Wenn nötig, hätte er die Firma auch durch vier geteilt."

Dem Vater ist klar, dass eine Generationsübergabe ein Akt von extremer Tragweite ist, für die man als Unternehmer nicht die umfassenden Erfahrungen mitbringen kann. Daher holt sich die Familie kompetente Berater ins Boot, um die Neustrukturierung der Firma zu realisieren. Dass der Vater eine genaue Vorstellung von der Nachfolge hatte, empfindet die

Unternehmerin als Erfolgsfaktor. Es sei wichtig, dass die ältere Generation diesen Prozess steuert, das sei nicht Aufgabe der Kinder.

Der Rückzug des Vaters erfolgt konsequent nach Plan. Mit ausreichend Vorlauf wird ein Stichtag festgelegt, an dem er die Firma schließlich komplett übergibt. Stefan Roeckl senior übergibt konsequent und zieht sich im Alter von 62 Jahren aus dem operativen Geschäft zurück. Er überlässt seinen Nachfolgern die Entscheidung darüber, ob er ihnen noch beratend zur Seite stehen soll oder nicht. Die Tochter nimmt sein Angebot gerne an. Annette Roeckl lässt sich in der Produktion und im Ledereinkauf noch eine Zeit lang durch den Vater unterstützen und ist dankbar, dass sie sich in diese Bereiche langsam einarbeiten kann. „Immer Dienstags kam er, hatte sein Büro und betreute noch diesen Bereich. Wir trafen uns zum Mittagessen und haben uns ausgetauscht. Ich bin dann immer mehr in die Materie reingewachsen und er wuchs im gleichen Maß langsam heraus, so war es letztendlich ein schonender Übergang für uns beide."

Erfolgsfaktoren

- Veränderungen nicht als Kritik am Bestehenden sehen. Ein Nachfolger muss den Mut haben, zu verändern.
- Drei wichtige Faktoren: Die ältere Generation muss die Entscheidung für die Nachfolge treffen, die Entscheidung muss für alle Beteiligten transparent sein, die Entscheidung muss für alle fair sein.
- Ergebnisoffenheit bei der Gestaltung der Nachfolge
- Sich eingestehen, dass man langsam in die Rolle hineinwachsen muss – erst durch erste Erfolge lösen sich etwaige Unsicherheiten auf
- Sich konsequent persönlich weiterentwickeln
- Manche Dinge sind nicht vorweg planbar, die muss man erleben

Von Nachfolgerin zu Nachfolgerin

„Ein Unternehmen ist wie ein Kind, eine große Verantwortung und auch Verpflichtung", sagt Annette Roeckl. „Dem entkommt man nicht und man wächst an seinen Aufgaben." Wichtig sei vor allem, dass man Vertrauen in sich selbst hat und Freude an seiner Arbeit: „Wenn man das macht, was einem Freude macht, dann wird man es auch gut machen!"

Geben Sie Ihrer Nachfolge ein Motto

Das Gute bewahren und weiterentwickeln

Expertenfazit

Die Lösung, das Unternehmen in Sparten aufzuteilen und konsequent in zwei getrennte Unternehmen, erweist sich hier als gute Entscheidung. So hat jeder der beiden Nachfolger klare Verantwortungsbereiche und es kommt nicht zu Reibungen. Ideal war für

Annette Roeckl auch der sanfte Führungswechsel in den Bereichen, in denen sie sich noch nicht komplett sattelfest fühlte. Ihr Vater unterstützte sie hier und so konnte sie langsam in das komplette Aufgabenspektrum hineinwachsen. Durch eine schrittweise Übergabe, entstehen Zeit und Raum für den Veränderungsprozess. Davon profitieren letztendlich alle Beteiligten. Wichtig ist, dass sich Übergeber und Nachfolgerin einig sind über Umfang und Zeitraum der Unterstützung.

7.18 „Sich niemals klein fühlen"

Petra Schmidtkonz

Steckbrief
Name:
Petra Schmidtkonz

Alter:
62 Jahre

Übernahme:
1993 zusammen mit dem Bruder René Mühlmeier

Position:
Geschäftsführerin der Mühlmeier GmbH und Co. KG in Bärnau

Unternehmen:
Die Mühlmeier GmbH und Co. KG ist ein Großhandel und Export für Verstärkungsfasern und Harze, Mahltechnik, Schweißtechnik und Arbeitsschutz in Bärnau in der Oberpfalz. Es beschäftigt derzeit 34 Mitarbeiter und erwirtschaftet 13 Mio. € Umsatz.

Profil

Petra Schmidtkonz ist viel in der Welt unterwegs. Indien, Russland, USA, China – selbst Länder wie die Mongolei oder den Iran bereist sie in ihrer Funktion als Geschäftsführerin des Familienunternehmens Mühlmeier. In manchen Ländern ist es als Frau nicht immer leicht, als ebenbürtiger Geschäftspartner angesehen zu werden. Doch ihr Vater hat sie darauf gut vorbereitet. Von ihm hat sie gelernt, keine Angst zu haben – auch nicht in schwierigen Situationen: „Ich versuche mich immer den Gepflogenheiten der jeweiligen Länder anzupassen. So war ich einmal mit einer Delegation des Wirtschaftsministeriums in Teheran. Von diesen fünf Tagen konnte ich höchstens die Hälfte wirklich fürs Geschäft nutzen. Die restliche Zeit habe ich mich darauf konzentriert, dem Verhaltenskodex, den man bei Frauen erwartet, gerecht zu werden. Entspricht meine Kleidung den Vorschriften? Habe ich als Frau den Vortritt? Was muss ich beim Vorstellen beachten? Wie schaue ich meinen Geschäftspartner während eines Gesprächs an? Darf ich ihm die Hand geben? Ist mein Kopftuch verrutscht? Es war wirklich ganz schön anstrengend." Doch auch für Petra Schmidtkonz hat die Anpassung Grenzen: Als ihr in Teheran beim Besuch einer internationalen Messe zwei Kontrolleurinnen einen Wattebausch ins Gesicht drücken, damit sie den dezenten Lipgloss abwischt, weigert sie sich und wird deshalb letztendlich ernst genommen. „Natürlich hat das was mit dem ‚Frau sein' zu tun, obwohl es eher an dem Regime liegt. Im Nachhinein möchte ich diese Erfahrung aber nicht missen. In Osteuropa ist es beispielsweise wesentlich selbstverständlicher mit Frauen zu verhandeln als in westlichen Ländern. Dennoch müsse man mit den Männern mithalten können – in jeder Beziehung".

Alwin Mühlmeier lehrte seine Tochter weibliches Selbstbewusstsein zu zeigen, um in einer Geschäftswelt, die stark von Männern dominiert wird, akzeptiert zu werden: „Du bist nur dann stark, wenn du deine weiblichen Stärken nutzt und nicht versuchst, Männer zu imitieren!" Mit den Jahren gewinnt sie mehr und mehr Selbstvertrauen und meistert auch Kundenkontakte in schwierigen Ländern wie dem Iran, der Mongolei oder Indien. 1993 zieht sich der Vater ganz aus dem Unternehmen zurück, widmet sich fortan seinem Hobby, dem Sammeln und Handeln mit antiken Hieb- und Stichwaffen: „Er hat den Zeitpunkt frei gewählt und sich danach auch nie mehr ins Geschäft eingemischt, das rechne ich ihm hoch an."

Seither führt Petra Schmidtkonz das Unternehmen gemeinsam mit ihrem jüngeren Bruder René, der 1988 in die Firma kam. Petra Schmidtkonz ist verheiratet, ihr Mann arbeitete viele Jahre als technischer Leiter mit im Unternehmen.

Persönliche Erfahrung als Nachfolgerin

Petra Schmidtkonz ist das älteste von insgesamt sechs Kindern. Von klein auf ist sie mit dem Handelsunternehmen des Vaters vertraut, sieht die Veränderungen im Lauf der Jahre und erlebt hautnah die Notwendigkeit von stetigem Wandel und Anpassung an veränderte Rahmenbedingungen. „Sei neugierig, offen und flexibel", lautet das Motto des Vaters, das sich auch Petra Schmidtkonz auf die Fahnen geschrieben hat. Mit dem Handel von

Holzkistchen für Käse und Butter hatte das Familienunternehmen in der Nachkriegszeit begonnen – später vertrieb Alwin Mühlmeier dann Rohstoffe für Knöpfe (Holz, Perlmutt, Kunststoff etc.) und in den 1980er Jahren fokussierte er den Handel auf technisches Glas, das die Firma Mühlmeier vornehmlich aus den Ländern des damaligen „Ostblocks" bezog. Mit den Jahren entstand so ein hervorragendes Netzwerk, das der Senior stets für neue Geschäftszweige zu nutzen wusste.

Seine Offenheit für Neues gibt er an seine Tochter weiter. Petra Schmidtkonz geht auf die Handelsschule und steigt mit 17 Jahren in den Betrieb ein, den sie von der Pike auf kennenlernt: Von der Lagerarbeit über die Buchhaltung bis zum Einkauf und Verkauf durchläuft sie alle Abteilungen. Von Anfang an nimmt der Vater sie auch zu den Lieferanten und Kunden mit, führt sie Schritt für Schritt an ihre Aufgaben heran und legt ihr nahe, so manche „Bräuche" mitzutragen – auch, wenn es nicht immer ganz zu der Rolle als Frau passt. Wenn die Russen oder Tschechen beim Geschäftsabschluss Wodka trinken möchten, dann könne sie selbst nicht beim Wasser bleiben. Die junge Geschäftsfrau bewältigt auch diese Herausforderung unkonventionell: „Nur Wasser trinken geht wirklich nicht, da macht man keine Geschäfte. Also habe ich mitgetrunken, bin dann auf die Toilette, Finger in den Hals und weiter ging's. Und von da an akzeptierte man mich." Das große Vertrauen, das der Vater in sie setzte, kam ihr bei ihren Geschäftsreisen sehr zugute: „Er hat mir immer vermittelt: Du kannst alles, du musst es nur versuchen. Und das ist ganz wichtig. Es ist viel einfacher, selbst festzustellen, was man nicht kann, als es erst gar nicht zu probieren. Diese Einstellung ist wichtig, wenn man ein Geschäft mit seinen Auf und Abs führen will – sonst ist jede Art von Belastung schwer zu bewältigen."

Petra Schmidtkonz hat gelernt, sich niemals klein zu fühlen, nicht vor Titeln anderer, nicht vor hierarchischen Unterschieden. Dieses Gefühl vermittelt sie auch ihren Mitarbeitern: „Für mich ist ein Mitarbeiter im Lager genauso viel wert wie ein Abteilungsleiter – liegt wahrscheinlich auch daran, dass ich selbst ganz unten angefangen habe." Sie würde es auch nicht akzeptieren, wenn sich jemand abschätzig über einen Untergebenen äußern würde. Wertschätzung und Kooperation sind die Säulen, die ihren Führungsstil ausmachen. Diese Philosophie trägt auch der jüngere Bruder mit, so funktioniert die gemeinsame Führung hervorragend. Beide sind auf einer Wellenlänge und es besteht ein großes Vertrauensverhältnis. Auch die Mitarbeit ihres Ehemannes im Unternehmen verlief jahrelang reibungslos. „Privates und Berufliches wird in unserer Familie sehr streng getrennt. Zu Hause sprechen wir nicht über das Geschäft. Das gilt übrigens auch für meine Reisen. Ich würde eine Geschäftsreise nie mit einem privaten Urlaub vermischen", so Schmidtkonz.

Der Rückzug des Vaters im Alter von 73 Jahren verlief aus der Sicht von Petra Schmidtkonz völlig unproblematisch. Die Firma wurde unter den operativ tätigen Kindern aufgeteilt, die andern mussten eine Verzichtserklärung unterschreiben und wurden anderweitig abgefunden. Der älteste unter den Brüdern wollte ebenfalls im Unternehmen mitarbeiten. „Es hätte nicht funktioniert, wir sind uns einfach viel zu ähnlich", so Petra Schmidtkonz. Aus diesem Grund entschied sich der Vater, einen Teil des Unternehmens auszugliedern, das der ältere Bruder nun unabhängig führt. Eine gute Lösung, mit der alle zufrieden sind.

Erfolgsfaktoren

- Neues immer ausprobieren, nie im Vorfeld aus Angst einen Rückzieher machen
- In einer von Männer dominierten Geschäftswelt weibliche Stärken nutzen
- Zügiges, unmittelbares Herangehen an Probleme
- Offenheit, Neugierde und Respekt
- Auf die eigenen Fähigkeiten vertrauen

Von Nachfolgerin zu Nachfolgerin

Es ist wichtig, Vertrauen zu haben in sich und die eigenen Fähigkeiten. Mut zu haben, Fragen zu stellen. Man kann schließlich nicht alles wissen! Das Wichtigste ist, nicht vor fremden Sitten und Gebräuchen zurückzuschrecken oder Scheu zu haben, sich mit jemandem messen zu müssen.

Geben Sie Ihrer Nachfolge ein Motto

Bleibe dir selbst als Frau treu und sei nicht ängstlich oder zögerlich in geschäftlichen Belangen.

Expertenfazit

Das Beispiel von Petra Schmidtkonz zeigt, dass es wichtig ist, sich auch in einer männlich dominierten Geschäftswelt treu zu bleiben und bewusst als Frau zu handeln. Mit Neugierde und Offenheit meistert die Unternehmerin auch fremde und schwierige Situationen. Dabei nutzt sie ihr Geschlecht clever als Vorteil. Dass ihr Vater immer an sie geglaubt hat, gab ihr Kraft und Selbstvertrauen. Es gelang dem Vater zudem, eine Verteilungsgerechtigkeit unter den insgesamt sechs Geschwistern zu schaffen. Um den Familienfrieden zu erhalten, ist es wichtig, Verteilungslösungen zu finden, mit denen alle leben können. Fühlt sich einer benachteiligt oder übergangen, wird die Beziehung schnell gestört.

7.19 „Glaub an dich!"

Cordula Schulz

Steckbrief
Name:
Cordula Schulz

Alter:
38 Jahre

Übernahme:
2003 Einstieg ins Unternehmen, Übernahme des ersten Werkes 2011, Komplettübernahme 2013

Position:
Geschäftsführerin und Firmeneignerin der SCHULZ FLEXGROUP GmbH in Baden-Baden

Unternehmen:
1977 in Münsingen auf der Schwäbischen Alb gegründet, spezialisierte sich die Druckerei von Jürgen Schulz zunächst auf das Bedrucken von Aluminiumfolie. 1983 erfolgte mit dem Umzug nach Baden-Baden eine Erweiterung der Produktion. Heute ist die SCHULZ FLEXGROUP Experte für die Bedruckung und Veredelung von bahnförmigen Materialien im UV Flexodruck sowie für die Bedruckung von flexiblen Verpackungen für die Pharma-, Lebensmittel-, Kosmetik- und Verpackungsindustrie. Das Unternehmen beschäftigt in zwei Werken insgesamt 120 Mitarbeiter.

Profil

„Deine Mitarbeiter glauben an dich, deine Kunden glauben an dich, deine Familie glaubt an dich, jetzt glaub auch du endlich an dich!" – Diesen Satz schrieb Jürgen Schulz seiner Tochter einmal in einer E-Mail. Heute fällt es der Unternehmerin längst nicht mehr schwer, auf die eigenen Fähigkeiten zu vertrauen. Doch das war tatsächlich nicht immer so. Als sie im Jahr 2003 in das väterliche Unternehmen eintrat, hegte sie oft Zweifel an sich selbst. In der Rückbetrachtung sieht sie den enormen Rückhalt des Vaters als verantwortlich dafür, dass sie sich in der von Männern dominierten Verpackungsbranche dennoch etablierte und ihr Selbstvertrauen langsam, aber stetig wuchs. Seit 2013 führt die 38-Jährige nun alleine die SCHULZ FLEXGROUP mit zwei Werken und insgesamt rund 120 Mitarbeitern und hält auch 100 % der Firmenanteile.

Cordula Schulz lebt zusammen mit ihrem Lebenspartner und dem gemeinsamen sechsjährigen Sohn. Ihr Partner ist selbständig und unterstützt sie bei der Kinderbetreuung und im Haushalt. Dennoch: Eine gute Mutter und gleichzeitig eine gute Unternehmerin zu sein, findet sie schwierig. „Wenn man beides meistern will, muss man Unterstützung von außen annehmen und leider auch auf vieles verzichten." Zudem sehe sie sich oftmals noch mit dem Klischee der Rabenmutter konfrontiert.

Persönliche Erfahrung als Nachfolgerin

Auch wenn Cordula Schulz' Einstieg in die Firma des Vaters nicht akribisch geplant war, so war er doch naheliegend. Sie wächst mit dem Unternehmen auf, studiert in England Betriebswirtschaftslehre und steigt dann, nachdem sie mehrere Jahre in anderen Unternehmen gearbeitet hat, bei Flexgroup ein. „Ich hatte immer die freie Wahl, ob ich in das Unternehmen möchte oder nicht. Mein Vater hat mich da in keiner Weise beeinflusst." Zunächst arbeitet sie im Einkauf, dann implementiert sie eigenständig ein Qualitätsmanagementsystem. Als der Vater drei Jahre später ein weiteres Werk in Roth kauft und aufbaut, liegt das Baden-Badener Werk so gut wie allein in ihren Händen. „Mein Vater hat das clever gemacht, er hat sich ein neues Werk gesucht und war damit ausgelastet und so übergab er mir indirekt schon die Leitung in Baden-Baden."

Ab 2011 führt sie das Werk auch auf dem Papier allein. 2012 zieht sich der Senior langsam zurück und Cordula Schulz übernimmt die komplette Führung. Schon einige Jahre zuvor lässt sich die designierte Nachfolgerin von einem externen Coach unterstützen. In der Rückbetrachtung empfindet sie dies als sehr hilfreich für die Nachfolge: „Das Coaching hat auch dazu beigetragen, dass wir so gut in der gemeinsamen Führung waren. Dadurch haben wir einfach vieles richtig gemacht."

Langsam entwickelt Cordula Schulz auch das notwendige Selbstbewusstsein, um sich in ihrer Führungsposition zu behaupten. Das eher männlich geprägte Business wirkt anfangs etwas abschreckend und sie zweifelt, ob sie es alleine schaffen kann: „Anfangs wollte ich es allem und jedem Recht machen und es fiel mir schwer, klare Aussagen zu treffen." Mittlerweile hat sie ihren eigenen Führungsstil entwickelt: „Ich bin sehr geradlinig, sehr konsequent, aber auch autoritärer geworden und dennoch kooperativ. Menschlichkeit und Wertschätzung hat bei uns oberste Priorität. Ich versuche extrem verbunden mit den Mitarbeitern zu sein, darin sehe ich den Erfolg." Ihre Entwicklung hat ein paar Jahre gedauert und ist nach ihren eigenen Worten auch noch lange nicht abgeschlossen. „Ich habe gelernt, dass man auch den Mut haben und konsequent Entscheidungen treffen muss, nur so bringt man ein Unternehmen langfristig voran." Die Auslandserfahrung während des Studiums hat ihr dabei sehr geholfen. Hier hatte sie zum ersten Mal gelernt, sich durchzubeißen und zu erkennen, was sie selbst will und was nicht. Das Verhältnis zum Vater ist gut, sowohl beruflich als auch privat. Durch die gemeinsame Arbeit rücken beide noch enger zusammen: „Ich habe die Beziehung zu meinem Vater noch mal um das Hundertfache intensiviert, wir haben eine sehr tiefe und enge Bindung – auch auf beruflicher Ebene, dafür bin ich unendlich dankbar."

Eine goldene Regel prägt die Zeit der gemeinsamen Führung: Nach außen immer eine Meinung zu vertreten. Hinter verschlossenen Türen könne diskutiert, auch gestritten werden, aber vor Mitarbeitern und Kunden müsse eine klare Linie vorgegeben werden, so lautet das Credo. Jürgen Schulz vertraut seiner Tochter. „Ich habe ihm bewiesen, dass ich es kann, nur so habe ich dieses Vertrauen auch verdient."

Dass sie große, neue Ziele verfolgt, zeigt ihre Aussage, sie wolle nicht in die Fußstapfen des Vaters treten: „Ich will ihn schließlich überholen können", betont die Unternehmerin. Das Verhältnis zwischen Tochter und Vater ist aber noch immer von großer Wertschätzung geprägt, damals wie heute ist der Vater für sie ein unentbehrlicher Berater. „Eine Führungsposition kann verdammt einsam machen, wenn man sich nicht über seine Zweifel und Befürchtungen austauschen kann. Es ist schön, jemanden zu haben, mit dem ich vertraulich sprechen kann. Und wo ich Unterstützung und Rat bekomme, kann ich auch Kritik annehmen", so Cordula Schulz.

Durch die Geburt ihres Kindes hat sich für die Unternehmerin einiges verändert. „Kind und Job unter einen Hut zu bringen, das geht, aber man muss schon auf vieles verzichten. Ich habe beispielsweise nicht als Erste den ersten Zahn entdeckt, oder seinen ersten Schritt gesehen." Cordula Schulz beschäftigt eine Tagesmutter, die den Sohn mit in ihre Familie integriert hat. Ihr Lebenspartner ist selbständig und hilft viel bei der Kinderbetreuung und im Haushalt mit. „Das ist sehr wichtig, kurz nach der Geburt hatte ich eine Doppel- oder sogar Dreifachbelastung: Firma, Kind, Haushalt – das funktioniert auf Dauer nicht, da braucht man nichts schön reden." Ob ihr Sohn – mittlerweile sechs Jahre alt – eines Tages in das Unternehmen einsteigen möchte, dazu hat sich Cordula Schulz noch keine Gedanken gemacht. „Er kann werden, was er möchte – wenn er sich für einen anderen Beruf entscheidet, ist es auch okay. Er soll ein anständiger Mensch sein und seinen Lebensunterhalt selbst verdienen können und vor allem glücklich und zufrieden sein, denn darauf kommt es an. Ich weiß noch nicht, in welchem Alter ich aufhören möchte, aber ich halte auch nichts davon, Träumen hinterherzuhängen und dann vielleicht mit 50 Jahren das Leben noch mal komplett umzukrempeln." Daher delegiert sie bereits jetzt vieles an ihre Mitarbeiter: Das Vertrauen dafür ist da. Auf beiden Seiten.

Erfolgsfaktoren

- Einstieg über ein Projekt
- Wertschätzung des Vaters als Unternehmensgründer und Berater
- Offenheit und Ehrlichkeit
- Sich Unterstützung holen, besonders in der Kinderbetreuung
- Nach außen stets mit dem Vater Konsens zeigen

Von Nachfolgerin zu Nachfolgerin
Aufrichtig und mutig sein und konsequent den eigenen Weg gehen.

Geben Sie Ihrer Nachfolge ein Motto

Glaub an dich und deine Fähigkeiten!

Expertenfazit

Cordula Schulz und ihr Vater haben in der Nachfolge sehr viel richtig gemacht. Der Vater hatte Vertrauen und zog sich konsequent zurück. Cordula Schulz nahm die Verantwortung an und entwickelte sich weiter. Sie zweifelte an sich, da ihr technische Kenntnisse fehlten, doch der Vater glaubte an ihre Fähigkeiten und auf diesem guten Fundament wuchs über die Jahre ihr Selbstvertrauen.

Im Tandem beherzigten Cordula und Jürgen Schulz eine wichtige Regel: Auch wenn sie hinter verschlossenen Türen über bestimmte Themen und Entscheidungen diskutierten, so traten sie doch vor den Mitarbeitern immer mit einer Meinung auf. Auch das stärkte die Position von Cordula Schulz.

7.20 „Wir gehen den Weg gemeinsam"

Alexandra Seger

Steckbrief
Name:
Alexandra Seger

Alter:
41 Jahre

Übernahme:
Einstieg ins Unternehmen, seit 1999 Geschäftsführerin der Schreinerei Seger GmbH in Nürnberg

Position:
Gesellschafterin und Geschäftsführerin

Unternehmen:
Gegründet wurde die Schreinerei Seger 1947 von Alexandra Segers Großvater. Wurden anfangs, noch kriegsbedingt, vor allem Türen und Fenster gefertigt, wandelte sich der Handwerksbetrieb im Laufe der Zeit zu einer Produktionsstätte für hochwertige und individuelle Möbel. Das Familienunternehmen mit Sitz in Nürnberg wird durch Alexandra Seger als Co-Geschäftsführerin mittlerweile in der dritten Generation geführt. Ihr zur Seite stehen Vater Gerhard Seger und als weiterer Geschäftsführer Markus Krause. Das Unternehmen beschäftigt derzeit sieben Mitarbeiter und erzielt einen Umsatz von rund 1 Mio. € im Jahr. Heute sind qualitativ hochwertige und individuelle Einrichtungslösungen das Hauptgeschäft – bevorzugt für Zahnarztpraxen und Ärztehäuser. In Verbindung mit moderner Technologie sind Familie und Geschäftsführung in einen stetigen Innovationsprozess eingebunden. Für die Zukunft plant Seger die Erschließung neuer Geschäftsfelder, wie etwa die Gestaltung von Kinderarztpraxen und Designerküchen.

Profil
Von klein auf übernimmt Alexandra Seger Aufgaben in der familieneigenen Schreinerei in Nürnberg. Sie wächst mit und in der Firma auf, die von ihrem Großvater gegründet wurde und die sie heute – in der nunmehr dritten Generation – weiterführt. Auch wenn sie schon früh mitarbeitet und viele Zeichen auf Nachfolge stehen: Alexandra Seger wird nicht in die Rolle der Unternehmerin gedrängt. Erst nach externen Praktika und dem Abschluss ihres Studiums entscheidet sich die zielstrebige junge Frau, ins elterliche Unternehmen einzusteigen und gemeinsam mit dem Vater die Geschäftsführung zu übernehmen. Doch nicht nur im Unternehmen, auch im Privatleben spielt Familie für die Innenarchitektin eine zentrale Rolle. Nachfolge oder Kinder? Die ehrgeizige Unternehmerin wollte beides.

Nicht zuletzt durch den beeindruckend starken Rückhalt von Mann und Eltern kann sie heute Familie und Unternehmen ganz gut unter einen Hut bekommen. Im Handwerk, in einer klassischen Männerdomäne, hat sie sich bei Geschäftspartnern, Kunden und Mitarbeitern Respekt verschafft – nicht nur durch ihre fachliche Kompetenz, sondern auch durch ihre innovativen Ideen.

Persönliche Erfahrungen als Nachfolgerin
Dass sie schon als Kind immer im Unternehmen mit anpackte, hat Alexandra Seger stark geprägt. Sie entschließt sich zu einem Studium der Innenarchitektur und nutzt die Zeit zwischen Abitur und Studienbeginn für Praktika. Während des Studiums in Coburg legt sie ein Praxisjahr bei einem Architekten ein, in den Semesterferien hilft sie in der elterlichen Schreinerei. Diese Erfahrungen aus anderen Unternehmen der Branche helfen ihr heute bei der Führung des eigenen Betriebs, wobei sie Wert auf eine ausgewogene Kombination aus Management und Handwerk legt.

Obwohl ihre Eltern ihr immer freigestellt haben, beruflich andere Wege zu gehen, entschließt sie sich nach dem Studium, ins Familienunternehmen einzusteigen. „Dann war mein Studium zu Ende und ohne, dass wir groß darüber gesprochen hätten, war einfach klar, dass hier mein Platz ist", erinnert sich Alexandra Seger an ihren offiziellen Einstieg. 1999 besiegelt die Familie dieses Ereignis beim Notar: Die Eltern überschreiben Alexandra ein Drittel des Betriebs und nehmen sie in die Geschäftsführung auf – die Arbeit im Eltern-Tochter-Tandem kann beginnen.

Mit der Geburt der Kinder werden neue Arbeitszeitmodelle und Aufgabenteilungen notwendig. Da er weiterhin gebraucht wird, zieht sich Vater Gerhard vorerst nicht aus dem Unternehmen zurück. Alexandra Seger ist froh darüber, der Vater ist ihr großes Vorbild: „Ich hatte nie das Gefühl, den Vater aus dem Betrieb loshaben zu müssen." Er akzeptiere und respektiere ihre Meinung und sie seine, schildert sie die Zusammenarbeit, bei der auch unterschiedliche Standpunkte diskutiert werden können. Der grundsätzliche Zusammenhalt ist aus Alexandra Segers Sicht auch das Geheimnis für den Erfolg der Schreinerei.

Auch die fließende Übernahme der Firma basiert auf dem intensiven Vater-Tocher-Verhältnis. Alexandra berät sich mit dem Seniorchef, beispielsweise bei kaufmännischen Angelegenheiten. „Dass man ihn immer noch fragen kann, ist wunderbar, aber man hat schon im Hintergrund, dass man es irgendwann selbst wissen muss", so die junge Geschäftsführerin. Bestärkt wird sie vom Vertrauen, das ihr von Gerhard Seger entgegengebracht wird: „Mein Vater hat mir immer das Gefühl gegeben, dass er weiß, dass ich es schaffe und ich dem Ganzen gewachsen bin", sagt sie. Dennoch beschäftigt die Tochter das kommende Ende der Tandemphase sehr. Es ist ein einschneidendes Ereignis für die Tochter, als der Vater vor ein paar Jahren erkrankt und sein kompletter Rückzug aus dem Unternehmen droht. Nach seiner Genesung versucht die Familie jetzt, den Vater aus den stressigen Termingeschäften herauszuhalten. Er kümmert sich jedoch weiterhin um die Kundenneugewinnung, bastelt am Internetauftritt des Betriebs und ist in beratender Funktion tätig. Noch immer bringt er kreative und innovative Ideen ein. Die Mutter hat sich in den letzten Jahren zunehmend aus der Geschäftsführung zurückgezogen, ist aber weiterhin eine wichtige Stütze im Büro. Nach einem längeren Auswahlprozess wurde ein externer Geschäftsführer ins Unternehmen geholt. Heute bezeichnet Seger diese Wahl als „echten Glücksgriff". Markus Krause bringt viel technisches Fachwissen und handwerkliches Geschick mit. Mit dieser neuen Konstellation will Alexandra Seger den hohen Standard ihres Unternehmens in Zukunft halten – auch für den Vater: „Ich möchte halt, dass er stolz ist."

Trotz dieser hohen Anforderungen an sich selbst spielt ihre Familie für Alexandra Seger die erste Geige. Optimales Zeitmanagement ist in ihrem Arbeitsleben ein ganz entscheidender Aspekt. „Man muss die wenige Zeit voll nutzen", sagt sie. Mit Kindern lerne man, konzentriert ans Werk zu gehen und während kurzer Arbeitszeiten viel zu schaffen. Auch wenn Eltern und Ehemann bei der Kinderbetreuung helfen und ab und an Freunde die beiden Söhne betreuen, muss Alexandra Seger ihren Tagesablauf gut strukturieren. Je älter die Kinder werden, desto leichter sei jedoch die Vereinbarkeit mit dem Beruf, erzählt sie aus ihrer Erfahrung. Die Jungunternehmerin möchte nach der Schule für ihre Kinder da sein und immer ein offenes Ohr für sie haben. Gleichzeitig profitiert sie aber auch durch die Mutterrolle für ihr Unternehmen: In den letzten Jahren wurde sie nach eigener Einschätzung noch organisierter und flexibler und hat in Stresssituationen stärkere Nerven.

Erfolgsfaktoren

- Offene Kommunikation und effiziente Selbstorganisation
- Sich nicht drängen lassen, sondern frei entscheiden
- Wegen des Unternehmens nicht auf Kinder verzichten
- Bei Meinungsverschiedenheiten nicht alles persönlich nehmen
- Wertschätzung für das von den Eltern Geleistete

Von Nachfolgerin zu Nachfolgerin
Aus Alexandra Segers Sicht ist es wichtig, einen Austausch mit anderen Nachfolgerinnen zu organisieren. Dort kann man Probleme diskutieren, wie etwa die Nachfolge oder die Vereinbarkeit von Familie und Beruf. Auf diese Weise können Unsicherheiten und Zukunftsängste abgebaut werden.

Geben Sie Ihrer Nachfolge ein Motto

Wir gehen den Weg gemeinsam.

Expertenfazit

Das Beispiel von Alexandra Seger zeigt erneut, dass Tandemphasen mit dem Vater sehr erfolgreich und auch über einen längeren Zeitraum gut verlaufen können. Alexandra Seger hatte auf diese Weise die Möglichkeit, sehr langsam in den Alltag als Unternehmerin hineinzuwachsen. Sie nutzt die freien Kapazitäten ihres Vaters für die strategische Weiterentwicklung und Kundenakquise für das Unternehmen. Das Beispiel zeigt aber auch, dass es für Nachfolgerinnen eine zweite Herausforderung ist, wenn die Tandemphase beendet wird. Letztlich beginnt mit der Beendigung ein neuer Zeitabschnitt, der auch von Respekt, Ängsten und neuen Herausforderungen getragen ist. Jede Nachfolgerin möchte das Unternehmen erfolgreich weiterführen und das ihr anvertraute Erbe nicht verspielen. Diese Drucksituation muss auch den Übergebenden klar werden. Alexandra Seger füllt geschickt die Position ihres Vaters mit einer externen Führungskraft. Gerade für Frauen ist dies wichtig, um Freiräume für sich und für die eigene Familie schaffen zu können.

7.21 „Dankbarkeit, Demut und Disziplin"

Christine Seger

Steckbrief
Name:
Christine Seger

Alter:
48 Jahre

Übernahme:
1987: Einstieg ins Unternehmen, 2000: Übernahme der Anteile des Vaters

Position:
Geschäftsführende Gesellschafterin der Seger Transporte GmbH & Co. KG in Münnerstadt

Unternehmen:
Das Unternehmen wurde 1927 von Bernhard Seger in Münnerstadt gegründet. Mit Eustach und Johanna sowie Theo und Gertrud Seger machte auch die zweite Generation den Fortbestand der Firma zu ihrem Lebensinhalt. Die Brüder Eustach und Theo wandelten den väterlichen Betrieb im Jahr 1950 in die Bernhard Seger & Söhne OHG um. Sie nahmen den Baustoffhandel und die Abfallentsorgung als weitere Dienstleistungen in das Unternehmensportfolio mit auf. Im Jahr 2000 übernahmen Christine und ihr Cousin Bernhard Seger die Anteile ihrer Väter und benannten die Firma in Seger Transporte GmbH & Co. KG um. 2006 verkaufte Bernhard Seger seine Anteile an Christine und Joachim Seger. Seit 2014 werden alle Anteile von Christine Seger und ihrem Sohn Kilian Seger gehalten. Heute, in der dritten Generation, zählt das Transport- und Entsorgungsunternehmen mit über 90 Mitarbeitern zu einem bedeutenden Arbeitgeber in der Region. Transporte, Schüttguthandel, Erdarbeiten, Tankstelle, Umweltservice, Containerdienst und kommunale Abfallentsorgung gehören zum Leistungsprofil. Christine Seger achtet auf eine wertebasierte Unternehmenskultur, Mitarbeiterbeteiligung, Teamarbeit und Umweltbewusstsein.

Profil
Für Christine Seger bedeutet die Familie sehr viel. Sie selbst ist als mittlere von fünf Schwestern in einer traditionsbewussten Unternehmerfamilie aufgewachsen und legt viel Wert auf familiäre Harmonie – sei es im privaten oder im geschäftlichen Bereich. Ihren Wunsch nach einer eigenen Familie hat sie sich trotz der anspruchsvollen Arbeit in der väterlichen Firma erfüllt. Wünsche und Positionen von Anfang an deutlich zu vertreten, findet Christine Seger wichtig. So machte sie ihren Eltern schnell klar, dass sie für das Unternehmen nicht auf Kinder verzichten würde. Egal, um was es geht: Die Unternehmerin schätzt es, offen zu kommunizieren. So hält sie es auch mit ihren Mitarbeitern, die sie gerne in Entscheidungen einbezieht und auch am Kapital beteiligt.

Persönliche Erfahrung als Nachfolgerin
Christine Seger hat mit ihren Eltern zusammen Voraussetzungen erarbeitet, welche das Familienunternehmen UND die Familie nachhaltig schützen, und dies von Anfang an klar kommuniziert. Erstens: Ihre beiden älteren Schwestern, die in der Rangfolge vor ihr stehen, haben die älteren Rechte. Nur wenn sie nicht übernehmen möchten, steht sie als Nachfolgerin zur Verfügung. Zweitens: Alle vier Schwestern stimmen zu, keine Firmenanteile zu erhalten, damit die Gesellschafterstruktur überschaubar bleibt. „Mir war wichtig, dass meine Schwestern eine auf Unternehmenserhalt basierende Nachfolge mittragen. Jede Schwester verzichtete auf einen Teil ihres Erbes, damit die Firma als Ganzes erhalten bleiben kann", erklärt Christine Seger und lobt die Kompromissbereitschaft und Kommunikationsfähigkeit aller Familienmitglieder.

Die durchsetzungsstarke Jungunternehmerin aber stellte noch eine weitere Bedingung für ihre Nachfolge: Sie wollte trotz der Übernahme des Familienunternehmens eine Familie gründen können. „Ich habe gesagt, ich möchte Kinder haben und das alles unter einen Hut bekommen – Familie und Firma. Ich übernehme die Firma also nur, wenn es für meinen Kinderwunsch eine Lösung gibt, die mir auch Zeit für Familienleben lässt", erzählt sie rückblickend.

Diese klare Stellungnahme sieht sie heute als einen Schlüsselmoment in ihrem Berufsleben. Glücklicherweise passten auch die Rahmenbedingungen: Ihre Schwiegereltern erklärten sich bereit, einen großen Teil der Kindererziehung zu übernehmen. „Daraufhin habe ich mich entschieden, die Firma zu übernehmen", so Seger. Dass es dennoch eine Herausforderung ist, Familie und Firma zu vereinbaren, bestreitet sie nicht: „Das Wichtigste ist ein verlässliches Netzwerk zu haben und dieses auch aufmerksam zu pflegen."

Dankbarkeit, Demut und Disziplin – Christine Seger arbeitet zunächst im Tandem mit den Eltern und baut später eine Führungsmannschaft auf. Ihren Aufgaben im Unternehmen fühlte sie sich immer gewachsen. Dreieinhalb Jahre gewerbliche und eineinhalb Jahre betriebswirtschaftliche Ausbildung lagen hinter ihr, als sie ins väterliche Unternehmen einstieg. „Ich sollte eigentlich noch bei befreundeten Firmen arbeiten, aber das hat nie geklappt, weil es bei uns immer so viel zu tun gab", erzählt sie. „Eine sehr anspruchsvolle und sehr lehrreiche Zeit" nennt Christine Seger die insgesamt 13 Jahre während Tandemphase mit ihren Eltern. Sie und ihr Vater seien aber durchaus gegensätzlich: „Mein Vater, der Patriarch, hat gemacht, was er wollte und ich war die mit dem neuen, partnerschaftlichen Führungsstil, die immer versucht hat, Kontext herzustellen, Einvernehmen zu erzielen und die Mitarbeiter mit ins Boot zu holen." Der Vater ist es nicht gewohnt, dass er sich mit jemandem absprechen muss, er hat bisher immer alleine entschieden und gehandelt. Christine Seger wendet in dieser Zeit ihr Wissen aus der systemischen Betrachtung an: „Damit kann man Verstrickungen gut lösen", sagt sie. Auch aus ihrer Tätigkeit in Verbänden und durch den Austausch mit anderen Unternehmern schöpft sie Kraft in dieser herausfordernden Zeit. Trotz der alltäglichen Kämpfe und Probleme glaubt Christine Seger, dass „weibliche Nachfolge leichter gelingen kann als männliche Nachfolge". Die Konkurrenzsituation, wie es sie zwischen einem männlichen Senior und einem männlichen Nachfolger fast immer gebe, entfalle aus ihrer Sicht bei einer Nachfolgerin.

Schwierigkeiten mit den Mitarbeitern hatte sie nicht: „Ich hatte nie Akzeptanzprobleme, vielleicht auch, weil ich von vornherein fachlich ausgebildet ins Unternehmen kam und weil ich den Mitarbeitern sehr viel Wertschätzung entgegengebracht habe", erklärt sie das gute Verhältnis. Nach wie vor lebe sie im Umgang mit den Mitarbeitern nach den „drei Ds": Dankbarkeit, Demut und Disziplin. „Und deshalb habe ich mich nie über die Mitarbeiter erhoben, sondern bin ihnen immer partnerschaftlich und auf Augenhöhe mit Wertschätzung begegnet."

Schließlich ist es Christine Segers Mutter, die ihr hilft, das Ende der Tandemphase voranzutreiben. Sie beeinflusst den Vater dahingehend positiv. Hinzu kommt auch eine schwere Erkrankung des Vaters. So übernehmen schließlich im Jahr 2000 Christine Seger und ihr Cousin Bernhard die Anteile ihrer Väter. Der Cousin merkt jedoch bald, dass die Führung des Transportunternehmens nichts für ihn ist. Ganz gezielt sucht sich Christine Seger daher einen Partner, der sie in der stark männerdominierten Branche unterstützen kann: „Ich hätte nicht ohne männliche Kraft führen wollen. Führung gelingt am besten, wenn sowohl die weibliche als auch die männliche Energie wirkt." Joachim Seger übernimmt im Führungstandem den Vertrieb und das operative Tagesgeschäft. Sie ist zuständig für Finanzen, Personal, Qualitätsmanagement, Ausbildung und Organisation.

Sie bauen eine zweite Führungsebene im Unternehmen auf, geben den Mitarbeitern mehr Mitspracherecht. „Wir haben uns grundsätzlich auf einen kooperativen Führungsstil verständigt. Aber es gibt männliche und weibliche Herangehensweisen – da sind wir immer wieder im Austausch", schildert Christine Seger die Zusammenarbeit im Team. Drei Jahre lang hat sie nach einer Ausdrucksmöglichkeit für ihren partnerschaftlichen Führungsstil gesucht und den AGP – Bundesverband Mitarbeiterbeteiligung gefunden: „Das war dann schließlich die Einführung unserer Kapitalbeteiligung."

Als sich die Mitarbeiter finanziell an der Firma beteiligen können, wird ein regelrechter Kulturwandel im Unternehmen eingeleitet. „Es geht immer wieder darum, Vertrauen aufzubauen und zu halten", so Christine Seger. Das Thema hat sie so interessiert, dass sie beim Bundesverband eine Ausbildung absolvierte. Mittlerweile berät sie auch andere Unternehmen in diesem Bereich und sieht diese Tätigkeit als ihr zweites Standbein und eine Möglichkeit für Entwicklung. Die Förderung einer positiven Leistungskultur und der Vermögensaufbau für die Mitarbeiter sind ihr ein großes Anliegen. Für ihre eigene Nachfolge hat sie klare zeitliche Vorstellungen: „Ich habe mir das für einen Zeitraum von zehn Jahren vorgenommen." Ihre Kinder will sie hineinwachsen lassen und fördern, „damit sie ausreichend Zeit haben, sich Gedanken zu machen". Sollten sich beide Kinder jedoch dagegen entscheiden, die Firma zu übernehmen, dann hätte sie auf diese Weise auch noch Zeit, die Nachfolge extern zu regeln. Durch die eigenen Erfahrungen mit ihrem Cousin möchte sie das Unternehmen mit nur einem Nachfolger in ruhigem Fahrwasser halten.

Erfolgsfaktoren

- Die Qualifikation ist wichtiger als der Verwandtschaftsgrad
- Externe Ausbildung ist wichtig für die Entwicklung der eigenen Persönlichkeit
- Übertragung von Firmenanteilen vorab mit den Geschwistern klären
- Verzichtserklärung von inaktiven Nachfolgern einholen
- Tandem mit dem Vater zum Know-how-Transfer und zur Vereinbarung von Beruf und Familie nutzen
- Klare Kommunikation des Familienwunsches und Aufbau eines tragfähigen Netzwerkes
- Klare Verwirklichung eigener Projekte
- Mitarbeiterbeteiligung zur sanften Veränderung der Führungskultur
- Sich durch einen Coach und Systemaufstellungen begleiten lassen

Von Nachfolgerin zu Nachfolgerin
Christine Seger rät anderen Nachfolgerinnen dazu, sich intensiv Gedanken über ihren eigenen Weg der Nachfolge zu machen und diese immer klar und offen zu kommunizieren. Die Mitarbeiter als wichtigste Kunden behandeln und ihnen Sicherheit geben.

Geben Sie Ihrer Nachfolge ein Motto

Das eigene Leben selbstbestimmt gestalten und seiner eigenen Intuition vertrauen.

Expertenfazit

Christine Seger ging ihre Nachfolge mit klaren Vorstellungen an und äußerte diese auch gegenüber ihrem Vater. Offene Kommunikation half dabei, eine Regelung im Geschwisterkreis für die Nachfolge zu schaffen ohne Familienstreitigkeiten auszulösen. Sie ersetzte das Tandem mit ihrem Vater geschickt durch Aufbau eines Führungsteams mit Verantwortung und Beteiligung. Durch ihre systemische Denkweise achtete sie auf den Ausgleich der unterschiedlichen Energien im Unternehmen. Ebenso klar und strukturiert geht die Unternehmerin auch schon an die eigene Nachfolgeregelung heran. Bereits heute hat sie sich ein zweites Standbein für die Zeit nach ihrem Unternehmensausstieg aufgebaut. Ihr Ziel ist es, mit 58 Jahren die Mehrheit der Anteile und die Gesamtverantwortung zu übergeben – intern oder extern.

7.22 „Jetzt oder nie!"

Daniela Singer

Steckbrief
Name:
Daniela Singer

Alter:
42 Jahre

Übernahme:
Teilübernahme, Schmetterling Reise- und Verkehrs-Logistik

Position:
Geschäftsführerin der Schmetterling Reise- und Verkehrs-Logistik GmbH in Obertrubach-Geschwand

Unternehmen:
Das Portfolio umfasst das einzige deutschlandweit agierende Verkehrsunternehmen mit Reiseverkehr und Verkehrslogistik, Linienverkehr, Taxi und Mietwagen sowie den Reiseveranstalter Schmetterling. Die Schmetterling Reise- und Verkehrs-Logistik GmbH gehört zu den größten mittelständischen Verkehrslogistikern in Deutschland. Sie beschäftigt derzeit 240 Mitarbeiter und gehört zur Firmenfamilie Schmetterling mit Sitz im fränkischen Obertrubach.

Profil
Wenn Daniela Singer den Raum betritt, mag man alles erwarten, nur nicht eine junge und vor Energie strotzende Person. Sie ist keine Frau, die erst mal ihren Kaffee gebracht bekommt, sondern den macht sie sich selbst, da es im Zweifel schneller geht. Schnelligkeit und Pragmatismus sind sicher die Auszeichnungen, die auf die Geschäftsführerin sofort zutreffen. Alles, was sie schneller selbst erledigt hat, tut sie auch selbst. Diese Gabe hat sie schon als Kind in die Wiege gelegt bekommen, denn ihre Mama war auch eine eher zupackende als zuschauende Person. Daniela Singer war schon in jungen Jahren klar, dass im Familienunternehmen ihre Zukunft liegt.

Für sie hat sich nie die Frage gestellt, das Unternehmen nicht zu übernehmen. Deshalb kam für Daniela Singer auch nur ein duales Studium, bei dem sie phasenweise im Unternehmen mitarbeitet, infrage. Sie studierte an der Berufsakademie Ravensburg und hat dort den Abschluss als Diplom-Betriebswirtin erhalten. Mit gerade mal 16 Jahren lernt sie ihren späteren Mann Elmar kennen und lieben. Bis heute sind die beiden ein privat und beruflich eingespieltes Team. „Ohne meinen Mann hätte ich die eine oder andere Entscheidung nicht so erfolgreich getroffen", gesteht Daniela Singer so nebenbei ein. Lob und Anerkennung auszusprechen fällt ihr überhaupt nicht schwer.

Ihr war stets klar, dass sie dem Unternehmen des Vaters treu bleiben würde, und so ist es auch nur eine logische Konsequenz gewesen, dass Elmar Singer mit in das Unternehmen eingetreten ist. Er ging seiner zukünftigen Frau zuliebe nochmals in eine Ausbildung zum Reiseverkehrskaufmann. Heute ist Elmar Singer für das Herzstück des Unternehmens verantwortlich und verwaltet den kompletten technischen Bereich und den Vertrieb für den Busverkehr. Daniela Singer hält die Finanzen zusammen und sieht sich für den kaufmännischen und organisatorischen Bereich verantwortlich.

Über Jahrzehnte hinweg arbeitet Daniela Singer mit ihrem Vater Willi Müller Seite an Seite – und der Erfolg gab ihnen Recht! Mit dem immer größer werdenden Unternehmen wurde Daniela Singer klar, dass sich die Führungsstruktur ändern sollte, um das Unternehmen gegen Risiken abzusichern und um weiteren Wachstum profitabel zu gestalten. Immer wieder wird innerhalb der Familie von der Aufteilung des Unternehmens gesprochen, aber so wirklich wird das Thema nicht angegangen. Warum? Das vermag Daniela Singer auch nicht zu sagen. Das Thema Übergabe bzw. auch Aufteilung ist je nach Unternehmenssituation mal stärker und mal weniger stärker auf dem Tisch. Da sie noch eine Schwester hat, die auch im Unternehmen mitarbeitet, wird für Daniela Singer vor allem mit dem zunehmenden Wachstum immer selbstverständlicher, dass das Thema Übergabe in die Hand genommen werden muss. Aus vielerlei Gründen beschloss Daniela Singer mit 38 Jahren, nach bereits 15 gemeinsamen Firmenjahren, zu handeln.

Heute ist sie Geschäftsführerin eines ausgegliederten Teilbereichs des Unternehmens und fühlt sich in ihrer Rolle als eigenverantwortlicher Teamleader sehr wohl. Familie und Karriere sind nach Meinung der zweifachen Mutter durchaus unter einen Hut zu bringen: „Es ist alles eine Frage der Organisation und des passenden Partners." Dass ihr Mann auch tatkräftig zu Hause mit anpackt, spielt beim Zusammenbringen der privaten und beruflichen Welten eine wichtige Rolle. Eine Erzieherin betreut die beiden Kinder, und ihre wenige Freizeit nutzen die Singers umso intensiver: „Ich verbringe wahrscheinlich mehr Zeit mit meiner Familie als so manche Hausfrau hier in der Gegend – es geht einfach um Qualität und nicht um Quantität", betont die heute 42-Jährige.

Neben der Familie nimmt sie sich auch Zeit für ehrenamtliches Engagement. Die vielfältigen Erfahrungen in Ehrenämtern haben ihr Leben bereichert und ihr neue Blickwinkel verschafft.

Persönliche Erfahrung als Nachfolgerin
Die Frage, ob Daniela Singer komplett in die Firma des Vaters einsteigen würde oder nicht, stellte sich nie. Seit sie denken kann, arbeitet sie im Familienreiseunternehmen mit. Angefangen vom Saubermachen über das Fahren der Busse bis hin zu allen Aufgabenfeldern im Büro. Für sie war stets klar, dass sie Schmetterling Reisen eines Tages gemeinsam mit ihrem Mann übernehmen wird. Auch ihre Ausbildung wählte sie ganz gezielt danach aus: Als sie nach dem Studium wieder voll im Familienunternehmen durchstartet, funktioniert das Tandem mit dem Vater hervorragend. Nach vielen gemeinsamen und erfolgreichen Jahren ohne konkreten Plan für die Zukunft beschloss Daniela Singer, dass sie handeln muss. Mittlerweile war der Ehemann im Unternehmen tätig und sie zweifache Mutter. Die Perspektive und der Blick auf die Zukunft hatten sich damit einfach verändert. Für Daniela Singer wurde immer klarer, dass sie ihre eigene Existenz mit einer Regelung zwischen ihr und ihrem Vater absichern musste. Das Unternehmen stand aber dabei für sie immer im Vordergrund. Es war keine einfache Zeit für das Ehepaar im Spannungsfeld zwischen Beruf, Familie und der beruflichen Beziehung zu Vater und Schwester. Das Letzte, was Daniela Singer wollte, war eine zerstrittene Familiensituation. Diese Zeit hat sie viel Kraft gekostet, aber sie hat nicht locker gelassen. Immer wieder ist sie drangeblieben und hat

sich auch den einen oder anderen Vertrauten an die Seite geholt. Es war ein langer und zäher Prozess – nicht nur für sie, sondern für alle Beteiligten. Wie Daniela Singer immer wieder betont: „Es kann keiner aus seiner Haut, und irgendwie waren wir alle mit der Situation, neben unseren normalen beruflichen Aufgaben, echt gefordert."

Nach anfänglichem Zögern und vielen Gesprächen, in denen Daniela Singer auch ihren Mann einbezogen hatte, folgte dann die Lösung im Jahr 2010: So wird ein Teil der Firma – der Teil, der für den Vater am schmerzfreisten abzugeben ist – ausgegliedert. Seitdem führt Daniela Singer nun als alleinige Inhaberin die Sparte Reise- und Verkehrslogistik – und trägt jetzt auch das komplette finanzielle Risiko alleine mit ihrem Mann.

Die Herausforderung der Teilübernahme ist groß: „Eine Firma hat ja nicht zwei Motoren, und wenn man den einen teilen muss, ist es schon schwierig." Doch es funktioniert und mit der Entscheidung sind wirklich alle Parteien zufrieden – der Vater ebenso wie die Tochter. Da Daniela Singer seit 1996 auch Finanzchefin der gesamten Schmetterling-Gruppe war und noch immer ist, mussten weder Banken noch Geschäftspartner von der Kompetenz und dem Know-how der neuen Inhaberin überzeugt werden. Was ein weiterer großer Vorteil gewesen ist! Daniela Singer wusste, was finanziell zu stemmen war.

Sie hat gelernt, sich auf dem Parkett der Unternehmer zu bewegen – auch und gerade als Frau. „Es gibt einfach ein paar Regeln, die musst du beherrschen, wenn du unterwegs bist. Das geht los mit: Welche Schuhe ziehe ich an? Was ziehe ich überhaupt an? Wenn ich als Leiterin vor 1000 Mann stehe und eine ‚Duftmarke' setzen muss, muss ich was Rotes anhaben. Da kann ich nicht in Mausgrau auftreten. Man muss gesehen werden." Schon immer hat Daniela Singer zwei Kleiderschränke – einen mit legeren T-Shirts und einen mit Kostümen, hohen Schuhen und Abendkleidung. Der Vater braucht weniger, um sich den nötigen Respekt zu verschaffen, da reicht ein normaler Anzug und die Körpergröße von fast zwei Metern.

Wo sie den größten Unterschied zum Vater sieht? Daniela Singer agiert rationaler, hat immer das Ganze im Auge, arbeitet akribischer. „Mein Vater entscheidet mehr subjektiv aus dem Bauch heraus", so die Unternehmerin. „Ich bin jemand, der schon seit Jahren jedes Gespräch mitprotokolliert. Alles, was ich aufschreibe, habe ich auch im Kopf. Aber dann kann ich rausgehen und jedem das Ding hinlegen."

Wie es mit ihrer Firma weitergehen soll – da hat Daniela Singer klare Vorstellungen. Es ist aber kein Muss, dass eines der Kinder die Firma übernimmt. „Ich habe immer bis Plan F alles in der Hosentasche. Jeder sollte seine Talente erkennen und diese dann ausbilden. Es ist jetzt schon abzusehen, wie die Firma in rund zehn Jahren aussehen wird. Das erfordert viel Einsatz und Konzentration. Man muss es mögen." Sollten die Kinder das nicht wollen, wird die Firma verkauft – das ist für Daniela Singer kein Problem. Symbolisch Anteile an die Kinder zu geben, hält sie allerdings nicht für sinnvoll. In jungen Jahren könnten die Kinder dem noch gar keine Bedeutung zumessen.

Eines steht für die Unternehmerin felsenfest: Die Firma wird sie im Falle des Falles nur an ein Kind übergeben. Auch ein Studium, Erfahrungen in einem anderen Unternehmen und einen Auslandsaufenthalt hält sie für unbedingt notwendig. „Mich in einem anderen

Unternehmen aus- und fortzubilden hat mir gefehlt, da ich ja von Anfang an hier war. Es ist einfach wichtig, den Horizont zu erweitern, um gute Netzwerke auszubilden." Dieses Manko kompensiert sie heute durch zahlreiche Ehrenämter, gleichzeitig ist sie noch für ein anderes Unternehmen beratend tätig. Natürlich nutzt sie auch die Netzwerke des Vaters: „Es wäre ja dumm, wenn ich seine Kontakte nicht nutzen würde, aber es wäre auch dumm, sich nicht sein eigenes Netzwerk zusätzlich aufzubauen."

Die Übernahme des gesamten Unternehmenskomplexes lehnt Daniela Singer kategorisch ab. Dieser Bereich wird im Moment noch vom Vater gemeinsam mit der Schwester geführt.

Erfolgsfaktoren

- Selbstbewusstsein und der unbedingte Wille, das Unternehmen zu leiten
- Stärke, sich auch gegen den Vater durchzusetzen
- Auf ein Ende der Tandemphase bestehen
- Offen sein für Kompromisse: Durch die Teilnachfolge kann der Vater weiter im Management sein und die Tochter führt dennoch selbständig ihr eigenes Unternehmen

Von Nachfolgerin zu Nachfolgerin
Netzwerke und Mentoringprogramme sind sinnvoll – sie müssen aber gut aufgebaut sein.

Geben Sie Ihrer Nachfolge ein Motto

Jetzt oder nie!

Expertenfazit

Im Beispiel von Daniela Singer wird eine sehr lange Tandemphase durch eine Teilnachfolge beendet. Dieses Vorgehen hat den Vorteil, dass familienintern kein Bruch erfolgen muss, wenn der Vater noch nicht in den Ruhestand gehen möchte bzw. loslassen kann. Daniela Singer wollte nach über 15 Jahren gemeinsamer Unternehmensleitung mit dem Vater alleine Verantwortung übernehmen und sich weiterentwickeln. Sie wollte auch mit ihrem Mann noch etwas Gemeinsames aufbauen. Dieses Resultat wird beiden Ansprüchen gerecht. Das Beispiel zeigt zudem, dass es in der Nachfolge Phasen gibt, in denen man letztlich klar Position beziehen, für eigene Ziele kämpfen und seine Wünsche klar gegenüber dem Vater formulieren muss.

7.23 „Sich Zeit nehmen, um im Unternehmen anzukommen"

Christina Thurner (geb. Amberger)

Steckbrief
Name:
Christina Thurner (geb. Amberger)

Alter:
33 Jahre

Übernahme:
2009 Einstieg ins Unternehmen, seit 2010 Geschäftsführerin

Position:
Gesellschafterin und Mitglied der Geschäftsleitung der LOXXESS AG in Unterföhring

Unternehmen:
Die LOXXESS AG ist ein mittelständisches Unternehmen mit Hauptsitz am Tegernsee, das 2012 einen Umsatz von 130,9 Mio. € verzeichnen konnte. Heute ist das Unternehmen an insgesamt 26 operativen Standorten in Deutschland, Polen und Tschechien vertreten, dort sind insgesamt 1600 Mitarbeiter tätig. Der Schwerpunkt liegt in der Entwicklung und Erbringung individueller und komplexer Lösungen und Serviceangebote im Bereich der Kontraktlogistik und des Fulfillment. Die LOXXESS AG operiert als Holding für die Einzelgesellschaften, die jeweils in operativer Verantwortung für die erbrachten Leistungen stehen. Geleitet wird die AG durch ein mehrköpfiges Managementteam und den Vorstand. In dieser Leitungsgruppe befinden sich auch Christina Thurner und ihr Bruder Claus-Peter Amberger. Ihr Vater Peter Amberger ist Vorsitzender des Aufsichtsrats und im operativen Geschäft nicht mehr tätig. Die Gesellschaft befindet sich zu 100 % im Besitz der Familie Amberger.

Profil
Christina Thurner probiert vieles aus, bevor sie im Jahr 2009 ins elterliche Unternehmen einsteigt. Nach dem Abitur will sie eigentlich Theaterwissenschaften studieren, doch der Vater lehnt diese „brotlose Kunst" entschieden ab. „Ich wurde schon ein wenig in eine Richtung gedrängt", sagt sie heute zu ihrer Entscheidung, in Zürich Betriebswirtschaftslehre zu studieren. Doch sie schafft sich ihre Freiräume, absolviert neben dem BWL-Studium eine Schauspielausbildung. Während des Auslandsstudiums in Afrika arbeitet sie dort auch am Theater. „Für meine Persönlichkeitsentwicklung war das ganz wichtig", resümiert sie heute im Rückblick. Irgendwann muss man sich dann entscheiden. Ihre erste Stelle tritt sie bei ABB, einem Konzern für Energie- und Automatisierungstechnik, an. Doch die Konzernstruktur liegt ihr nicht, zumindest nicht auf Dauer und so steigt sie doch früher als erwartet ins Familienunternehmen ein.

Persönliche Erfahrungen als Nachfolgerin
„Ich bin da schnell an meine Grenzen gestoßen, ich bin kein Konzernmensch", sagt Christina Thurner zu ihren Erfahrungen bei ABB. Dennoch verbucht die junge Frau sie rückblickend als Gewinn: „Ich glaube, es ist immer einfacher, vom Großen ins Kleine zu gehen als nur das Kleine gesehen zu haben", sagt sie zum Wechsel ins Familienunternehmen. Dort ist ihr sieben Jahre älterer Bruder schon fünf Jahre vor ihr angekommen. Der Vater wollte allerdings von Anfang an beide Kinder in die Firma integrieren. Auch die Mutter will ihre Tochter im Unternehmen sehen: „Meine Mutter hätte es niemals verstanden, wenn nur der männliche Part geerbt hätte. Es ist toll, dass da beide noch nie einen Unterschied gemacht haben", sagt die Tochter. Einen Konkurrenzkampf habe es trotz des Altersunterschieds und der engen privaten Bindungen nie gegeben. Die Geschwister sind sehr unterschiedlich. So haben beide ihre Betätigungsfelder im Unternehmen nach ihren Präferenzen. Christina Thurner durfte langsam in ihren Bereich hineinwachsen. Ihre erste Zeit im Unternehmen verbrachte sie bei einer Tochtergesellschaft im Bereich Pharma, erst dann wechselte sie in die Geschäftsführung des Unternehmens.

Ihre Nachfolge wird zwar intern in der Familie durch zahlreiche Gespräche mit dem Vater und dem Bruder vorbereitet, im Unternehmen jedoch sind viele Mitarbeiter überrascht. „Im ersten Jahr habe ich mich auch so schwer getan, weil ich so jung war", glaubt sie rückblickend. „Ab einem gewissen Punkt war ich dann aber schon relativ sicher in meiner Position." So übernimmt Christina Thurner immer mehr Bereiche und Projekte. Zuerst den Bereich Marketing und Kommunikation, dann das Corporate Development, schließlich die Human Resources und zuletzt sechs Standorte als Häuserverantwortung.

Die Zusammenarbeit mit dem sieben Jahre älteren Bruder läuft gut, im Lauf der Zeit werden immer mehr Abläufe geregelt: „Wir sehen uns als Doppelspitze." Damit die Teamarbeit der beiden Geschwister immer klappt, findet ein ständiger Austausch statt, Spielregeln für bestimmte Vorgänge werden entwickelt. Beispielsweise werden Themen vereinbart, die unbedingt besprochen werden müssen, wie etwa Investitionen ab einer gewissen Höhe oder die Auswahl von Führungskräften. Der Vater hat das operative Geschäft bereits abgegeben, als Christina Thurner bei LOXXESS einsteigt. Nachdem Peter Amberger bereits großzügig die Mehrheitsanteile an seine Kinder übertragen hat, braucht er immer einen der beiden, um sich mit seinen Vorstellungen durchsetzen zu können. „Daher besprechen mein Bruder und ich uns zuerst und es geht nur eine Meinung nach draußen", sagt sie. Die unternehmerische Entscheidung liege nun mal bei den Geschwistern, sie müssten schließlich auch die Verantwortung dafür tragen. Peter Amberger fiel das Loslassen des Familienunternehmens zunächst sehr schwer. „Aber nachdem wir gemeinsam festgelegt haben, wo wir uns zu welchen Themen austauschen müssen, sind wir besser geworden."

Das Unternehmen steckt heute mittendrin in einem Kulturwandel, der auch durch die Nachfolge bedingt ist. Auch die Mitarbeiter gehören zwei Generationen an. „Mittlerweile bin ich mir sicher, dass sich dieses System ‚alter Hase – junger Hüpfer' bewährt hat", so Christina Thurner. Am Anfang seien die jüngeren Mitarbeiter ebenso wie die junge Gesellschafterin selbst in manchen Fragen auf Ablehnung der älteren Generation gestoßen. Mittlerweile würden neue Strukturen, Feedbackgespräche, Workshops unter Einbeziehung aller Mitarbeiter für einen kontinuierlichen Verbesserungsprozess sehr gut ankommen. Ebenso profitieren die Jüngeren vom Erfahrungsschatz und dem Einfallsreichtum der Älteren.

Christina Thurner musste sich die Akzeptanz der Mitarbeiter über ihre Leistungen verdienen. Dabei empfand sie es als hilfreich, das Geschäft von der Pike auf gelernt zu haben und durch Praktika auch andere Firmen zu kennen. Im Rückblick sagt sie: „In den ersten vier Jahren erlebt man zum ersten Mal echten Erfolg und Misserfolg – und den Unterschied."

Vor Kurzem hat Christina Thurner geheiratet, in ein paar Jahren möchte sie ihr erstes Kind, weitere dürfen gerne folgen. Ihr Ehemann, der ebenfalls ein Familienunternehmen leitet, wird dann „definitiv nicht zu Hause bleiben". Dennoch glaubt sie, dass Kind und Karriere miteinander vereinbar sind. Dabei hat sie ihre Mutter als Vorbild vor Augen, die trotz Fulltime-Jobs zwei Kinder groß gezogen hat. „Als Unternehmerin hat man Freiraum und kann das gestalten und sich gut vorbereiten", sagt Christina Thurner. Auch über die eigene Nachfolge denkt sie heute schon nach: Wenn es weiterhin so gut laufe, sollen die Kinder das Unternehmen weiterführen, wenn sie wollen: „Sie sollen frei wählen können", so die junge Unternehmerin.

Erfolgsfaktoren

- Sich Zeit geben, um sich zu entwickeln. Gegebenenfalls im Vorfeld ausprobieren, in welche Richtung man wirklich gehen möchte
- Mit einem harten ersten Jahr rechnen, in dem man sich Akzeptanz im Unternehmen erarbeiten muss
- Spielregeln innerhalb einer Geschwisterführung festlegen
- Aufgabenfelder nach persönlichen Stärken verteilen
- Zusammenhalt. Nach außen als Geschwisterteam eine Meinung vertreten. Diskussionen bleiben unter vier Augen.

Von Nachfolgerin zu Nachfolgerin

Sinnvoll ist es in Christina Thurners Augen, sich mit anderen Nachfolgerinnen auszutauschen: Zum Beispiel über Themen wie etwa die Vereinbarkeit von Familie und Beruf, aber auch über Kommunikation im und Regeln für das eigene Unternehmen.

Geben Sie Ihrer Nachfolge ein Motto

> Es dauert mindestens zwei Jahre, bis man im Unternehmen angekommen ist.

Expertenfazit

Christina Thurner ist gemeinsam mit ihrem Bruder ein weiteres erfolgreiches Beispiel dafür, dass Geschwisterführungen funktionieren können. Wichtig ist, dass man sich im Vorfeld gut überlegt, welche Regelungen sinnvoll sind und welche Spielregeln in der gemeinsamen Führung gelten. Gegenüber dem Übergebenden macht es Sinn, als Einheit aufzutreten und mit gemeinsamer Stimme zu sprechen. Das Beispiel von Christina Thurner zeigt aber auch, wie wichtig es ist, sich bewusst für das Unternehmen zu entscheiden. Trotz des Drängens ihres Vaters probierte sich Christina Thurner während des Studiums in vielen, ganz anderen Bereichen aus. Sie lotete ihre Talente aus, um dann für sich festzustellen, was ihr liegt und in welche Richtung sie wirklich gehen will.

7.24 „Sei spontan! Nicht alles lässt sich planen"

Laura Weber

Steckbrief
Name:
Laura Weber

Alter:
28 Jahre

Übernahme:
Noch nicht erfolgt, 2009 Einstieg ins Unternehmen, 2014 Ernennung zur Geschäftsführerin

Position:
Designierte Nachfolgerin ihres Vaters Wolfram Weber bei der Cinecittà Beteiligungs-GmbH in Nürnberg

Unternehmen:
Vor über 40 Jahren eröffnete Laura Webers Vater Wolfram sein erstes Kino in Nürnberg. Es folgten weitere Filmtheater im Stadtgebiet. In den 1990er Jahren erfolgten die Planung und der Bau eines Multiplexkinos in der Nürnberger Innenstadt, das in den Folgejahren stetig um weitere Gebäude und Komponenten erweitert wurde. Heute besitzt Wolfram Weber mit dem Cinecittà und dem angrenzenden Cinemagnum 3D-Kino (ehemals IMAX®) den größten Kinokomplex Europas. Weit über 70 Mio. € an Investitionen flossen in „Deutschlands größtes Kino".

Profil
Ohne Scheu geht Laura Weber an ihre vielfältigen Aufgaben heran. Noch nicht einmal 30 Jahre ist sie alt und vertritt doch des Öfteren schon ihre Eltern im „größten Kinokomplex Europas". Als designierte Nachfolgerin eignet sie sich – „Learning by Doing" – die notwendigen Kenntnisse für die Geschäftsführung an. Verantwortung ist für die junge Frau kein Problem. Sie packt an, wo Not am Mann ist, und reagiert „spontan" auf die unterschiedlichsten Situationen. Ihr Selbstvertrauen und ihre Entscheidungsfreudigkeit kommen ihr dabei zugute.

Persönliche Erfahrung als Nachfolgerin
Laura Weber wächst mit der Institution Kino auf: Jahrelang lebt sie mit ihrer Familie in einer Wohnung über dem Nürnberger Kino „Meisengeige", das ihr Vater seit über 40 Jahren betreibt. Später, als Wolfram Weber das Multiplexkino „Cinecittà" plant, bekommen dies auch seine beiden Töchter hautnah mit. „Mein Vater war immer am Überlegen, das neue Kino war auch immer Thema beim Abendessen", erinnert sie sich. Als das Multiplex schließlich steht, ist es für sie und ihre Freundinnen „ein großer Spielplatz". Sie erinnert

sich: „Wir haben Verkaufsstände aufgebaut und Bilder verkauft, den Popcornverkauf haben wir geliebt." Nach Beendigung der Schule ist die Nachfolge im Familienunternehmen jedoch erst einmal kein Thema. Sie geht nach München und studiert dort Event- und Tourismusmanagement. Erst als sie zum Studienende nur noch Hausarbeiten schreiben muss, kehrt sie nach Nürnberg zurück und arbeitet nebenher im Marketing des väterlichen Kinobetriebs. „Und dann hat es so sehr Spaß gemacht, dass ich schließlich hängen geblieben bin." Druck wegen der Nachfolge habe es seitens der Eltern nie gegeben. „Sie freuen sich jetzt allerdings sehr, vor allem, weil sie nicht so wirklich damit gerechnet haben, dass ich die Nachfolge antreten will." Auch sie selbst ist froh über ihre Entscheidung: „Momentan kann ich es mir nicht vorstellen, hier wegzugehen."

Laura Weber beginnt als „normale" Mitarbeiterin, erledigt anfallende Aufgaben, wie etwa in der Gastronomie, im alltäglichen Kinobetrieb oder im Firmenkundenmarketing. Seit ihrem Einstieg 2009 fungiert sie auch als Assistentin der Geschäftsleitung. Autoritätsprobleme im Verhältnis mit den Angestellten hat sie nicht, obwohl viele Mitarbeiter die Tochter des Chefs von klein auf kennen und man sich untereinander duzt. Laura Weber ist dieser freundschaftliche Führungsstil sehr wichtig: Sie sieht diese offene Kommunikation mit den Mitarbeitern als Schlüssel, gerade weil sie selbst noch so jung ist. Dennoch muss die junge Frau gelegentlich in ihrer Position als Chefin durchgreifen, mittlerweile hat sich das Verhältnis zu den Mitarbeitern aber gut eingependelt. Auch im Umgang mit Kunden oder Verhandlungspartnern, wie etwa Banken, hat Laura Weber trotz ihres jungen Alters keine Probleme.

Schon heute vertritt sie ihre Eltern, wenn diese über das Jahr verteilt mehrere Monate verreisen oder Lauras Schwester in Mexiko besuchen. So kann sich Laura Weber daran gewöhnen, Verantwortung zu übernehmen und Entscheidungen zu treffen. „Mein Vater hat mich ziemlich bald ins kalte Wasser geschmissen", sagt sie rückblickend. Doch das habe ihr auch geholfen. Außerdem steht ihr bei schwierigen Problemen ihre Tante, die den Gastrobetrieb leitet, mit ihrer jahrelangen Erfahrung im Kinobetrieb zur Seite.

Wenn die Eltern von ihren Reisen zurückkehren, muss Laura Weber die Verantwortung wieder größtenteils an den Vater abgeben. Für sie stellt das kein Problem dar – im Gegenteil: „Bisher war mir das immer ganz recht, in dem Moment fällt von mir ja auch immer eine Last ab", sagt die junge Frau und unterstreicht: „Sobald mein Vater hier ist, ist er einfach die Nummer eins." Für sie ist dies ein guter Weg, langsam in die Verantwortung hineinzuwachsen. Wenn der Vater vor Ort ist, bezieht er sie mit ein und erklärt ihr Teilaspekte der Geschäftsführung. Klar ist für Laura Weber jedoch auch, dass es Probleme geben könnte, wenn sie das Kinounternehmen übernimmt und sich der Vater dann permanent einmischt. „Das müsste man dann schon vorab irgendwie regeln", betont sie.

Auch wenn der Vater die Geschicke rund um das Multiplexkino wochenlang seiner Tochter überlässt, wird er sich in naher Zukunft nicht aus dem operativen Geschäft zurückziehen. „Aufhören will er am liebsten nie", weiß Laura Weber. Wie eine Aufgabenaufteilung mit dem Vater aussehen könnte, ist noch unklar. „Mein Vater ist schon ein bisschen ‚eigenbrötlerisch', beispielsweise denkt und arbeitet er sehr viel in der Nacht", erklärt die Tochter, die seine Ideen und Konzepte jedoch sehr zu schätzen weiß. Bei einer

Übernahme würde sie innerbetrieblich genauso weitermachen, wie es ihr Vater bisher getan hat. Anders als ihr Vater, würde sie jedoch mehr den Kontakt zu Netzwerken suchen – etwa Verbände junger Unternehmer besuchen und sich dort mit anderen Nachfolgern und Firmeninhabern austauschen.

Wie die Nachfolgeregelung bei der Cinecittà Beteiligungs-GmbH konkret aussehen wird, ist noch nicht klar – an dem Konzept wird derzeit gestrickt. Unternehmensberater und Steuerberater helfen der Familie dabei. Klar ist jedoch, dass beide Töchter das Unternehmen zu gleichen Teilen bekommen – wobei Laura Webers Schwester keine Ambitionen hat, aktiv in den Betrieb einzusteigen. Sie wird stille Gesellschafterin. „Wenn unser Verhältnis so gut bleibt, wie es jetzt ist, dann wird das Ganze sicherlich sehr harmonisch verlaufen", so Laura Weber. Sie selbst absolviert momentan parallel zu ihrer Arbeit im Kino ein Masterstudium „Master of Business Administration (MBA)", den Schwerpunkt hat sie bewusst gewählt, um daraus Wissen für ihre berufliche Tätigkeit im Kinobetrieb ziehen zu können. Zukünftig wird sie voraussichtlich von einem langjährigen Mitarbeiter bei der Unternehmensführung, insbesondere im technischen Bereich, unterstützt. „Ich denke, wir werden uns die Bereiche später ein bisschen aufteilen", sagt die junge Frau. Ansonsten lässt Laura Weber die Dinge auf sich zukommen – und liegt damit im Familientrend. „Wir sind nicht so die Planer", sagt sie lachend.

Erfolgsfaktoren

- Sich mit dem Tandem arrangieren und diese Phase nutzen
- Freie Entscheidung für die Nachfolge
- Sich als Einheit in der Familie verstehen
- Zügiges, unmittelbares Herangehen an Probleme
- Aufgaben aufteilen

Von Nachfolgerin zu Nachfolgerin
Laura Weber empfiehlt anderen Nachfolgerinnen, sich ein Netzwerk aufzubauen, um sich zu ähnlichen Herausforderungen austauschen zu können.

Geben Sie Ihrer Nachfolge ein Motto

Sei spontan! Nicht alles lässt sich planen …

Expertenfazit

Das Beispiel von Laura Weber zeigt, dass Tandemphasen gerade jüngeren Nachfolgerinnen helfen können, in die neue Position hineinzuwachsen. In Laura Webers Fall besteht ein Führungstrio mit Mutter und Vater, die Tante leitet den Gastrobetrieb. Durch die immer länger werdenden Urlaube der Eltern lernt die junge Frau, die Leitungsposition phasenweise auch alleine auszufüllen. Dennoch empfindet sie es als Entlastung, wenn die Eltern wieder da sind.

7.25 „Unternehmensnachfolge mit Mut, Vertrauen und Familien-Power"

Vanessa Weber

> **Steckbrief**
> **Name:**
> Vanessa Weber
>
> **Alter:**
> Geburtsjahr 1980
>
> **Übernahme:**
> Mit 18 Jahren vom Vater in einer Notfallsituation
>
> **Position:**
> Geschäftsführerin der Werkzeug Weber GmbH & Co. KG in Aschaffenburg
>
> **Unternehmen:**
> Vor über 65 Jahren, im Jahr 1948, gründete Heinrich Weber das Unternehmen Werkzeug Weber in Aschaffenburg. Seitdem steht der Werkzeugspezialist für eine ganzheitliche Beratung von Industrie, Handwerksbetrieben und Privatkunden bei der Einrichtung von Geschäfts- und Werkstatträumen, im C-Teile-Management und bei der Prüfung von Leitern und Tritten. Seit 2002 ist mit Vanessa Weber die vierte Generation erfolgreich im Unternehmen tätig.

Profil
Vanessa Weber ist 18 Jahre alt und will eigentlich BWL studieren, das Studentenleben genießen und nebenbei ein bisschen in den elterlichen Betrieb hineinschnuppern. Doch es kommt anders: Plötzlich bekommt ihr Vater massive gesundheitliche Probleme. Viel

eher als erwünscht sieht sich Vanessa Weber mit der Herausforderung konfrontiert, das Erbe ihres Vaters anzutreten. Schnell legt die junge Frau ihr Studium auf Eis und durchläuft innerhalb von drei Jahren alle Abteilungen des Unternehmens, um das Geschäft von der Pike auf zu lernen. Eines ihrer wichtigsten Projekte in dieser Zeit ist die ISO-Zertifizierung des väterlichen Unternehmens. Dieses schwierige Projekt gelingt und Vanessa erobert das Vertrauen und die Herzen der Mitarbeiter.

Mit 22 Jahren wird Vanessa Weber Geschäftsführerin des elterlichen Unternehmens und führt es in vierter Generation weiter. Dabei legt sie – gerade wegen ihres jungen Alters – viel Wert auf die eigene Weiterbildung. Nebenbei baut sie sich sogar ein zweites Standbein als Coach auf, um ihre Mitarbeiter noch besser zu unterstützen. Sie ist sich bewusst, dass ihr Erfolg ein Teamerfolg ist. „Mein Vater ist mein wichtigster Mentor", sagt sie.

Persönliche Erfahrung als Nachfolgerin
Im Zeitraum von 2002 bis 2012 erhöhte sich der Umsatz des Familienunternehmens von 2 auf 10 Mio. €. Und zwar unter der Leitung von Vanessa Weber.

Dabei hätte sich der Vater eigentlich einen langsameren und sanfteren Einstieg in die Firma gewünscht. „Wie auch mein Vater, musste ich sehr früh Verantwortung übernehmen", stellt Vanessa Weber rückblickend fest.

Ihrem Vater, Jürgen Weber, erging es wie ihr. Als er 17 Jahre alt war, starb sein Vater unerwartet und er musste unvermittelt die Unternehmensnachfolge antreten. Seine Anfangszeiten waren hart und für ihn stand fest, dass er selbst es besser machen wollte. Er wollte die Firmenübergabe frühzeitig, strukturiert und langfristig planen. Doch die Auswirkungen eines Unfalls schränken den Familienunternehmer soweit ein, dass er sogar mit dem Gedanken spielt, die Firma zu verkaufen.

Vanessa erinnert sich: „Wir saßen nett im Biergarten zusammen, als er mich fragte, ob ich mir vorstellen kann, die Firma zu übernehmen. Anderenfalls verkaufe er sie. Im Affekt sagte ich sofort zu, ohne mir große Gedanken zu machen, welche Konsequenzen diese Entscheidung hat", erzählt Vanessa Weber heute und ist über ihren damaligen Mut selbst ein bisschen überrascht. Obwohl ihre damalige Zukunftsplanung ganz anders aussah, hat sie den Schritt bis heute nicht bereut.

Der Vater beweist Vertrauen in die eigene Tochter: „Ich empfehle Ihnen, Ihre Tochter noch nicht als Nachfolgerin einzusetzen. Sie ist noch viel zu jung", sagt der Steuerberater. Der Vater hört nicht auf ihn, sondern ist sich sicher: „Meine Tochter schafft das." Bereits nach zwei Jahren überschreibt er seiner Tochter 50 % der Anteile, zwei weitere Jahre später das ganze Unternehmen.

Er ist zwar kritisch, aber grundsätzlich immer offen für ihre Ideen. „Mein Vater war zwar oft skeptisch, wenn ich Ideen vorgebracht habe. Er hat aber nie gesagt, dass ich das nicht machen darf oder er das nicht zulässt." Vanessa erobert sich den Entfaltungsraum, den sie braucht – und der Vater gewährt.

Das ist ein entscheidender Unterschied zu vielen anderen Unternehmensnachfolgen: Der Vater legt Vanessa keine Steine in den Weg und lässt sie Entscheidungen treffen und verantworten. Im Nachhinein eine weise Entscheidung: Unter ihrer Leitung erweitert das Unternehmen seine Angebote und setzt auf das innovative Thema „Betriebseinrichtung".

Hierbei übernimmt die Weber GmbH die gesamte Ausstattung von Betrieben und Sportstätten und füllt eine Marktlücke aus. Der Umsatz des Familienunternehmens steigt in elf Jahren von knapp 2 auf rund 10 Mio. €, die Belegschaft wächst von 9 auf 20 Mitarbeiter an.

Den Führungsstil ihres Vaters ahmt Vanessa Weber ein halbes Jahr nach. Doch schnell stellt sie fest: „Man muss erst seinen eigenen Stil finden. Mein Vater war eher patriarchisch und streng, aber das passt nicht zu mir."

Die „Familien-Power" ist einer der wichtigsten Erfolgsfaktoren ihrer gelungenen Übernahme. In Vanessa Webers Leben dreht sich einfach alles um das Familienunternehmen. Vater und Mutter unterstützen sie, wo sie nur können. Sie arbeitet hart und hat vor dem Gedanken, den Betrieb einmal ganz alleine zu führen, einen gesunden Respekt. Ihr fünf Jahre jüngerer Bruder arbeitet ebenfalls im Unternehmen und vielleicht werden die Geschwister die Verantwortung auch unter sich aufteilen.

Bislang hat die junge Geschäftsfrau noch keine Kinder. Die eigene Nachfolge? Für Vanessa Weber ist das durchaus vorstellbar. Wer weiß. Auch wenn die junge Frau selbstbewusst geworden ist und viele Entscheidungen bereits alleine trifft: Jeden Morgen zwischen sieben und halb acht trifft sich Vanessa Weber auf einen Kaffee mit ihrem Vater und tauscht sich mit ihm über das Unternehmen, Mitarbeiter und anstehende Termine aus. Ein lieb gewonnenes Ritual, von dem beide profitieren.

Erfolgsfaktoren

- Die Entscheidung für die Nachfolge bewusst treffen
- Klare Verhältnisse schaffen
- Das Vertrauen der Eltern
- Rechtzeitig Unterstützung annehmen
- Frühzeitig Netzwerke aufbauen und aktiv nutzen
- Auch nach der Übergabe die Eltern einbinden

Von Nachfolgerin zu Nachfolgerin

„Entscheiden kann man nur für sich selbst", findet Vanessa Weber: Darum sollte man sich selbst eingehend befragen, bevor man eine Nachfolge antritt. Einerseits bietet sie Chancen und Freiheiten, andererseits fordert sie Verzichte und Einschränkungen, örtliche Bindung, wenig Freizeit, gegebenenfalls auch den Verzicht auf eigene Kinder. Wer ein Familienunternehmen übernimmt, sollte sich selbst mit seinen ganzen Stärken und Schwächen gut kennen. Gezielte Coachings können helfen, die Persönlichkeitsentwicklung voranzutreiben. Schließlich wird eine Führungskraft nicht über Nacht geboren. Zwar ist es wichtig, das Unternehmer-Gen im Blut zu haben, aber man muss sich auch Zeit geben, um in die neue Verantwortung reinzuwachsen. Nur so ist man authentisch und überzeugt letztlich auch sein Umfeld von sich.

Ihr Tipp: Loslegen. Lasst Euch von Eurer Vision leiten, auch wenn Ihr noch nicht für alle aufkeimenden Herausforderungen eine Lösung parat habt.

Für Vanessa Weber sind Selbstbestimmtheit und persönliche Weiterentwicklung die wesentlichen Schlüssel für eine erfolgreiche Nachfolge. Jede potenzielle Nachfolgerin sollte sich sehr genau überlegen, ob sie den Familienbetrieb übernehmen will und sich auch über die Konsequenzen bewusst werden. Im Nachhinein bewährt hat sich für Vanessa Weber der Einstieg über ein Projekt. Bei ihr war es die ISO-Zertifizierung, die ihr den Respekt und die Anerkennung der Mitarbeiter sicherte. Trotz aller Arbeit vergisst sie nicht, Freundschaften und Geschäftskontakte aufzubauen und zu pflegen. Schon in jungen Jahren holte sie sich Rat bei den Wirtschaftsjunioren, wo sie mittlerweile als „alter Hase" und Netzwerkerin ihre Erfahrungen weitergibt.

Die Powerfrau Vanessa Weber hat noch viele Talente und Interessen und will sich auch in anderen Feldern beweisen. Zurzeit macht sie als Speakerin Karriere und erobert große Bühnen: Bei Speakers Excellence wird sie als Top-100-Unternehmerin geführt und begeistert als Rednerin vor großem Publikum, indem sie ihre persönlichen Erfahrungen und Erfolgsgeheimnisse teilt.

Geben Sie Ihrer Nachfolge ein Motto

Nur Mut, denn du bist viel stärker als du denkst!

Expertenfazit

Vanessa Weber hat dank der Unterstützung ihrer Familie das Familienunternehmen erfolgreich übernommen und neu positioniert. Entscheidend dabei war, dass sie den Mut hatte, ihren eigenen Stil zu finden und – mit der Rückendeckung ihres Vaters – neue Ansätze auszuprobieren sowie kalkulierbare Risiken einzugehen. Sie baute sich von Anfang an ein starkes Netzwerk auf und investierte viel Energie in die eigene Weiterbildung.

7.26 „Den eigenen Weg finden"

Birgit Werner-Walz

7.26 „Den eigenen Weg finden"

Steckbrief
Name:
Birgit Werner-Walz

Alter:
46 Jahre

Übernahme:
Im Jahr 2003 Eintritt in das Unternehmen, 2008 Anteilsübertragung

Position:
Geschäftsführende Gesellschafterin der BENSELER-Firmengruppe in Markgröningen

Unternehmen:
1961 gründete Manfred Benseler das Unternehmen als metallverarbeitenden Betrieb in Markgröningen. In fünf Jahrzehnten hat sich die BENSELER-Firmengruppe als zuverlässiger Partner für anspruchsvolle Lösungen in den Bereichen Beschichtung, Oberflächenveredelung, Entgratung und Formgebung von Serienteilen entwickelt. Heute beträgt die Zahl der Mitarbeiter rund 950 bei einem erzielten Umsatz von über 100 Mio. €.

Profil
Birgit Werner-Walz wächst nicht als Unternehmertochter auf. Erst im Alter von 50 Jahren kauft sich ihr Vater Manfred Werner 1983 aus einer Angestelltentätigkeit in die BENSELER-Firmengruppe in Markgröningen ein und übernimmt diese im Lauf von wenigen Jahren komplett. Birgit Werner-Walz macht Karriere als Goldschmiedin. Das Thema Nachfolge steht nicht zur Diskussion. Zunächst aus steuerlichen Gründen übergibt der Vater schließlich Anteile an seine beiden Töchter. Doch ein Schicksalsschlag wendet das Blatt: Im Alter von 60 Jahren fällt Manfred Werner nach einem Herzstillstand für fünf Wochen ins Koma. In dieser Zeit übernimmt Birgit Werner-Walz die Kommunikation zwischen Firma und Familie und arbeitet sich so gut es geht in die Materie ein. Sie findet gefallen an dem Job und sieht es plötzlich durchaus als Option, langfristig in das väterliche Unternehmen einzusteigen.

Manfred Werner erholt sich und kehrt ins Unternehmen zurück. Seine Tochter bildet sich weiter, steigt 2000 zunächst halbtags ein, führt ab 2003 gemeinsam mit ihm die BENSELER Holding, dann Vollzeit, dank der Unterstützung einer Kinderfrau und später ihres Ehemanns, der sich um die mittlerweile drei Kinder kümmert. Birgit Werner-Walz konzentriert sich ganz auf das Unternehmen und übernimmt 2008 trotz Wirtschaftkrise die alleinige Führung des erfolgreichen Automobilzulieferers. Sie strukturiert um, setzt auf den Faktor Mensch und macht aus vielen Einzelkämpfern im Unternehmen ein starkes

Managementteam. 2011 feierte die BENSELER-Firmengruppe ihren 50. Geburtstag als marktführender Dienstleister rund um Oberflächenveredelung, Beschichtung, Entgratung und Formgebung. Birgit Werner-Walz blickt heute auf zehn Jahre erfolgreiche Geschäftsführungstätigkeit zurück.

Persönliche Erfahrung als Nachfolgerin
Als Kind hat sie nie unter dem Schreibtisch des Vaters gespielt. Sie wurde auch nicht von klein auf darauf vorbereitet, eines Tages eine große Firmengruppe zu übernehmen. Ihr Vater ist ein Zahlenmensch, sie selbst mehr die Kreative: Schon sehr früh will Birgit Werner-Walz Goldschmiedin werden, macht eine Lehre, geht ins Ausland und absolviert schließlich sogar ihren Meister. Ihre Schwester studiert Medizin und lässt sich fern der Heimat nieder. Mit der Übertragung von Anteilen durch den Vater bekommen die Schwestern das erste Mal ein Gefühl von Verantwortung für den Besitz. Als seine gesundheitlichen Probleme zunehmen, handelt der Vater weitsichtig. Er baut eine Holdingstruktur auf, um das operative Geschäft weitestgehend unabhängig von sich zu machen. Schlüsselereignis für Birgit Werner-Walz ist die Zeit, als der Vater nach einem Herzstillstand im Koma liegt. „Meine Schwester wohnte zu weit weg und mir war klar, dass da jetzt einiges auf mich zukommt." Sie übernimmt kommissarisch das Ruder. „Ich habe mit den Geschäftsführern gesprochen und anstehende Entscheidungen getroffen. Es wusste ja niemand, ob mein Vater wieder gesund wird und wie es weiter geht", erinnert sich Birgit Werner-Walz. Zu dieser Zeit ist sie gerade auf der Meisterschule. Die junge Frau erwägt zum ersten Mal eine Aufgabe im Familienunternehmen. Nachdem Manfred Werner wieder leistungsfähig ist, geht sie nochmals mit ihrem zukünftigen Mann ein Vierteljahr ins Ausland und zieht danach in die Nähe des Unternehmens. Während der Phase der Familiengründung ist sie immer wieder in der Firma. „Ich habe schnell gemerkt, ich kann nicht auf drei Hochzeiten tanzen. Ich habe Familie, ich habe diese Firma, an der ich Anteile besitze, und ich bin Goldschmiedin." Birgit Werner-Walz entscheidet sich für Firma und Familie. Ihr Ehemann stellt seine Tätigkeit als Künstler zurück und unterstützt sie. Die Unternehmerin nimmt sich eine Mentorin, die sie coacht und macht erst einmal eine Bestandsaufnahme ihrer Fähigkeiten. Sie füllt Wissenslücken durch Seminare auf und knüpft Netzwerke mit anderen Unternehmerinnen in ähnlichen Situationen.

Die Zeit der gemeinsamen Führung mit dem Vater bereut Birgit Werner-Walz nicht. Gerade in der Anfangszeit mit drei kleinen Kindern verschafft diese ihr Freiraum. „Learning by Doing" lautet die Devise – Vater und Tochter machen alles gemeinsam. Trotz Quereinstieg bekommt Birgit Werner-Walz das nötige Vertrauen und den notwendigen Rückhalt. „Wenn Herr Werner seiner Tochter die Geschäftsführung zutraut, dann kann die das auch", so die Meinung der Mitarbeiter. Erst mit 74 Jahren verlässt der Vater die Firma. „Er hat es immer wieder aufgeschoben und ich glaube, wenn er gesünder gewesen wäre, hätte er sogar noch ein Weilchen länger gemacht." Loslassen sei ihm nicht leicht gefallen. Aber der Vater merkt zunehmend, dass jetzt eine neue Zeit angebrochen ist. Die jüngere Generation ist am Zug. Birgit Werner-Walz braucht ein wenig Zeit, um ihren eigenen Führungsstil zu finden, denn natürlich hat sie die Zusammenarbeit mit dem Vater geprägt.

"Man bekommt ein handfestes Rezept mit und dann merkt man, dass man alles doch erst mal selber backen muss." Sie stellt sich der Herausforderung: "Je älter ich selber werde, desto mehr kann ich verstehen, was ‚sein Ding' war. Am Ende hat er auch geäußert, dass er stolz auf mich ist und dass ich es richtig mache – auch wenn ich es ganz anders mache als er. Das tat mir sehr gut."

Sie selbst möchte nicht bis ins hohe Alter die Firma leiten. Anders als der Vater plant sie, sich selbst vertraglich an einen Ausstiegszeitpunkt zu binden. Ein Abschied auf Raten sei keine optimale Lösung. In Sachen Nachfolge sind aber noch alle Optionen offen. Birgit Werner-Walz hat drei Kinder, ihre Schwester zwei. Vielleicht entscheidet sich eines davon, das Unternehmen zu führen. "Sie müssen ihren eigenen Weg finden, nicht in meine Fußstapfen treten wollen, sondern sich selbst entwickeln." Sie hält es für wichtig, dass ein potenzieller Nachfolger erst berufliche Erfahrungen sammelt, um zu merken, was ihm liegt und Spaß macht. Kraft gibt ihr auch der Familienzusammenhalt. Ihre Schwester steht ihr unterstützend zur Seite. Zweimal im Jahr organisieren sie gemeinsam einen Familientag. Die zwei Generationen besichtigen dann das Unternehmen. So wachsen die Kinder, anders als sie selbst, mit der Firma auf.

Einigkeit in der Familie ist für Birgit Werner-Walz ein wichtiges Gut. Allein deshalb, weil ihre Schwester 50 % der Anteile hält und damit, obwohl sie nicht operativ im Unternehmen tätig ist, das gleiche Stimmrecht bei wichtigen Entscheidungen hat. Den guten Zusammenhalt wünscht sie sich auch für die nachfolgende Generation.

Erfolgsfaktoren

- Bestandsaufnahme machen und Wissenslücken füllen
- Den eigenen Weg finden
- Einigkeit und Interesse in der Familie stärken – zum Beispiel mit einem Familientag
- Vertrag mit sich abschließen über den eigenen Ausstiegstermin und Notfallplan aufsetzen
- Den Partner in die Kinderbetreuung einbinden, aber sich auch professionelle Hilfe mit höchster Qualifikation leisten, um wirklich den Rücken frei zu haben
- Das Management dezentralisieren und sich so Freiraum schaffen

Von Nachfolgerin zu Nachfolgerin

Es gibt leider kein Patentrezept für eine erfolgreiche Nachfolge: Jeder muss für sich den richtigen Weg finden. Wichtig für die Akzeptanz im Unternehmen ist jedoch der Rückhalt des Übergebenden (Seniors). Darüber hinaus kann ein externer und dadurch neutraler Coach oder Mentor wichtige Impulse geben.

Geben Sie Ihrer Nachfolge ein Motto

Gehe deinen eigenen Weg. Ich bin für dich da, aber entwickle dich selbst!

> **Expertenfazit**
> Was heute gerecht ist, kann für die nächste Generation zur Herausforderung werden. Die Gleichverteilung der Anteile unter den Schwestern zwingt deren Kinder langfristig, sich zu einigen. Birgit Werner-Walz hat drei Kinder, ihre Schwester zwei. Daher werden die Kinder der Schwester perspektivisch jeweils einen größeren Firmenanteil besitzen. Da es Birgit Werner-Walz ist, die das Unternehmen aufbaut, könnte dies als ungerecht empfunden werden. Die Nachfolge steht für alle offen. In der folgenden Generation bedarf es damit klarer Regeln, damit hier keine Konflikte entstehen.

7.27 „Mit Überzeugung und festem Willen ist alles zu schaffen"

Kathrin Wickenhäuser

> **Steckbrief**
> **Name:**
> Kathrin Wickenhäuser
>
> **Alter:**
> Geburtsjahr 1979
>
> **Übernahme:**
> Seit 2006 im Unternehmen, seit 2008 geschäftsführende Gesellschafterin
>
> **Position:**
> Vorstand der Wickenhäuser & Egger AG in München
>
> **Unternehmen:**
> 1912 begann die Unternehmensgeschichte der heutigen Wickenhäuser & Egger AG als Automobilhandel im Herzen Münchens. 1986 erfolgte der Umbau des Autohau-

ses in ein Hotel mit angrenzendem Parkhaus. Seit 2009 führt nun Kathrin Wickenhäuser mit ihrem Lebensgefährten das Unternehmen in vierter Generation. 2012 gründeten sie die Wickenhäuser & Egger AG, unter deren Dach die Hotel- und Gastronomiebetriebe sowie der CarPark Cristal vereinigt sind.

Profil
Schon mit 15 Jahren arbeitet Kathrin Wickenhäuser im Hotelbetrieb ihrer Eltern: In den Sommerferien jobbt sie im Frühstücksservice und lernt bereits dort, Verantwortung zu übernehmen. Nach dem Abitur studiert sie Soziologie an der Ludwig-Maximilians-Universität in München und schreibt ihre Diplomarbeit zum Thema „Erfolgsfaktoren für die generationsübergreifende Unternehmensübergabe von Familienunternehmen". Dem Hotelgewerbe bleibt sie während ihres Studiums treu, unter anderem arbeitet sie im Raffles Hotel Vier Jahreszeiten oder im Kempinski Hotel Atlantic in Hamburg. 2006 übernimmt sie die Position der Marketing- und Verkaufsleiterin im eigenen Familienunternehmen, wird später Marketingdirektorin. Im Jahr 2008 wechselt Kathrin Wickenhäuser in die Geschäftsführung, zunächst im Rahmen einer Doppelspitze gemeinsam mit dem damaligen Geschäftsführer. Seit 2009 leitet sie gemeinsam mit ihrem Lebensgefährten die Wickenhäuser & Egger AG in München, unter deren Dach das Viersternehotel Cristal, das Zweisternehotel Dolomit, das 1912 Restaurant & Bar, das WE Tagungszentrum sowie der CarPark Cristal vereinigt sind.

Persönliche Erfahrung als Nachfolgerin
Dass Kathrin Wickenhäuser einmal den Familienbetrieb übernehmen würde, war nicht selbstverständlich. Obwohl sie quasi im Hotelbetrieb groß wurde, wird lange der ältere Bruder als Nachfolger favorisiert. Erst als er kein Interesse an einer Übernahme zeigt, kommt Kathrin Wickenhäuser zum Zug. Kathrin Wickenhäuser tritt in die Fußstapfen ihrer weiblichen Vorfahren, die immer eine große Rolle in der Familiengeschichte gespielt hatten – unter ihnen eine bekannte Opernsängerin sowie eine Rennfahrerin und Unternehmensgründerin. Ein einfacher Weg wird es dennoch nicht: Bereits als Verkaufsleiterin hat sie viele Grabenkämpfe auszufechten, vor allem mit dem damaligen Geschäftsführer. „Im Nachhinein war das nicht schlecht. Ich habe gelernt, mich zu behaupten und Situationen zu meistern, die nicht immer ganz einfach waren", erinnert sie sich. Doch die Kämpfe innerhalb der Führungsriege hinterlassen Spuren. Das Hotel trennt sich vom alten Geschäftsführer und die junge Unternehmerin steht allein an der Spitze des Unternehmens. „Man hat plötzlich eine große Verantwortung, vor der mir kurzfristig schon angst und bange war."

Es beginnt eine Zeit der Neustrukturierung, in der sie sich die Akzeptanz der Mitarbeiter mühsam erarbeiten muss. Große Investitionen werden geplant, unter anderem die Eröffnung eines zweiten Hotels. Keine leichte Aufgabe inmitten der Wirtschaftskrise. Der Vater übergibt seiner Tochter damals das Geschäft inklusive seiner Ehrenämter konsequent. Er hält sich aus dem operativen Aufgaben raus, stärkt ihr aber dennoch den Rücken

–, auch wenn ihm die geplanten Investitionen die ein oder andere unruhige Nacht bescheren. Aber die Pläne der Nachfolgerin gehen auf. Das zweite Haus wird eröffnet, sogar größer als geplant. Das oberste Ziel: Kathrin Wickenhäuser will das Unternehmen als Familienunternehmen voranbringen, es für die Zukunft absichern und sich gegen die große Konzernhotellerie positionieren. Hilfe bekommt sie von ihrem Lebensgefährten Alexander Egger, der als Controller und Berater das Unternehmen unterstützt und es zusammen mit ihr betriebswirtschaftlich neu aufstellt. „Wir sind zwei Menschen, die sehr gut zusammenarbeiten können und sich in vielen Punkten perfekt ergänzen." Während Egger vor allem die finanzielle Seite des Unternehmens unter seinen Fittichen hat, konzentriert sich Wickenhäuser auf die Mitarbeiterführung, die Gestaltung des Hauses, die Gäste und ihre ehrenamtlichen Arbeiten. „Wir haben unglaublich viele Erfahrung gesammelt mit dem Aus- und Umbau, mit den Krisen und den neuen Mechanismen, die nach und nach gegriffen haben und noch heute greifen. Jetzt merken wir, es geht weiter und es gibt neue Ideen, es gibt neue Pläne, neue Visionen."

2012 wurde aus der Cristal Hotel Betriebsgesellschaft die Wickenhäuser & Egger AG. Bewusst haben sich Wickenhäuser und ihr Lebensgefährte für eine Aktiengesellschaft entschieden, sie unterstreiche den Familiengedanken. „Gemeinsam mit meinem Vater und meiner Mutter ist auch der Vater meines Partners im Aufsichtsrat der AG – es war mir einfach wichtig, dass die gesamte Familie in das Unternehmen mit einbezogen ist." Stolz ist Wickenhäuser auch darauf, dass ihr Hotel zum Mittelpunkt des Stadtviertels avancierte, an dem man sich gerne trifft und austauscht. „Ob nun zum Kaffee oder zum Mittagessen, Privatpersonen oder Unternehmer kommen gerne zu uns."

Erfolgsfaktoren

- Gute Stimmung im Team halten können
- Wertschätzung gegenüber der Leistung des Vaters
- Niemals aufgeben und den Mut haben, Verantwortung zu übernehmen
- Mit Leidenschaft und Spaß auch an alltägliche Aufgaben herangehen
- Die eigenen Stärken gezielt ins Unternehmen einbringen

Von Nachfolgerin zu Nachfolgerin
Wer Fragen hat, sollte nicht davor zurückschrecken, Rat bei Experten einzuholen, findet Kathrin Wickenhäuser. Wichtig sei, dass man sich niemals entmutigen lasse, auch wenn es Situationen gebe, in denen man an sich zweifelt. Auch ein freundlicher und konsequenter Umgang mit den Mitarbeitern sei das A und O, ebenso wie der Wille, als Vorbild für alle Mitarbeiter zu fungieren. Ihr Tipp: Habt Freude an dem, was Ihr macht! Seid davon überzeugt und steckt Eure ganze Leidenschaft in Euer Vorhaben. Alles andere kommt, wie es kommt.

Geben Sie Ihrer Nachfolge ein Motto!

Immer positiv auf etwas zugehen – schlecht reden kann ich alles!

> **Expertenfazit**
> Kathrin Wickenhäuser weiß sich schon früh selbst zu helfen und verfolgt konsequent ihre Ziele. Mit diesem Ehrgeiz und Einsatz schafft sie es letztendlich auch, die Eltern von ihrer Eignung als Nachfolgerin zu überzeugen. Sie hat Visionen für das Unternehmen und investiert mutig in Wachstum und Zukunft. Kathrin Wickenhäuser kennt die eigenen Stärken und weiß, wie sie diese ins Unternehmen einbringen kann. Für den Rest holt sie sich Unterstützung. So gibt sie das Controlling an ihren Lebensgefährten ab, dessen Leidenschaft die Arbeit mit Zahlen ist. Gemeinsam bilden sie ein gutes Führungstandem und ergänzen sich erfolgreich in ihren Stärken.

7.28 „Mit den Schwestern Hand in Hand"

Anika Wuttke

Steckbrief
Name:
Anika Wuttke

Alter:
37 Jahre

Übernahme:
2010

Position:
Geschäftsführerin der Agentur cre art in Fulda

Unternehmen:
Im Jahr 1970 gründeten Ernst Neidhardt, Vater von vier Töchtern, und Pedro Herzig eine Werbeagentur in Fulda. Gemeinsam mit ihrer älteren Schwester übernimmt Anika Wuttke 2010 das Unternehmen mit seinen fünf Arbeitsbereichen: Agentur, Fotoabteilung, Medienservice, Produktion und Multimediabereich. Auch die anderen Schwestern sind im Familienunternehmen tätig.

Profil
Anika Wuttke hatte immer die freie (Berufs-)Wahl. Doch obwohl der Vater ihr und ihren drei Schwestern von der Werbebranche abriet, zog es sie letzten Endes alle in diesen Bereich. Trotz oder Leidenschaft? Bereut hat sie es jedenfalls nie. Gelernt hat sie das Werben von der Pike auf, studierte Werbung. Dennoch arbeitete Anika Wuttke zunächst nicht im elterlichen Betrieb.

2005 stieg sie bei cre art ein. Seit 2010 ist sie – gemeinsam mit ihrer älteren Schwester – Geschäftsführerin der großen Fuldaer Werbeagentur. Doch um als Chefin ernst genommen zu werden, brauchte es seine Zeit. Mit der Erfahrung aus anderen Unternehmen, mit Geduld und externem Coaching gelang es ihr, die Herausforderung der Nachfolge zu meistern. Heute ist Anika Wuttke junge Mutter und versucht nach einer zweimonatigen Babypause Familie und die schnelllebige und arbeitsintensive Werbebranche unter einen Hut zu bringen. Dabei wird sie von ihrer Mutter und der Schwiegermutter ihrer Schwester unterstützt. Einen Vormittag in der Woche kümmert sich zudem ihr Mann um den gemeinsamen Nachwuchs. Offene Gespräche hält die Unternehmerin für einen Schlüsselfaktor erfolgreicher Nachfolge. Dass ihr Vater sich mit 65 Jahren so konsequent aus dem operativen Geschäft zurückgezogen hat, bewundert sie sehr. Und ist dennoch froh, dass er ihr und den Schwestern, heute allesamt in das elterliche Unternehmen eingebunden, noch mit Rat und Tat zur Seite steht.

Persönliche Erfahrung als Nachfolgerin
Früher wurde Ernst Neidhardt von seinen Unternehmerkollegen aufgezogen, vier Töchter, aber keinen „Stammhalter" gezeugt zu haben. Ein Glücksfall für das Unternehmen, wie er heute weiß: Denn alle Töchter arbeiten mittlerweile in der vom Vater gegründeten Agentur, die beiden ältesten Schwestern leiten das Unternehmen.

Die Zweitgeborene, Anika Wuttke, kommt 2005 zu cre art – zunächst als Mitarbeiterin. 2010 dann tritt sie im Duett mit der großen Schwester in die Geschäftsführung ein. „Ich wuchs langsam in die Kompetenzen und die Verantwortung hinein. Es war ein fließender und sehr dynamischer Prozess." Sich als Geschäftsführerin bei den Mitarbeitern zu etablieren, ist für die damals 34-Jährige nicht immer ganz einfach. Manche kennen sie schließlich schon von klein auf. „Es war ganz unterschiedlich. Es gab Mitarbeiter, mit denen das gar kein Problem war, sie haben mich und meine Arbeit kennengelernt und sofort akzeptiert, bei anderen war es schwieriger. Das war gar nicht unbedingt ein fachliches Problem, sondern eher, mich als Vorgesetzte anzunehmen."

Die Kommunikation unter den Geschwistern funktioniert gut, doch birgt auch Herausforderungen. „Wir haben eine stärkere Vertrauensbasis untereinander, die wir mit einem externen Partner nicht hätten", betont sie. Natürlich müsse man auch aufpassen, dass einen die Mitarbeiter nicht untereinander ausspielen. Gemeinsam lassen sie sich coachen, um in solchen Situationen richtig reagieren zu können.

Mit den Veränderungen nach der Übernahme geht der Vater nicht immer 100 % konform. Doch nach seinem Rückzug im Alter von 65 Jahren gelingt es ihm, das Ruder konsequent seinen Töchtern zu überlassen. Als Berater ist er ihnen jedoch auch heute noch jederzeit willkommen. Gerade in Kreativprozessen tickt Anika Wuttke ganz anders als der Vater. „Das war von Anfang an so. Wir haben beide aufgrund unserer Ausbildung einen ganz anderen Backround und unterschiedliche Herangehensweisen." Dennoch habe sie von ihm vieles gelernt, er aber manches auch von ihr übernommen. „Doch jede Generation hat ihren Führungsstil und ihre eigene Art der Kommunikation. Das ist ein ganz normaler Entwicklungsprozess." Der Vater kam mit der Nachfolgefrage aktiv auf die Töchter zu. Von Anfang an stand fest: Funktioniert die Übergabe nicht, steht das Wohl der Familie an erster Stelle. Heute leiten die beiden Ältesten die Werbeagentur, eine ein Tochterunternehmen und die vierte Schwester ist gemeinsam mit ihrem Mann in leitender Funktion in den Bereichen Creation und Druck tätig. Die Firmenanteile wurden noch nicht an die nächste Generation übergeben: Zum Schutz des Unternehmens möchte der Vater die Agentur in eine KG umwandeln, Gespräche mit dem Steuerberater laufen derzeit. Es soll keine Anteilsunterschiede unter den Töchtern geben, solange alle auch aktiv im Unternehmen mitarbeiten.

„Family first" – diesem Credo sind die beiden Geschäftsführerinnen treu geblieben. Seit einigen Monaten ist Anika Wuttke Mutter und, nach einer Babypause, in der ihre Schwestern ihre Aufgaben übernommen hatten, jetzt wieder voll im Job. „Ein Unternehmerleben ist kein Nine-to-Five-Job, darüber muss man sich schon im Klaren sein. Der Vorteil der Unternehmerin ist aber sicherlich, dass sie ihr Kind auch mal mit zur Arbeit bringen kann. Darüber hinaus habe ich die Betreuung gut organisiert."

Erfolgsfaktoren

- Offene Gespräche mit Vater und Geschwistern führen können
- Gemeinsames Motto: Family First
- Klare Abgrenzung von Kompetenzbereichen
- Unterstützung durch externe Berater
- Den Arbeitsstil des anderen akzeptieren und voneinander lernen
- Freie Wahl in Sachen Einstieg ins Unternehmen
- Einen festen Ausstieg aus der Tandemphase festlegen

Von Nachfolgerin zu Nachfolgerin
Wichtig für eine erfolgreiche Nachfolge ist das offene Gespräch unter allen Beteiligten. Jeder muss seinen eigenen Weg finden. Bei einer gemeinsamen Führung mehrerer Nachfolger ist der Konsens in zentralen Belangen immens wichtig.

Geben Sie Ihrer Nachfolge ein Motto

Gemeinsam sind wir stark.

Expertenfazit

Das Beispiel von Anika Wuttke zeigt, dass auch die Unternehmensführung durch mehrere Geschwister funktionieren kann. Jede der vier Töchter hat ihren klar definierten Aufgaben- und Kompetenzbereich. Dennoch erfordert die Viererspitze auch nach der Übergabe eine aktive Gestaltung: eine offene, regelmäßige Kommunikation und feste Spielregeln sind wichtige Bestandteile.

Für die Vereinbarkeit von Beruf und Familie hat das Konzept der geteilten Führung viele Vorteile. Die Schwestern übernehmen während der Babypause wichtige Aufgaben und auch danach hat Anika Wuttke genug Freiraum, um flexibel beide Rollen zu vereinen.

Ein Wort zum Schluss

Wir danken ...

Seit der Gründung von „generation töchter" vor nunmehr zwei Jahren haben uns zahlreiche Personen auf unterschiedlichste Weise begleitet und so dazu beigetragen, dass die Initiative so schnell ihrem Ziel ein großes Stück näher gekommen ist. An dieser Stelle wollen wir uns für die wertvolle Unterstützung bedanken:

Unser besonderer Dank gilt allen Unternehmerinnen, die sich die Zeit genommen haben, den Fragebogen auszufüllen und/oder uns ihre Geschichte zu erzählen. Wir bedanken uns für die Offenheit, das Vertrauen in unser Projekt und die inspirierenden Rückmeldungen. Nicht alle von Ihnen sind im Buch namentlich aufgeführt, aber Ihnen allen gilt unser besonderer Dank.

Wir danken Sandra Fischer, die das Projekt durch ihren wissenschaftlichen Beitrag unterstützt hat und auch weiterhin im „generation töchter"-Team wertvolle Arbeit leistet.

Wir bedanken uns bei Rosely Schweizer für ein inspirierendes Geleitwort und ein herzliches Gespräch.

Wir danken den zahlreichen Unterstützern im Hintergrund: insbesondere und von Herzen dem Team der Fröhlich PR GmbH in Bayreuth um Hans-Jochen Fröhlich und Katrin Müller sowie Marion Endres und ihrem Team der Agentur IDEENHAUS GmbH MARKEN.WERT.STIL. in Nürnberg und Thea Borlein.

Wir danken der EUIF Österreich für die Durchführung der Studie dort.

Und nicht zuletzt danken wir von ganzem Herzen unseren Familien, die an uns glauben und immer wieder Zeit schenken, die wir den Projekten widmen können.

Dr. Daniela Jäkel-Wurzer & Kerstin Ott
Initiatorinnen „generation töchter"

Es geht weiter ...

„generation töchter" wird auch weiterhin Projekte zum Thema weibliche Nachfolge durchführen und unterstützen.

Sie können Teil unseres Netzwerks, unserer Initiative sein:

- Sie sind angehende oder bereits etablierte Nachfolgerin und suchen den Austausch mit Frauen in ähnlicher Situation und/oder professionelle Unterstützung? Sie suchen als Übergeber Rat für die anstehende Übergabe Ihres Unternehmens an Ihre Kinder?
- Sie als Nachfolgerin wollen sich aktiv an einer weiterführenden Studie beteiligen?
- Sie suchen eine erfahrene Beraterin, die Sie in ihrem Übergabeprozess professionell begleitet?
- Sie planen eine Veranstaltung und brauchen versierte Rednerinnen oder Moderatorinnen, die rund um das Thema Nachfolge unterhaltsame und fachlich-ausgezeichnete Vorträge halten oder professionell Diskussionsrunden moderieren?
- Sie sind beratend in Familienunternehmen tätig und suchen den Erfahrungsaustausch?

Unter www.generation-toechter.de können Sie sich umfassend über unsere Initiative informieren. Wir freuen uns über Ihre Anliegen, Ideen und Wünsche direkt unter: **info@generation-toechter.de**

Printed by Printforce, the Netherlands